大文字	小文字	読みかた	大文字	小文字	読みかた
Ρ	ρ ϱ	ロー Rho	Φ	ϕ φ	ファイ，フィー Phi
Σ	σ	シグマ Sigma	Χ	χ	カイ Chi
Τ	τ	タウ Tau	Ψ	ψ	プサイ，プシー Psi
ϒ	υ	ウプシロン Upsilon	Ω	ω	オメガ Omega

ギリシャ文字については，

- 岩崎　務 著，『ギリシアの文字と言葉』，小峰書店（2004 年）
- 谷川 政美 著，『ギリシア文字の第一歩』，国際語学社（2001 年）
- 山中　元 著，『ギリシャ文字の第一歩』(新版)，国際語学社（2004 年）
- 稲葉 茂勝 著，こどもくらぶ 編『世界のアルファベットとカリグラフィー』，彩流社（2015 年）

を参考にさせていただいた．興味のある読者は参照されたい．

なお，ギリシャ文字はひとつに定まった正しい書き順があるわけではない．
ここでは書きやすいと思われる筆順を一例として掲載した．
綺麗で読みやすいギリシャ文字が書けるよう意識してみよう．

Set Theory
and General Topology

手を動かしてまなぶ

集合と位相

藤岡 敦 著

裳 華 房

Set Theory And General Topology Through Writing

by

Atsushi Fujioka

SHOKABO
TOKYO

序文

高等学校までの数学に現れる関数は，写像とよばれる「集合から集合への対応」として定式化される．集合や写像といった概念は現代数学において必要不可欠なものである．また，数列や関数の極限，関数の微分や積分にも見られるように，数学では極限操作によって望む結果を得ることが多い．**位相とはこのような極限操作を行うために必要となる概念である**．そのため，大学の数学科では，集合や位相に関する授業科目はより専門的な科目の前に用意されている．先の学年でまなぶ内容を深く理解できるか否かは，1 年次や 2 年次でまなぶ微分積分や線形代数に加えて，集合や位相に関する知識をどの程度まで身に付けているかにかかっている．本書は集合と位相の教科書あるいは独習書として書かれた．

数学をまなぶ際には「行間を埋める」ことが大切である．数学の教科書では，推論の過程の一部は省略されていることが多い．それは，省略を自分で埋められる読者を想定していることもあるし，紙面の都合などの事情もある．したがって，正しい理解のためには，読者は省略された「行間」にある推論の過程を補い「埋める」必要がある．

本書ではそうした「行間を埋める」ことを助けるために，次の工夫を行った．

- 読者自身で手を動かして解いてほしい例題や，読者が見落としそうな証明や計算が省略されているところに「✍」の記号を設けた．
- とくに本文に設けられた「✍」の記号について，その「行間埋め」の具体的なやり方を裳華房のウェブサイト

  https://www.shokabo.co.jp/author/1587/1587support.pdf

  に別冊で公開した．
- ふり返りの記号として「⇨」を使い，すでに定義された概念などを復習できるようにしたり，証明を省略した定理などについて参考文献にあたれる

ようにした．例えば，［⇨［内田］p.111］は「参考文献（本書 312 ページ）［内田］の 111 ページを見よ」という意味である．また，各節末に用意した問題が本文のどこの内容と対応しているかを示した．

- 例題や節末問題について，くり返し解いて確認するためのチェックボックスを設けた．
- 省略されがちな式変形の理由づけを記号「☺」を用いて示した．
- 各節のはじめに「ポイント」を，各章の終わりに「まとめ」を設けた．抽象的な概念の理解を助けるための図も多数用意した．
- 節末問題を「確認問題」「基本問題」「チャレンジ問題」の３段階に分けた．穴埋め問題を多く取り入れ，読者が手を動かしやすくなるようにした．
- 巻末に節末問題の詳細解答を載せた．

第１章から第３章までは集合論を，第４章から第９章までは位相空間論を扱う．目次の後に載せた**全体の地図**も参考にされたい．本書に現れる定理のほとんどすべてに証明を付けたが，証明を付けなかったものについては参考文献を引用した．重要な定理には**（重要）**としるしをつけておいた．全体の難易度は巻末に挙げた参考文献と同程度かやや易しくなっているが，集合論や位相空間論でまなんでおいてほしい事柄は一通り述べたつもりである．

執筆に当たり，関西大学数学教室の同僚諸氏や同大学で非常勤講師として数学教育に携わる諸先生から有益な助言や示唆をいただいた．特に，本書の原稿を丁寧に読んでくださった楠田雅治教授，大学院生の安原優季君に深く感謝する．前著に続いて，（株）裳華房編集部の久米大郎氏には終始大変お世話になり，真志田桐子氏は本書にふさわしい素敵な装いをあたえてくれた．この場を借りて心より御礼申し上げたい．

2020 年 7 月

藤岡　敦

目次

* …… 微分積分でも登場する内容
** …… やや難易度が高い内容

「集合と位相」の全体像を早くつかみたい読者には * と ** を飛ばしたショートコースをおすすめする.

全体の地図

集合

- **集合**：ものの集まりのこと（p.1）
- **同値関係**を考える ⟹ **商集合**が得られる（p.52, p.61）
  順序関係を考える ⟹ **順序集合**となる（p.53）
- **全単射**が存在するとき2つの集合は同じとみなす（**濃度**が等しい）(pp.68–69)
  - ◦ $\mathbf{N}\sim\mathbf{Z}\sim\mathbf{Q}$（可算集合）(pp.69–72)
  - ◦ $\mathbf{R}\sim\mathbf{C}$（非可算集合）(pp.72–73, p.81)
- **選択公理**：無限個の空でない集合からそれぞれの元を一斉に選ぶことが可能（p.92）
  - ◦ ツォルンの補題，整列定理と同値（p.95）

距離を定める

距離空間

- **距離**：近さ・遠さを定めるもの
- **正値性**，**対称性**，**三角不等式**をみたす（pp.122–123）
- 例 ◦ ユークリッド空間 $\mathbf{R}^n$（p.101, p.123）　◦ 部分距離空間（p.124）
  - ◦ 内積空間（p.123）　◦ 直積距離空間（p.125）
- **点列の収束**を考えることができる（p.125）
  - ◦ 開集合を用いて特徴付けることができる（pp.129–130, p.133）
- 距離空間の間の**連続写像**を考えることができる（p.138）
  - ◦ 点列の収束，開集合，閉集合，近傍を用いて特徴付けることができる（pp.141–143, pp.147–148）
- **全単射な等長写像**が存在するとき2つの距離空間は同じとみなす（**等長的**）（p.140, p.144）
- **完備化**することができる（p.243）

開集合系を定める

位相空間

6 7 9

X：空でない集合，$\mathfrak{O}$：X の部分集合系

$\mathfrak{O}$：**位相**（pp.156–157）$\underset{\text{def.}}{\Longleftrightarrow}$

(1) $\emptyset,\ X \in \mathfrak{O}$　　(2) $O_1,\ O_2 \in \mathfrak{O} \ \Rightarrow\ O_1 \cap O_2 \in \mathfrak{O}$

(3) $(O_\lambda)_{\lambda\in\Lambda}$：$\mathfrak{O}$ の元からなる集合族 $\Rightarrow\ \bigcup_{\lambda\in\Lambda} O_\lambda \in \mathfrak{O}$

- **位相空間**：集合に位相という構造を入れたもの
- **点列の収束**，位相空間の間の**連続写像**を考えることができる（p.160, p.164）
- 例 ◦ 距離空間（p.158）　◦ 積空間（p.190, p.192）
  - ◦ 密着空間（p.158）　◦ 商空間（p.194）
  - ◦ 部分空間（p.160）
- **同相写像**が存在するとき 2 つの位相空間は同じとみなす（**同相**）（p.167）
- 位相的性質：同相な位相空間に対して不変な性質（p.200）
  - ◦ **連結性**（p.200），**コンパクト性**（p.212），**ハウスドルフ性**（p.251）など
- コンパクトでない位相空間は**一点コンパクト化**することができる（p.280）

一般化

集合

§1 集合の定義

§1のポイント

- **集合**とはものの集まりのことである.
- 集合は**外延的記法**や**内包的記法**を用いて表すことができる.
- 2つの集合に対して,**相等関係**や**包含関係**を定めることができる.
- 集合の部分集合全体からなる集合を**べき集合**という.

1・1 集合と元

集合とはものの集まりのことである.ただし,ものの集まりといっても集められるものが明確に定まる必要がある.

例 1.1 自然数全体の集まりは集合である.自然数全体の集合を $\mathbf{N}$ と表す.

一方,例えば,かなり大きい自然数全体の集まりは集合とはいわない.「かなり大きい」という言葉の意味がはっきりしないからである.

また,$\mathbf{N}$ 以外によく現れる,数(すう)からなる集合として,整数全体の集合,有理数全体の集合,実数全体の集合,複素数全体の集合を挙げることができる.これらをそれぞれ $\mathbf{Z}$, $\mathbf{Q}$, $\mathbf{R}$, $\mathbf{C}$ と表す. ◆

A を集合とする．A を構成する1つ1つのものを A の**元**（げん）（または**要素**）という．a が A の元であることを $a \in A$ または $A \ni a$ と表す．このとき，a は A に**属する**，a は A に**含まれる**または A は a を**含む**という．a が A の元でないときは，否定を意味する記号「/」を用いて，$a \notin A$ または $A \not\ni a$ と表す．

例 1.2　1は自然数である．すなわち，$1 \in \mathbf{N}$ である．これを $\mathbf{N} \ni 1$ とも表す．

一方，-1 は自然数ではない．すなわち，$-1 \notin \mathbf{N}$ である．これを $\mathbf{N} \not\ni -1$ とも表す．◆

例 1.3　まず，-2 は整数，有理数，実数，複素数のいずれでもある．すなわち，$-2 \in \mathbf{Z}$，$-2 \in \mathbf{Q}$，$-2 \in \mathbf{R}$，$-2 \in \mathbf{C}$ である．しかし，-2 は自然数ではない．すなわち，$-2 \notin \mathbf{N}$ である．

また，$\frac{1}{2} \in \mathbf{Q}$，$\frac{1}{2} \in \mathbf{R}$，$\frac{1}{2} \in \mathbf{C}$，$\frac{1}{2} \notin \mathbf{Z}$ である．

さらに，$\sqrt{2} \in \mathbf{R}$，$\sqrt{2} \in \mathbf{C}$ である．しかし，$\sqrt{2}$ は無理数，すなわち，有理数ではない実数であることを背理法により示すことができる（✍）．すなわち，$\sqrt{2} \notin \mathbf{Q}$ である．◆

A を集合とする．a および b が A の元であること，すなわち，$a \in A$，$b \in A$ であることを簡単に $a, b \in A$ と表す．また，a および b が A の元でないときは $a, b \notin A$ と表す．元の個数が2個を超える場合についても同様である．

例 1.4　i を虚数単位とすると，$i, 2-3i \in \mathbf{C}$，$i, 2-3i \notin \mathbf{R}$ である．◆

1・2　相等関係

2つの集合に対して，等しい，あるいは等しくないという関係，すなわち，**相等関係**というものを考えることができる．A, B を集合とする．A のどの元も B に含まれ，B のどの元も A に含まれるとき，すなわち，$x \in A$ ならば $x \in B$ であり，$x \in B$ ならば $x \in A$ であるとき，$A = B$ と表し，A と B は**等しい**という．また，A と B が等しくないとき，すなわち，$A = B$ でないときは $A \neq B$

と表す．$A=B$ でないとは，$x\in A$ であるが $x\notin B$ となる x が存在するか，または，$x\in B$ であるが $x\notin A$ となる x が存在することである．

例 1.5　A を素数ではない正の偶数全体の集合，B を 2 より大きい偶数全体の集合とする．このとき，$A=B$ である．◆

例 1.6　例 1.3 および例 1.4 より，$\mathbf{N}$, $\mathbf{Z}$, $\mathbf{Q}$, $\mathbf{R}$, $\mathbf{C}$ は互いに等しくない．例えば，$\mathbf{N}\neq\mathbf{Z}$ である．◆

1・3　外延的記法と内包的記法

集合を表すには，構成するすべての元を中括弧 { } の中に書き並べる方法がある．これを**外延的記法**という．外延的記法においては，書き並べる元の順序は替えてもよいし，同じ元を複数回書き並べてもよい．

例 1.7　1 と 2 からなる集合は外延的記法を用いて $\{1,2\}$，$\{2,1\}$，$\{1,1,2\}$ などと表すことができる．◆

$\mathbf{N}$ の元，すなわち，自然数をすべて書き尽くすことはできないが，

$$\{1,2,3,\cdots\} \tag{1.1}$$

と表せば，これは $\mathbf{N}$ と等しいと推察することができる[1]．これが $\mathbf{N}$ の外延的記法による表し方である．しかし，このような表し方は誤解が生じる恐れもある．また，100 個や 1000 個といった多くの元からなる集合に対しては，外延的記法はあまり現実的ではない．そこで，集合を表すもう 1 つの方法として**内包的記法**がある．これはある条件 C をみたすもの全体の集合を

$$\{x\,|\,x \text{ は条件 } C \text{ をみたす}\} \tag{1.2}$$

と表す方法である．「$|$」の記号の代わりにコロン「:」やセミコロン「;」を用いることもある．また，集合 A の元であり，さらに条件 C をみたすもの全体の

---

[1] 文献によっては，$0\in\mathbf{N}$ とするものもあるが，本書では $0\notin\mathbf{N}$ とする．

集合は

$$\{x \mid x \in A,\ x \text{ は条件 } C \text{ をみたす}\} \tag{1.3}$$

と表すことができるが，これは

$$\{x \in A \mid x \text{ は条件 } C \text{ をみたす}\} \tag{1.4}$$

と書いてもよい．

例題 1.1　0 以上の実数全体の集合を内包的記法を用いて表せ．

解　$\{x \mid x \in \mathbf{R},\ x \geq 0\}$ または $\{x \in \mathbf{R} \mid x \geq 0\}$ である．　◇

1・4　空集合，有限集合，無限集合

元を1つも含まない集合を考え，これを**空**（くう）であるという．空である集合，すなわち，**空集合**は外延的記法では $\{\ \}$ と表すことができるが，記号 $\emptyset$ で表すことが多い．

例 1.8　x についての2次方程式 $x^2 = -1$ の解は複素数の範囲では存在し，$x = \pm i$ であるが，実数の範囲では存在しない．よって，

$$\{x \in \mathbf{C} \mid x^2 = -1\} = \{\pm i\} \tag{1.5}$$

であるが，

$$\{x \in \mathbf{R} \mid x^2 = -1\} = \{\ \} = \emptyset \tag{1.6}$$

である．ただし，集合 $\{i, -i\}$ を簡単に $\{\pm i\}$ と表した．　◆

元を有限個しか含まない集合（すなわち，元の個数がある $n \in \mathbf{N}$ を用いて n 個となる集合）と空集合を合わせて**有限集合**という．有限集合でない集合を**無限集合**という．

例 1.9　集合

$$\{n \in \mathbf{N} \mid n \leq 100\} \tag{1.7}$$

は 100 個の元からなる有限集合である．一方，集合

$$\{n \in \mathbf{Z} \mid n \leq 100\} \tag{1.8}$$

は無限集合である．◆

1・5　包含関係と部分集合

2 つの集合に対して，含む，あるいは含まれないという関係，すなわち，**包含**(ほうがん)**関係**というものを考えることができる．A, B を集合とする．A のどの元も B に含まれるとき，すなわち，$x \in A$ ならば $x \in B$ となるとき，$A \subset B$ または $B \supset A$ と表し，A を B の**部分集合**という．このとき，A は B に**含まれる**，または B は A を**含む**という．ただし，空集合は任意の集合の部分集合とみなす．すなわち，A がどのような集合であろうとも，$\emptyset \subset A$ である．また，$A \subset B$ でないときは $A \not\subset B$ または $B \not\supset A$ と表す．$A \subset B$ でないとは，$x \in A$ であるが $x \notin B$ となる x が存在することである．なお，$A \subset B$，$A \neq B$ のときは $A \subsetneq B$ または $B \supsetneq A$ とも表し，A を B の**真部分集合**という．

なお，包含関係は集合を丸で囲まれた領域として表した，**オイラー図**という図を描いて説明することもできる（**図 1.1**）．

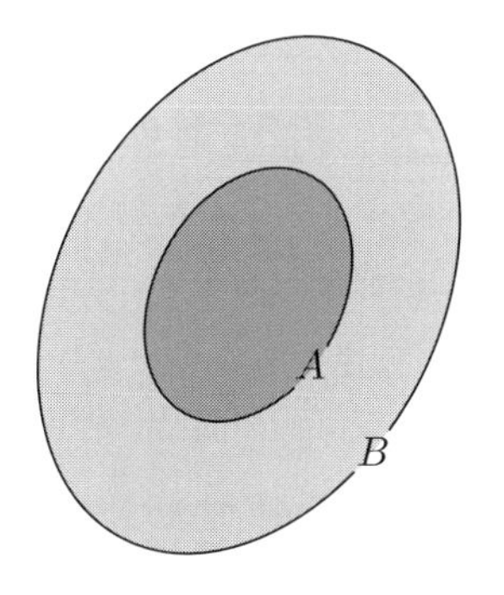

図 1.1　オイラー図による包含関係の説明

例 1.10 自然数は整数，有理数，実数，複素数のいずれでもあるので，$\mathbf{N} \subset \mathbf{Z}$，$\mathbf{N} \subset \mathbf{Q}$，$\mathbf{N} \subset \mathbf{R}$，$\mathbf{N} \subset \mathbf{C}$ である．また，例 1.3，例 1.4 より，$\mathbf{N} \subsetneq \mathbf{Z}$，$\mathbf{N} \subsetneq \mathbf{Q}$，$\mathbf{N} \subsetneq \mathbf{R}$，$\mathbf{N} \subsetneq \mathbf{C}$ と表すこともできる． ◆

包含関係に関して，次の定理 1.1 がなりたつ．

定理 1.1（重要）

A, B, C を集合とすると，次の (1)〜(3) がなりたつ．

(1) $A \subset A$.

(2) $A \subset B$, $B \subset A \Longrightarrow$ [2] $A = B$.

(3) $A \subset B$, $B \subset C \Longrightarrow A \subset C$.

証明 (1) $x \in A$ ならば $x \in A$ は当然なので，明らかである．
(2) $A \subset B$ より，$x \in A$ ならば $x \in B$ である．また，$B \subset A$ より，$x \in B$ ならば $x \in A$ である．よって，相等関係の定義より，$A = B$ である．
(3) $x \in A$ とする．このとき，$A \subset B$ より，$x \in B$ である．さらに，$B \subset C$ より，$x \in C$ である．よって，$A \subset C$ である． ◇

1・6 べき集合

集合を元とするような集合を考えることもある．まず，ラッセルのパラドックスについて述べておこう．

例 1.11（ラッセルのパラドックス） **集合全体の集まりは集合とはいえない**ことを背理法により示すことができる．まず，集合全体の集まりを X とおき，X が集合であると仮定する．次に，自分自身を元として含まない集合全体の集まりを Y とおく．このとき，X が集合であることより，Y は X の部分集合である．すなわち，

$$Y = \{A \in X \mid A \notin A\} \subset X \tag{1.9}$$

[2] 記号「$\Longrightarrow$」は「ならば」という意味である．

である．ここで，$Y \notin Y$ とすると，(1.9) の条件「$A \notin A$」がなりたつので，Y は Y を元として含む．よって，$Y \in Y$ となり矛盾である．一方，$Y \in Y$ とすると，(1.9) の条件「$A \notin A$」がなりたたないので，Y は Y を元として含まない．よって，$Y \notin Y$ となり矛盾である．したがって，集合全体の集まりは集合とはいえない． ◆

ここでは，次の定義 1.1 のような集合を定義しておこう．

定義 1.1

A を集合とする．A の部分集合全体からなる集合を 2^A または $\mathfrak{P}(A)$ と表し[3)4)]，A の**べき集合**という．

例 1.12　$A = \emptyset$ のとき，A の部分集合は $\emptyset$ のみである．よって，$2^A = \{\emptyset\}$ である．$\emptyset$ が空集合を表すのに対して，$\{\emptyset\}$ は空集合という 1 つの集合を元とする集合であることに注意しよう．

$A = \{1\}$ のとき，A の部分集合は $\emptyset$ または $\{1\}$ である．よって，

$$2^A = \{\emptyset, \{1\}\} \tag{1.10}$$

である． ◆

§1の問題

確認問題

問 1.1　次の内包的記法を用いて表された集合を外延的記法を用いて表せ．

(1) $\{n \in \mathbf{N} \mid n$ は 10 以下の素数 $\}$

---

3) “$\mathfrak{P}$”（ペー）は「べき」を意味する英単語 “power” の頭文字 “p” に対応するドイツ文字である．ドイツ文字については，裏見返しを参考にするとよい．

4) 集合 A のべき集合を 2^A と表す理由については，問 1.4 を見よ．

(2) $\{n \in \mathbf{Z} \mid n$ は pq^2 の約数$\}$．ただし，p, q は互いに異なる素数である．

□□□ [⇨ 1・3]

基本問題

問 1.2　$a, b \in \mathbf{R}$ とする．$a < b$ のとき，$(a, b) \subset \mathbf{R}$ を

$$(a, b) = \{x \in \mathbf{R} \mid a < x < b\}$$

により定め，これを**有界開区間**（または**開区間**）という．また，$[a, b), (a, b] \subset \mathbf{R}$ を

$$[a, b) = \{x \in \mathbf{R} \mid a \leq x < b\}, \qquad (a, b] = \{x \in \mathbf{R} \mid a < x \leq b\}$$

により定め，これらをそれぞれ**右半開区間**，**左半開区間**という．$a \leq b$ のとき，$[a, b] \subset \mathbf{R}$ を

$$[a, b] = \{x \in \mathbf{R} \mid a \leq x \leq b\}$$

により定め，これを**有界閉区間**（または**閉区間**）という[5)]．さらに，$(a, +\infty)$, $(-\infty, b) \subset \mathbf{R}$ を

$$(a, +\infty) = \{x \in \mathbf{R} \mid a < x\}, \qquad (-\infty, b) = \{x \in \mathbf{R} \mid x < b\}$$

により定め，これらを**無限開区間**という．また，$[a, +\infty), (-\infty, b] \subset \mathbf{R}$ を

$$[a, +\infty) = \{x \in \mathbf{R} \mid a \leq x\}, \qquad (-\infty, b] = \{x \in \mathbf{R} \mid x \leq b\}$$

により定め，これらを**無限閉区間**という．以上の $\mathbf{R}$ の部分集合と $\mathbf{R}$ を**区間**ともいう．また，$\mathbf{R}$ は $\mathbf{R} = (-\infty, +\infty)$ とも表す．

次の $\mathbf{R}$ の部分集合を区間の記号を用いて表せ．

(1) $\{x \in \mathbf{R} \mid 2x + 3 > 5\}$　　(2) $\{x \in \mathbf{R} \mid x^2 - 3x + 2 \leq 0\}$

□□□ [⇨ 1・5]

---

5) $a \neq b$ のときの $[a, b]$ を有界閉区間（または閉区間）ということもある．

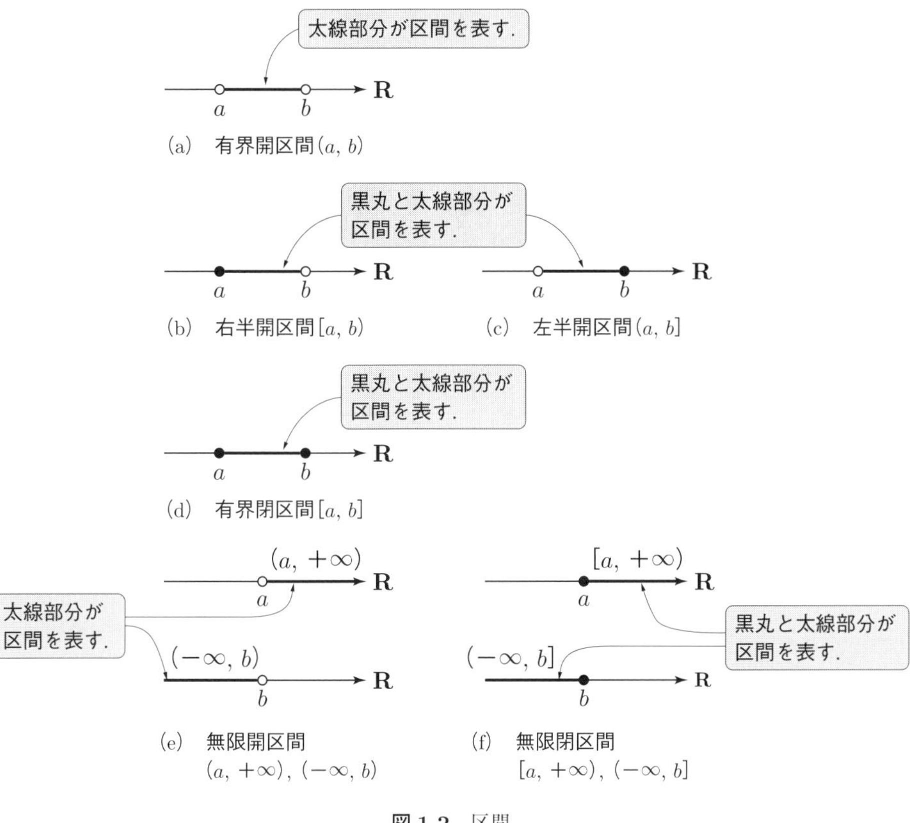

図 1.2　区間

問 1.3　次の問に答えよ.

(1) 集合 A のべき集合の定義を書け.

(2) $A = \{1, 2\}$ のとき，A のべき集合を外延的記法を用いて表せ.

[⇨ 1・6]

チャレンジ問題

問 1.4　A を n 個の元からなる有限集合とする．このとき，A のべき集合は 2^n 個の元からなることを示せ.

□□□ [⇨ 1・6]

§2 集合の演算

§2のポイント

- 2つの集合に対して，**和**，**共通部分**，**差**を定めることができる．
- 集合の和や共通部分に関して，**交換律**，**結合律**，**分配律**がなりたつ．
- 集合の演算に関して，**ド・モルガンの法則**がなりたつ．

2・1 和，共通部分，差

集合に対していろいろな演算を考えることができる．すなわち，いくつかの集合から新たな集合を定めることができる．A, B を集合とする．このとき，集合 $A \cup B$，$A \cap B$，$A \setminus B$ を

$$A \cup B = \{x \mid x \in A \text{ または } x \in B\}, \tag{2.1}$$

$$A \cap B = \{x \mid x \in A \text{ かつ } x \in B\}, \tag{2.2}$$

$$A \setminus B = \{x \mid x \in A \text{ かつ } x \notin B\} \tag{2.3}$$

により定め，それぞれ A と B の**和**，**共通部分**，**差**という．$A \setminus B$ は $A - B$ とも表す．

$A \cap B \neq \emptyset$ のとき，A と B は**交わる**という．A と B が交わらないとき，すなわち，$A \cap B = \emptyset$ のとき，A と B は**互いに素**であるという．また，このとき，$A \cup B$ を A と B の**直和**という．$A \cup B$ が A と B の直和であることを $A \sqcup B$ や $A \amalg B$ とも表す．

注意 2.1　2つの集合に対する和，共通部分，差は集合を丸で囲まれた領域として表した，**ベン図**という図を描いて表すことができる（**図 2.1**，**図 2.2**）[1]．しかし，より多くの個数の集合が現れると，ベン図に頼らずに，定義式などにし

---

1) ベン図という用語に対して，オイラー図［⇨ 1・5］は集合を表す各領域がすべて互いに交わっているとは限らない場合に用いられる．

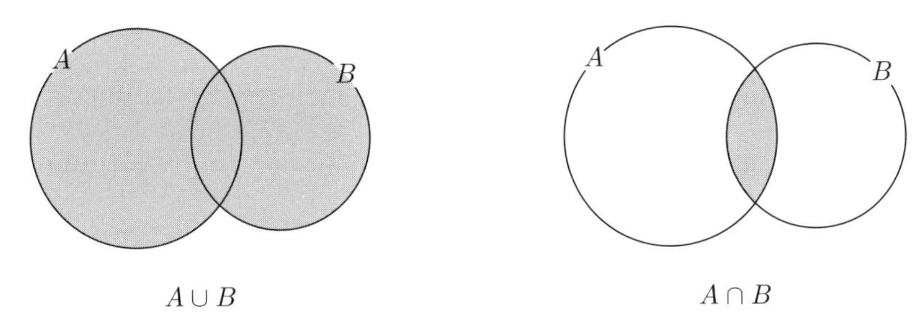

図 2.1 集合の和と共通部分（陰影部分）

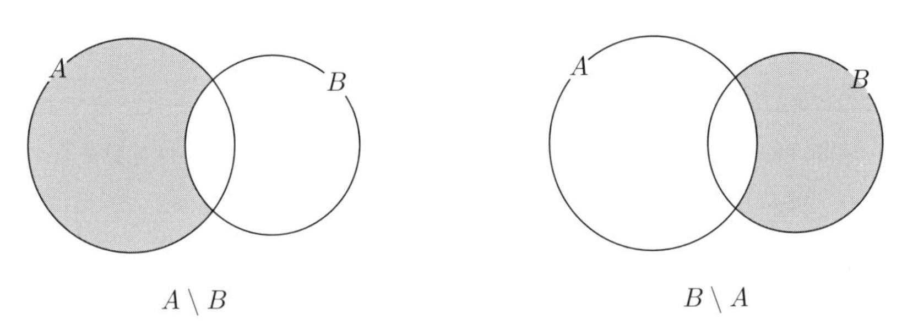

図 2.2 集合の差（陰影部分）

たがって考えなければならなくなる．

例題 2.1 集合 A, B を $A = \{1, 2\}$，$B = \{2, 3\}$ により定める．$A \cup B$，$A \cap B$，$A \setminus B$，$B \setminus A$ を外延的記法［⇨ **1・3**］を用いて表せ．

解 和，共通部分，差の定義 (2.1)〜(2.3) より，

$$A \cup B = \{1, 2, 3\}, \quad A \cap B = \{2\}, \quad A \setminus B = \{1\}, \quad B \setminus A = \{3\} \tag{2.4}$$

である． ◇

注意 2.2 例題 2.1 において，(2.4) 第 2 式より，A と B は交わる．

2・2　和と共通部分に関する性質

和や共通部分について，次の定理 2.1 がなりたつ．

定理 2.1（重要）

A, B を集合とすると，次の (1), (2) がなりたつ．

(1) $A, B \subset A \cup B$.

(2) $A \cap B \subset A, B$.

証明 (1) $x \in A$ ならば，$x \in A \cup B$ である．よって，包含関係あるいは部分集合の定義 [⇨ 1・5] より，$A \subset A \cup B$ である．同様に，$B \subset A \cup B$ である．
(2) $x \in A \cap B$ ならば，$x \in A$ である．よって，包含関係あるいは部分集合の定義より，$A \cap B \subset A$ である．同様に，$A \cap B \subset B$ である．　◇

また, 次の定理 2.2 がなりたつ．

定理 2.2（重要）

A, B, C を集合とすると，次の (1), (2) がなりたつ．

(1) $A, B \subset C \Longrightarrow A \cup B \subset C$.

(2) $C \subset A, B \Longrightarrow C \subset A \cap B$.

証明 (1) $x \in A \cup B$ とする．このとき，$x \in A$ または $x \in B$ である．$x \in A$ のとき，$A \subset C$ より，$x \in C$ である．また，$x \in B$ のとき，$B \subset C$ より，$x \in C$ である．よって，$x \in A$ または $x \in B$，すなわち，$x \in A \cup B$ ならば，$x \in C$ である．したがって，$A \cup B \subset C$ である．
(2) $x \in C$ とする．このとき，$C \subset A$ より，$x \in A$ である．また，$C \subset B$ より，$x \in B$ である．よって，$x \in C$ ならば，$x \in A$ かつ $x \in B$，すなわち，$x \in A \cap B$ である．したがって，$C \subset A \cap B$ である．　◇

注意 2.3 定理 2.1 (1) と定理 2.2 (1) より，**$A \cup B$ は A と B を含む集合全体の中で，包含関係に関して最小のもの**である，といういい方をすることができる.

また，定理 2.1 (2) と定理 2.2 (2) より，**$A \cap B$ は A と B に含まれる集合全体の中で，包含関係に関して最大のもの**である，といういい方をすることができる.

次の定理 2.3 がなりたつことは，ほとんど明らかであろう.

定理 2.3（重要）

A, B, C を集合とすると，次の (1)〜(4) がなりたつ.

(1) $A \cup B = B \cup A$.（**和の交換律**）

(2) $A \cap B = B \cap A$.（**共通部分の交換律**）

(3) $(A \cup B) \cup C = A \cup (B \cup C)$.（**和の結合律**）

(4) $(A \cap B) \cap C = A \cap (B \cap C)$.（**共通部分の結合律**）

注意 2.4　和の結合律より，$(A \cup B) \cup C$ および $A \cup (B \cup C)$ はともに

$$A \cup B \cup C \tag{2.5}$$

と表しても構わない．さらに，和の交換律より，

$$\begin{aligned} A \cup B \cup C &= A \cup C \cup B = B \cup A \cup C \\ &= B \cup C \cup A = C \cup A \cup B = C \cup B \cup A \end{aligned} \tag{2.6}$$

である．共通部分についても同様である.

なお，例題 2.1 からもわかるように，差は交換律をみたさない.

さらに，次の定理 2.4 がなりたつ.

定理 2.4（分配律）（重要）

A, B, C を集合とすると，次の (1), (2) がなりたつ.

(1) $(A \cup B) \cap C = (A \cap C) \cup (B \cap C)$（**図 2.3**）.

(2) $(A \cap B) \cup C = (A \cup C) \cap (B \cup C)$（**図 2.4**）.

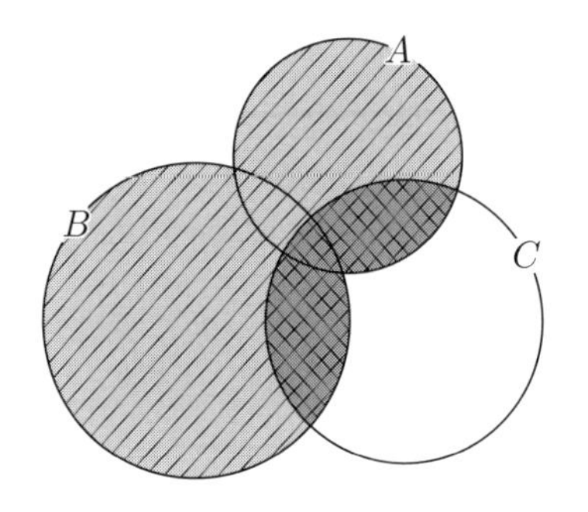

A
B
C

：$A \cup B$
：$(A \cup B) \cap C$

：$A \cap C$
：$B \cap C$

図 2.3　分配律 (1)

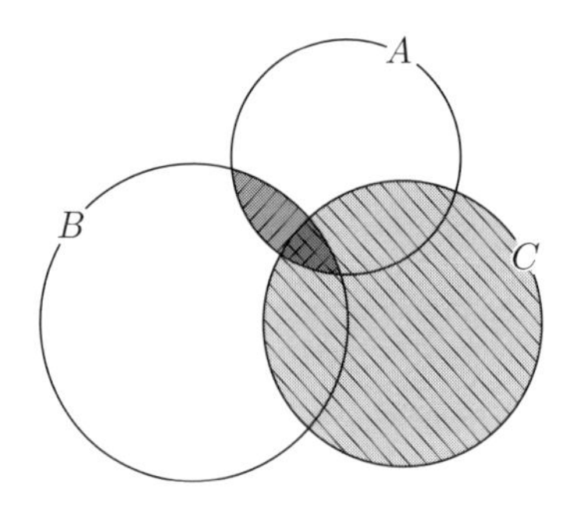

A
B
C

：$A \cap B$
：C

：$A \cup C$
：$B \cup C$

図 2.4　分配律 (2)

証明　(1) $(A \cup B) \cap C = \{x \mid x \in (A \cup B) \cap C\} = \{x \mid x \in A \cup B$ かつ $x \in C\}$

$= \{x \mid x \in A$ または $x \in B$，かつ，$x \in C\}$

$= \{x \mid x \in A$ かつ $x \in C$，または，$x \in B$ かつ $x \in C\}$

$= \{x \mid x \in A \cap C$ または $x \in B \cap C\} = (A \cap C) \cup (B \cap C)$　(2.7)

である．よって，(1) がなりたつ．

(2) $(A \cap B) \cup C = \{x \mid x \in (A \cap B) \cup C\} = \{x \mid x \in A \cap B$ または $x \in C\}$

$= \{x \mid x \in A$ かつ $x \in B$，または，$x \in C\}$

$= \{x \mid x \in A$ または $x \in C$，かつ，$x \in B$ または $x \in C\}$

$= \{x \mid x \in A \cup C$ かつ $x \in B \cup C\} = (A \cup C) \cap (B \cup C)$ (2.8)

である．よって，(2) がなりたつ． ◇

2・3 差に関する性質

差に関する基本的性質についても述べておこう．

定理 2.5（重要）

A, B, C を集合とする．$A \subset B$ ならば，次の (1), (2) がなりたつ．

(1) $A \setminus C \subset B \setminus C$.

(2) $C \setminus B \subset C \setminus A$.

証明 (1) $x \in A \setminus C$ とする．このとき，$x \in A$ かつ $x \notin C$ である．ここで，$A \subset B$ より，$x \in B$ である．よって，$x \in B$ かつ $x \notin C$，すなわち，$x \in B \setminus C$ である．したがって，(1) がなりたつ．

(2) $x \in C \setminus B$ とする．このとき，$x \in C$ かつ $x \notin B$ である．ここで，$x \in A$ と仮定すると，$A \subset B$ より，$x \in B$ となり，矛盾である．よって，$x \notin A$ となるので，$x \in C \setminus A$ である．したがって，(2) がなりたつ． ◇

例 2.1 A, B を集合とすると，

$$A \setminus B = (A \cup B) \setminus B \tag{2.9}$$

がなりたつことを示そう．

まず，定理 2.1 (1) より，$A \subset A \cup B$ である．よって，定理 2.5 (1) より，

$$A \setminus B \subset (A \cup B) \setminus B \tag{2.10}$$

である．

次に，$x \in (A \cup B) \setminus B$ とする．このとき，$x \in A \cup B$ かつ $x \notin B$ である．よって，$x \in A$ かつ $x \notin B$，すなわち，$x \in A \setminus B$ である．したがって，

$$(A \cup B) \setminus B \subset A \setminus B \tag{2.11}$$

である．

(2.10), (2.11) より，(2.9) がなりたつ．◆

2・4　ド・モルガンの法則

次の定理 2.6 はいろいろな場面でよく用いられる．

定理 2.6（ド・モルガンの法則）（重要）

X, A, B を集合とし，$A, B \subset X$ とする．このとき，次の (1), (2) がなりたつ．

(1) $X \setminus (A \cup B) = (X \setminus A) \cap (X \setminus B)$.

(2) $X \setminus (A \cap B) = (X \setminus A) \cup (X \setminus B)$.

証明　(1) $X \setminus (A \cup B) = \{x \mid x \in X,\ x \notin A \cup B\} \overset{\because (1.4)}{=} \{x \in X \mid x \notin A \cup B\}$

$$= \{x \in X \mid x \notin A \text{ かつ } x \notin B\} = \{x \mid x \in X \setminus A \text{ かつ } x \in X \setminus B\}$$

$$= (X \setminus A) \cap (X \setminus B) \tag{2.12}$$

である．よって，(1) がなりたつ．

(2) $X \setminus (A \cap B) = \{x \mid x \in X,\ x \notin A \cap B\} \overset{\because (1.4)}{=} \{x \in X \mid x \notin A \cap B\}$

$$= \{x \in X \mid x \notin A \text{ または } x \notin B\} = \{x \mid x \in X \setminus A \text{ または } x \in X \setminus B\}$$

$$= (X \setminus A) \cup (X \setminus B) \tag{2.13}$$

である．よって，(2) がなりたつ．◇

§2の問題

確認問題

問2.1　A, Bを集合とする．

(1) AとBの和$A \cup B$，共通部分$A \cap B$，差$A \setminus B$の定義を書け．

(2) $A = \{1, 2, 3\}$，$B = \{1, 2, 4\}$のとき，$A \cup B$，$A \cap B$，$A \setminus B$，$B \setminus A$を外延的記法を用いて表せ．　□□□ [⇨ 2・1]

基本問題

問2.2　集合A, B, Cを$A = \{1, 2, 3\}$，$B = \{2, 3, 4\}$，$C = \{3, 4, 5\}$により定める．$(A \setminus B) \setminus C$および$A \setminus (B \setminus C)$を外延的記法を用いて表せ．これより，差は結合律を**みたさない**ことがわかる．　□□□ [⇨ 2・1]

チャレンジ問題

問2.3　n次実行列全体の集合を$M_n(\mathbf{R})$，n次実対称行列全体の集合を$\mathrm{Sym}\,(n)$，n次実交代行列全体の集合を$\mathrm{Skew}\,(n)$とおく[2)]．

(1) $X \in M_n(\mathbf{R})$とすると，

$$\frac{1}{2}(X + {}^tX) \in \mathrm{Sym}\,(n), \qquad \frac{1}{2}(X - {}^tX) \in \mathrm{Skew}\,(n)$$

であることを示せ．ただし，${}^tX$はXの転置行列を表す．

(2) $M_n(\mathbf{R})$の部分集合$\mathrm{Sym}\,(n) + \mathrm{Skew}\,(n)$を

$$\mathrm{Sym}\,(n) + \mathrm{Skew}\,(n) = \{X + Y \mid X \in \mathrm{Sym}\,(n),\ Y \in \mathrm{Skew}\,(n)\}$$

---

2) “Sym”は「対称的」を意味する英単語“symmetric（シンメトリック）”に由来する．また，交代行列を歪（わい）対称行列ともいう．“Skew”は「歪対称的」を意味する英単語“skew symmetric（スキュー シンメトリック）”に由来する．

により定める．このとき，

$$\mathrm{Sym}\,(n) + \mathrm{Skew}\,(n) = M_n(\mathbf{R})$$

であることを示せ．

(3) $\mathrm{Sym}\,(n) \cap \mathrm{Skew}\,(n)$ を求めよ． 

§3 全体集合

§3のポイント

- 集合を用いる際には，**全体集合**とよばれる基礎となる集合を１つ固定しておくことが多い．
- 全体集合と部分集合の差を**補集合**という．
- **ド・モルガンの法則**は全体集合を考えて表すこともできる．

3・1 全体集合の例

集合を用いる際には，基礎となる集合を１つ固定しておき，その他の集合はその部分集合として表すことが多い．このとき，基礎となる集合を**全体集合**（または**普遍集合**）という．

例 3.1 １変数関数の微分積分では $\mathbf{R}$ の部分集合で定義された関数を扱う．この場合は $\mathbf{R}$ を全体集合として捉え，$\mathbf{R}$ の部分集合としては区間［⇨ **問 1.2**］を考えることが多い． ◆

線形代数では行列の計算のみを行うのであれば，集合や第２章で扱う写像の概念は特に必要ないが，先に進むとこれらは必要不可欠となる[1]．ここでは，$\mathbf{R}$ 上のベクトル空間のみを考え，次の定義 3.1 のように定めよう．

定義 3.1

V を集合とし，$\boldsymbol{x}, \boldsymbol{y}, \boldsymbol{z} \in V$，$c, d \in \mathbf{R}$ とする．$\boldsymbol{x} + \boldsymbol{y} \in V$ を対応させる**和**という演算と $c\boldsymbol{x} \in V$ を対応させる**スカラー倍**という演算が V に定められ，次の (1)〜(7) がなりたつとき，V を**ベクトル空間**という．

(1) $\boldsymbol{x} + \boldsymbol{y} = \boldsymbol{y} + \boldsymbol{x}$．（**和の交換律**）

1) 線形代数に関する基本的事項については，例えば，［藤岡 2］を見よ．

(2) $(\boldsymbol{x}+\boldsymbol{y})+\boldsymbol{z}=\boldsymbol{x}+(\boldsymbol{y}+\boldsymbol{z})$．（**和の結合律**）

(3) **零**（れい）**ベクトル**という，ある $\mathbf{0}\in V$ が存在し，任意の $\boldsymbol{x}$ に対して，

$\boldsymbol{x}+\mathbf{0}=\mathbf{0}+\boldsymbol{x}=\boldsymbol{x}$.

(4) $c(d\boldsymbol{x})=(cd)\boldsymbol{x}$．（**スカラー倍の結合律**）

(5) $(c+d)\boldsymbol{x}=c\boldsymbol{x}+d\boldsymbol{x}$，$c(\boldsymbol{x}+\boldsymbol{y})=c\boldsymbol{x}+c\boldsymbol{y}$．（**分配律**）

(6) $1\boldsymbol{x}=\boldsymbol{x}$.

(7) $0\boldsymbol{x}=\mathbf{0}$.

例 3.2（数ベクトル空間）　実数を成分とする n 次の列ベクトル全体の集合を $\mathbf{R}^n$ と表す．すなわち，

$$\mathbf{R}^n=\left\{\begin{pmatrix}x_1\\x_2\\\vdots\\x_n\end{pmatrix}\middle|\ x_1,x_2,\cdots,x_n\in\mathbf{R}\right\}\tag{3.1}$$

である[2]．$\mathbf{R}^n$ は行列としての和およびスカラー倍を用いることにより，n 次元のベクトル空間となる．$\mathbf{R}^n$ を**数ベクトル空間**という．◆

線形代数では1つのベクトル空間を全体集合として固定しておき，その部分集合として次の定義 3.2 で定められる部分空間を考える．

定義 3.2

V をベクトル空間とし，$W\subset V$ とする．V の和およびスカラー倍により，W がベクトル空間となる，すなわち，W が定義 3.1 (1)〜(7) の条件をみたすとき，W を V の**部分空間**という．

[2] $\mathbf{R}^n$ の元は行ベクトルとすることもある［⇨(13.1)］．

3・2　補集合

X を全体集合とし，$A \subset X$ とする．このとき，$X \setminus A$ を A^c と表し，A の**補集合**という[3]．すなわち，

$$A^c = X \setminus A = \{x \in X \mid x \notin A\} \tag{3.2}$$

である（**図 3.1**）．

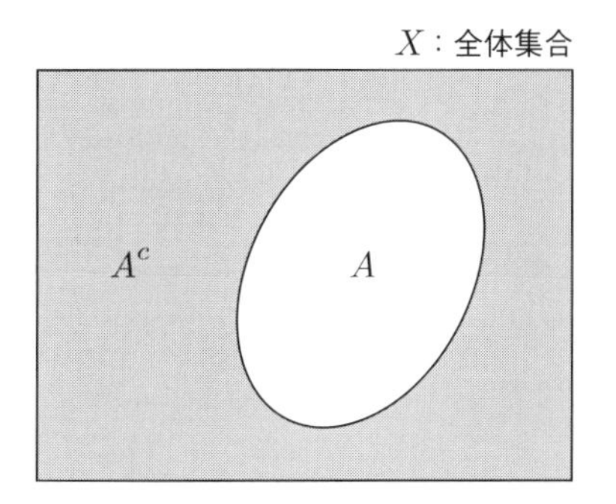

図 3.1　全体集合と補集合

なお，X を全体集合としているので，A^c は簡単に

$$A^c = \{x \mid x \notin A\} \tag{3.3}$$

と表してもよい．補集合に関して，次の定理 3.1 がなりたつことは明らかであろう．

定理 3.1（重要）

X を全体集合とし，$A \subset X$ とする．このとき，次の (1)〜(5) がなりたつ．

(1) $A \cup A^c = X$.

(2) $A \cap A^c = \emptyset$.

(3) $(A^c)^c = A$.

(4) $X^c = \emptyset$.

(5) $\emptyset^c = X$.

---

3)　記号「^{c}」は「補集合」を意味する英単語 "complement"（コンプリメント）の頭文字である．

例題 3.1 次の □ に和の交換律，共通部分の交換律，分配律［⇨**定理 2.3**，**定理 2.4**］のいずれかをうめることにより，文章を完成させよ．

X を全体集合とし，$A, B \subset X$ とする．このとき，

$$(A \cup B) \cap (A \cup B^c) \overset{\because\ 分配律}{=} \{\underline{A \cap (A \cup B^c)}\} \cup \{\underline{\underline{B \cap (A \cup B^c)}}\}$$

$$\overset{\because\ 共通部分の交換律}{=} \{\underline{(A \cup B^c) \cap A}\} \cup \{\underline{\underline{(A \cup B^c) \cap B}}\}$$

$= \underline{(A \cap A) \cup (B^c \cap A)} \cup \underline{\underline{(A \cap B) \cup (B^c \cap B)}}$　($\because$ ①)

$= A \cup (B^c \cap A) \cup (B \cap A) \cup \emptyset$　($\because$ ② および定理 3.1 (2))

$= A \cup \{(B^c \cup B) \cap A\}$　($\because$ ③) $= A \cup (X \cap A)$

($\because$ ④ および定理 3.1 (1)) $= A \cup A = A$　(3.4)

である．

解 ① 分配律，② 共通部分の交換律，③ 分配律，④ 和の交換律　◇

また，次の定理 3.2 がなりたつ．

定理 3.2

X を全体集合とし，$A, B \subset X$ とする．このとき，$A \subset B$ であることと $A^c \supset B^c$ であることは同値である．

証明 $A \subset B$ であるとは命題「$x \in A$ ならば $x \in B$」を意味する［⇨ **1・5**］．この命題の対偶[4]は「$x \notin B$ ならば $x \notin A$」，すなわち，「$x \in B^c$ ならば $x \in A^c$」なので，$B^c \subset A^c$ である．よって，定理 3.2 が証明された．　◇

---

4) P, Q を命題とするとき，命題「P ならば Q」に対して，命題「Q でないならば P でない」を「P ならば Q」の**対偶**という．「P ならば Q」とその対偶の真偽は一致する．すなわち，一方が正しいならば，もう一方も正しく，一方が正しくないならば，もう一方も正しくない．

3・3　ド・モルガンの法則

全体集合を考えると，ド・モルガンの法則（定理 2.6）は次の定理 3.3 のように表すことができる．

定理 3.3（ド・モルガンの法則）（重要）

X を全体集合とし，$A, B \subset X$ とする．このとき，次の (1), (2) がなりたつ．

(1) $(A \cup B)^c = A^c \cap B^c$.

(2) $(A \cap B)^c = A^c \cup B^c$.

例 3.3　A, B を集合とすると，

$$A \setminus B = A \setminus (A \cap B) \tag{3.5}$$

がなりたつことを示そう．まず，定理 2.1 (2) より，$A \cap B \subset B$ である．よって，定理 2.5 (2) より，

$$A \setminus B \subset A \setminus (A \cap B) \tag{3.6}$$

である．次に，$x \in A \setminus (A \cap B)$ とする．このとき，$x \in A$ かつ $x \notin A \cap B$ である．よって，$x \in A$ かつ $x \notin B$ となり，$x \in A \setminus B$ である．したがって，

$$A \setminus (A \cap B) \subset A \setminus B \tag{3.7}$$

である．(3.6), (3.7) より，(3.5) がなりたつ．

さらに，例 2.1 より，

$$A \setminus B = (A \cup B) \setminus B = A \setminus (A \cap B) \tag{3.8}$$

である．ここで，X を全体集合とし，$A, B \subset X$ とする．このとき，

$$\begin{aligned} A \setminus B &= \{x \mid x \in A \text{ かつ } x \notin B\} = \{x \mid x \in A \text{ かつ } x \in B^c\} \\ &= A \cap B^c \end{aligned} \tag{3.9}$$

である．(3.8), (3.9) より，

$$A \setminus B = (A \cup B) \setminus B = A \setminus (A \cap B) = A \cap B^c \tag{3.10}$$

である．◆

§3の問題

確認問題

問 3.1　次の □ に和の交換律，共通部分の交換律，分配律のいずれかをうめることにより，文章を完成させよ．

X を全体集合とし，$A, B \subset X$ とする．このとき，

$$\underline{(A \cup B) \cap (A \cup B^c)} \cap (A^c \cup B) \overset{\because \text{例題 3.1}}{=} \underline{A} \cap (A^c \cup B)$$

$$= (A^c \cup B) \cap A \quad (\because \boxed{①}) = (A^c \cap A) \cup (B \cap A) \quad (\because \boxed{②})$$

$$= \emptyset \cup (A \cap B) \quad (\because \boxed{③} \text{ および定理 3.1 (2)}) = A \cap B$$

である．

□□□ [⇨ **3・2**]

基本問題

問 3.2　A, B を集合とし，

$$A \ominus B = (A \setminus B) \cup (B \setminus A)$$

とおく．$A \ominus B$ を A と B の**対称差**という．このとき，

$$A \ominus A = \emptyset, \quad A \ominus \emptyset = A, \quad A \ominus B = B \ominus A \quad (\textbf{交換律})$$

がなりたつ (✍)．

X を全体集合とし，$A, B \subset X$ とする．このとき，次の (1)〜(3) がなりたつことを示せ．

(1) $A \ominus X = A^c$

(2) $A \ominus A^c = X$

(3) $A \ominus B = (A \cup B) \setminus (A \cap B)$

第 1 章のまとめ

集合の定義

- **集合**：ものの集まりのこと
- $\mathbf{N}$：自然数全体，$\mathbf{Z}$：整数全体，$\mathbf{Q}$：有理数全体
  $\mathbf{R}$：実数全体，$\mathbf{C}$：複素数全体
- **元**：集合を構成する 1 つ 1 つのもの
- **包含関係**：$A \subset B \underset{\text{def.}}{\iff} x \in A$ ならば $x \in B$ [5)]
- **べき集合**：部分集合全体からなる集合

集合の演算

- A, B：集合

$$A \cup B = \{x \mid x \in A \text{ または } x \in B\} \quad \textbf{(和)}$$

$$A \cap B = \{x \mid x \in A \text{ かつ } x \in B\} \quad \textbf{(共通部分)}$$

$$A \setminus B = \{x \mid x \in A \text{ かつ } x \notin B\} \quad \textbf{(差)}$$

- 和と共通部分に関して**交換律**，**結合律**がなりたつ
- **分配律**がなりたつ
- **ド・モルガンの法則**：X, A, B を集合とし $A, B \subset X$ とすると

$$X \setminus (A \cup B) = (X \setminus A) \cap (X \setminus B)$$

$$X \setminus (A \cap B) = (X \setminus A) \cup (X \setminus B)$$

全体集合

- 基礎となる集合 X を考える
  $A \subset X$ に対して $A^c = X \setminus A$ とおく（**補集合**）
- **ド・モルガンの法則**がなりたつ

---

5) 記号「$\underset{\text{def.}}{\iff}$」は左の概念を右で定義することを意味する．

写像と二項関係

§4 写像

§4のポイント

- **写像**とは集合の元からもう1つの集合の元への対応である.
- 写像に対して**グラフ**という集合を対応させることができる.
- 写像の**定義域**や**値域**の部分集合に対して,それぞれ**像**,**逆像**とよばれる値域,定義域の部分集合を定めることができる.

4・1 写像の概念と例

まず,写像について次のように定めよう.

定義 4.1

X, Y を空でない集合とする.このとき,

- X の任意の元に対して,
- その元に対応する Y のある元がただ1つあたえられている

とする.このことを

$$f : X \to Y \tag{4.1}$$

と表し，f を X から Y への**写像**（または X で定義された Y への写像），X を f の**定義域**（**始域**または**始集合**），Y を f の**値域**（**終域**または**終集合**）という[1]（**図 4.1**）．$Y \subset \mathbf{R}, \mathbf{C}$ のときは f をそれぞれ**実数値関数**，**複素数値関数**ともいう．また，実数値関数，複素数値関数を簡単に**関数**ともいう．

写像 f によって $x \in X$ に対して $y \in Y$ が対応するとき，$y = f(x)$ と表す．このとき，y を f による x の**像**，x を f による y の**逆像**（または**原像**）という．

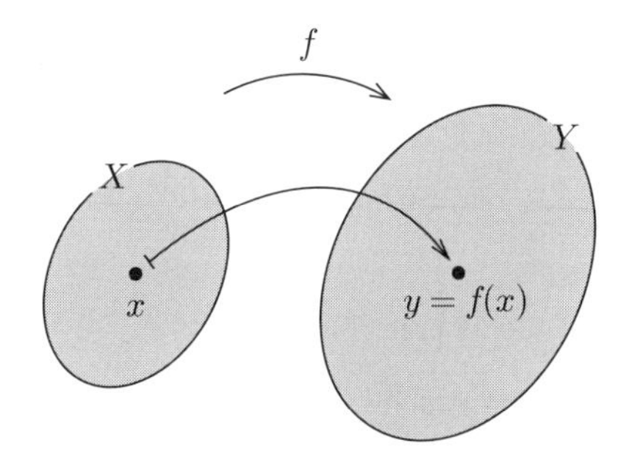

図 4.1 写像 f

注意 4.1 写像によって元 x に対して元 y が対応することを $x \mapsto y$ と書く．「$\to$」は集合の間の対応を，「$\mapsto$」は元の間の対応を表すことに注意しよう．

例 4.1 1 変数関数の微分積分では区間を定義域とする実数値関数を扱うのであった［⇨ **例 3.1**］．I を区間とすると，I を定義域，$\mathbf{R}$ を値域とする実数値関数 f は $f : I \to \mathbf{R}$ と表すことができる．

例えば，$a \in \mathbf{R}$ を定数とし，$f : I \to \mathbf{R}$ を

$$f(x) = a \qquad (x \in I) \tag{4.2}$$

により定めると，f は任意の $x \in I$ に対して a を対応させる定数関数である．

---

1) (4.1) の X, Y の呼び方は文献によりまちまちである．

また，$a \in \mathbf{R} \setminus \{0\}$ を 0 でない定数，$b \in \mathbf{R}$ を定数とし，$f : I \to \mathbf{R}$ を

$$f(x) = ax + b \qquad (x \in I) \tag{4.3}$$

により定めると，f は 1 次関数である． ◆

例 4.2（定値写像）　X, Y を空でない集合とし，$y_0 \in Y$ を 1 つ選んで固定しておく．このとき，写像 $f : X \to Y$ を

$$f(x) = y_0 \qquad (x \in X) \tag{4.4}$$

により定める．すなわち，f は任意の $x \in X$ に対して y_0 を対応させる写像である．f を**定値写像**という．例 4.1 で述べた定数関数は定値写像の例である． ◆

例 4.3（定義関数）　X を空でない集合とし，$A \subset X$ とする．このとき，X から集合 $\{0, 1\}$ への写像，すなわち，X で定義され，0 または 1 に値をとる関数 $\chi_A : X \to \{0, 1\}$ を

$$\chi_A(x) = \begin{cases} 1 & (x \in A), \\ 0 & (x \in X \setminus A) \end{cases} \tag{4.5}$$

により定める．χ_A を A の**定義関数**（または**特性関数**）という． ◆

例 4.4（包含写像と恒等写像）　X, Y を空でない集合とし，$X \subset Y$ とする．このとき，写像 $\iota : X \to Y$ を

$$\iota(x) = x \qquad (x \in X) \tag{4.6}$$

により定める．すなわち，ι は任意の $x \in X$ に対して $x \in Y$ とみなして x を対応させる写像である．ι を**包含写像**という[2]．特に，$X = Y$ のときは ι を id_X または 1_X と表し，X 上の**恒等写像**という[3]． ◆

例 4.5（制限写像）　X, Y を空でない集合，$f : X \to Y$ を写像とし，$A \subset X$,

---

2) “ι（イオタ）” は「包含」を意味する英単語 “inclusion（インクルージョン）” の頭文字 “i” に対応するギリシャ文字である．ギリシャ文字については表見返しを参考にするとよい．

3) 記号「id」は「恒等写像」を意味する英単語 “identity（アイデンティティ） map（マップ）” に由来する．

$A \neq \emptyset$ とする．このとき，写像 $f|_A : A \to Y$ を

$$f|_A(x) = f(x) \qquad (x \in A) \tag{4.7}$$

により定める．$f|_A$ を f の A への**制限**（または**制限写像**）という． ◆

写像の相等関係について，次の定義 4.2 のように定める．

定義 4.2

f, g を写像とする．f と g の定義域が等しく，f と g の値域も等しく，さらに，f, g の定義域の任意の元 x に対して，$f(x) = g(x)$ がなりたつとき，$f = g$ と表し，f と g は**等しい**という．また，f と g が等しくないときは $f \neq g$ と表す．

4・2 写像のグラフ

写像に対してグラフという集合を対応させることができる．まず，グラフを定義するための準備として，2 つの集合の直積について述べよう．X, Y を集合とする．このとき，$x \in X$，$y \in Y$ の組 (x, y) 全体からなる集合を $X \times Y$ と表し，X と Y の**直積**という．すなわち，

$$X \times Y = \{(x, y) \mid x \in X,\ y \in Y\} \tag{4.8}$$

である．ただし，上の組は元を並べる順序も込みで考えたものであり，(x, y), $(x', y') \in X \times Y$ に対して，$(x, y) = (x', y')$ となるのは $x = x'$ かつ $y = y'$ のときであるとする．

例 4.6 集合 X, Y を $X = \{1, 2\}$, $Y = \{3, 4, 5\}$ により定める．このとき，直積の定義（4.8）より，

$$X \times Y = \{(1,3), (1,4), (1,5), (2,3), (2,4), (2,5)\}, \tag{4.9}$$

$$X \times X = \{(1,1), (1,2), (2,1), (2,2)\}, \tag{4.10}$$

$$Y \times X = \{(3,1), (3,2), (4,1), (4,2), (5,1), (5,2)\} \tag{4.11}$$

である．

$X \times X$ の元 $(1,2)$ と $(2,1)$ は異なるものであることに注意しよう．また，集合 X に対して，$X \times X$ は X^2 とも表す． ◆

それでは，写像のグラフを定義しよう．

定義 4.3

X, Y を空でない集合，$f : X \to Y$ を写像とする．このとき，$G(f) \subset X \times Y$ を

$$G(f) = \{(x, f(x)) \mid x \in X\} \tag{4.12}$$

により定め，これを f の**グラフ**という．

例 4.7 例 4.1 で述べた，区間 I を定義域とする実数値関数 $f : I \to \mathbf{R}$ のグラフは，(4.12) において $X = I$ としたものである．$\mathbf{R}$ と $\mathbf{R}$ の直積 $\mathbf{R}^2$ を平面とみなすと，平面の部分集合であるグラフ $G(f)$ を考えることによって，関数 f を視覚的に捉えることができる（**図 4.2**）． ◆

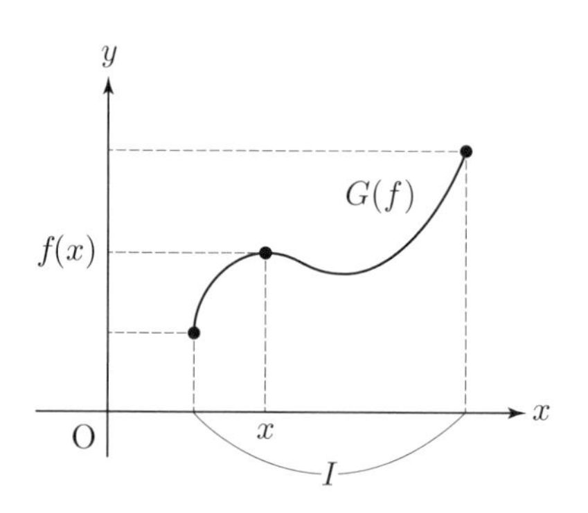

図 4.2　関数 f のグラフ $G(f)$

なお，グラフの概念を用いると，写像 $f : X \to Y$ とは $X \times Y$ の部分集合 G であり，任意の $x \in X$ に対して，$(x, y) \in G$ となる $y \in Y$ が一意的に存在する

ものである，と捉えることができる．このとき，$G=G(f)$ である．このように考えると，空集合から空集合への写像や空集合から空でない集合への写像も存在することになる．

4・3　像と逆像

写像の定義域や値域の部分集合に対して，次の定義 4.4 のように値域，定義域の部分集合をそれぞれ定めることができる．

定義 4.4

X, Y を空でない集合，$f : X \to Y$ を写像とする．

$A \subset X$ とする．このとき，$f(A) \subset Y$ を

$$f(A) = \{f(x) \mid x \in A\} \tag{4.13}$$

により定め，これを f による A の**像**（または**値域**）という．ただし，$f(\emptyset) = \emptyset$ とする．

$B \subset Y$ とする．このとき，$f^{-1}(B) \subset X$ を

$$f^{-1}(B) = \{x \in X \mid f(x) \in B\} \tag{4.14}$$

により定め，これを f による B の**逆像**（または**原像**）という．ただし，$f^{-1}(\emptyset) = \emptyset$ とする．

例題 4.1　集合 X, Y を $X = \{1, 2, 3\}$，$Y = \{4, 5, 6\}$ により定め，写像 $f : X \to Y$ を $f(1) = 4$，$f(2) = 5$，$f(3) = 5$ により定める．このとき，$f(\{1\})$，$f(\{1, 2\})$，$f^{-1}(\{4\})$ を外延的記法［⇨ 1・3］を用いて表せ．

解　まず，像の定義 (4.13) より，

$$f(\{1\}) = \{4\}, \qquad f(\{1,2\}) = \{4,5\} \tag{4.15}$$

である．また，$f(x) \in \{4\}$ とすると，$x = 1$ である．よって，逆像の定義 (4.14) より，

$$f^{-1}(\{4\}) = \{1\} \tag{4.16}$$

である．◇

像および逆像に関して，次の定理 4.1 がなりたつ．

定理 4.1（重要）

X, Y を空でない集合，$f: X \to Y$ を写像とし，$A, A_1, A_2 \subset X$，$B, B_1, B_2 \subset Y$ とする．このとき，次の (1)〜(10) がなりたつ．

(1) $A_1 \subset A_2 \Longrightarrow f(A_1) \subset f(A_2)$.

(2) $f(A_1 \cup A_2) = f(A_1) \cup f(A_2)$.

(3) $f(A_1 \cap A_2) \subset f(A_1) \cap f(A_2)$.

(4) $f(A_1 \setminus A_2) \supset f(A_1) \setminus f(A_2)$.

(5) $B_1 \subset B_2 \Longrightarrow f^{-1}(B_1) \subset f^{-1}(B_2)$.

(6) $f^{-1}(B_1 \cup B_2) = f^{-1}(B_1) \cup f^{-1}(B_2)$.

(7) $f^{-1}(B_1 \cap B_2) = f^{-1}(B_1) \cap f^{-1}(B_2)$.

(8) $f^{-1}(B_1 \setminus B_2) = f^{-1}(B_1) \setminus f^{-1}(B_2)$.

(9) $f^{-1}(f(A)) \supset A$.

(10) $f(f^{-1}(B)) \subset B$.

証明　(1) $y \in f(A_1)$ とする．このとき，像の定義 (4.13) より，ある $x \in A_1$ が存在し，$y = f(x)$ となる．ここで，$x \in A_1$ および $A_1 \subset A_2$ より，$x \in A_2$ である．よって，像の定義 (4.13) より，$f(x) \in f(A_2)$，すなわち，$y \in f(A_2)$ である．したがって，$y \in f(A_1)$ ならば $y \in f(A_2)$，すなわち，$f(A_1) \subset f(A_2)$ である．

(2) $f(A_1 \cup A_2) \overset{\because\ 像の定義\ (4.13)}{=} \{y \in Y \mid ある\ x \in A_1 \cup A_2\ が存在し，y = f(x)\}$

$$= \left\{ y \in Y \;\middle|\; \begin{array}{l} \text{ある } x_1 \in A_1 \text{ が存在し } y = f(x_1),\text{ または,} \\ \text{ある } x_2 \in A_2 \text{ が存在し } y = f(x_2) \end{array} \right\}$$

$$\overset{\because\ \text{像の定義 (4.13)}}{=} \{y \in Y \mid y \in f(A_1) \text{ または } y \in f(A_2)\}$$

$$= f(A_1) \cup f(A_2) \tag{4.17}$$

である．よって，(2) がなりたつ．

(3) $$f(A_1 \cap A_2) \overset{\because\ \text{像の定義 (4.13)}}{=} \{y \in Y \mid \text{ある } x \in A_1 \cap A_2 \text{ が存在し，} y = f(x)\}$$

$$\subset \left\{ y \in Y \;\middle|\; \begin{array}{l} \text{ある } x_1 \in A_1 \text{ が存在し } y = f(x_1),\text{ かつ,} \\ \text{ある } x_2 \in A_2 \text{ が存在し } y = f(x_2) \end{array} \right\}$$

$$\overset{\because\ \text{像の定義 (4.13)}}{=} \{y \in Y \mid y \in f(A_1) \text{ かつ } y \in f(A_2)\}$$

$$= f(A_1) \cap f(A_2) \tag{4.18}$$

である．よって，(3) がなりたつ．

(4)〜(10)　問 4.3 とする[4]．　◇

注意 4.2　定理 4.1 (3), (4), (9), (10) において，等号はなりたつとは限らない［⇨ **問 4.2**］．

---

[4] このような証明問題については，慣れないうちは巻末の詳細解答を見ながら考えるのもよいであろう．

§4の問題

確認問題

問 4.1　$f: X \to Y$ を写像とする．

(1) $A \subset X$ とする．f による A の像 $f(A)$ の定義を書け．

(2) $B \subset Y$ とする．f による B の逆像 $f^{-1}(B)$ の定義を書け．

□□□ [⇨ 4・3]

問 4.2　$X = \{1, 2\}$, $Y = \{3, 4\}$ のとき，写像 $f: X \to Y$ を $f(1) = 3$, $f(2) = 3$ により定める．次の集合を外延的記法により表せ．

(1) $f(\{1\} \cap \{2\})$，$f(\{1\}) \cap f(\{2\})$

(2) $f(\{1\} \setminus \{2\})$，$f(\{1\}) \setminus f(\{2\})$

(3) $f^{-1}(f(\{1\}))$

(4) $f(f^{-1}(\{3, 4\}))$

□□□ [⇨ 4・3]

基本問題

問 4.3　X，Y を空でない集合，$f: X \to Y$ を写像とし，$A, A_1, A_2 \subset X$，$B, B_1, B_2 \subset Y$ とする．このとき，次の (1)〜(7) がなりたつことを示せ．

(1) $f(A_1 \setminus A_2) \supset f(A_1) \setminus f(A_2)$

(2) $B_1 \subset B_2 \Longrightarrow f^{-1}(B_1) \subset f^{-1}(B_2)$

(3) $f^{-1}(B_1 \cup B_2) = f^{-1}(B_1) \cup f^{-1}(B_2)$

(4) $f^{-1}(B_1 \cap B_2) = f^{-1}(B_1) \cap f^{-1}(B_2)$

(5) $f^{-1}(B_1 \setminus B_2) = f^{-1}(B_1) \setminus f^{-1}(B_2)$

(6) $f^{-1}(f(A)) \supset A$

(7) $f(f^{-1}(B)) \subset B$

§5 全射，単射と合成写像

§5のポイント

- **全射**および**単射**は写像に関する基本的概念である．
- 2つの写像に対して，それらの**合成**を考えることができる．
- 全単射な写像に対して，**逆写像**を定めることができる．

5・1 全射と単射

写像に関する基本的概念として，全射および単射というものが挙げられる．

定義 5.1

X, Y を空でない集合，$f : X \to Y$ を写像とする．

(1) 任意の $y \in Y$ に対して，ある $x \in X$ が存在し，$y = f(x)$，すなわち，$f(X) = Y$ [⇨(4.13)] となるとき，f を**全射**（または**上への写像**）という（**図 5.1 左**）．

(2) f が

$$x_1, x_2 \in X,\ x_1 \neq x_2 \implies f(x_1) \neq f(x_2), \tag{5.1}$$

すなわち，

$$x_1, x_2 \in X,\ f(x_1) = f(x_2) \implies x_1 = x_2 \tag{5.2}$$

をみたすとき，f を**単射**（または**1対1の写像**）という（**図 5.1 右**）．

(3) 全射かつ単射である写像を**全単射**という[1]．

---

1) 全射，単射，全単射という用語は「全射な写像」というように形容詞的に用いられることもある．

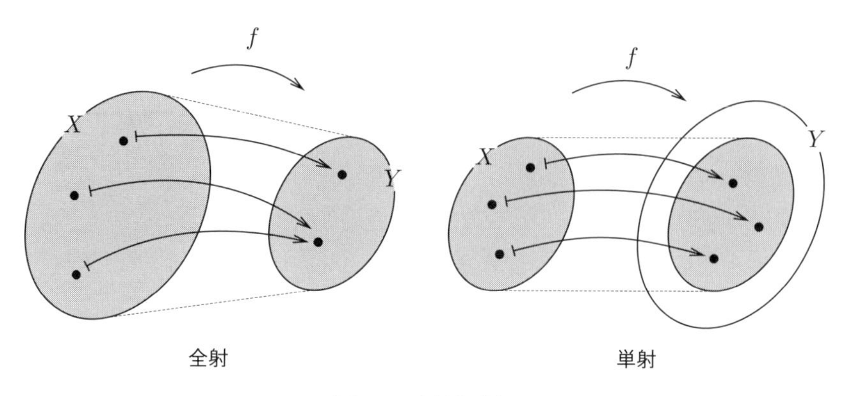

図 5.1　全射と単射

例 5.1　関数 $f:\mathbf{R}\to\mathbf{R}$ を

$$f(x)=x^2 \qquad (x\in\mathbf{R}) \tag{5.3}$$

により定める．

このとき，f は全射ではない．実際，例えば，-1 は f の値域 $\mathbf{R}$ の元，すなわち，$-1\in\mathbf{R}$ である．しかし，$f(x)=-1$ となる定義域 $\mathbf{R}$ の元，すなわち，$x^2=-1$ となる $x\in\mathbf{R}$ は存在しない．それに対して，定義域 $\mathbf{R}$ と $f(x)$ の定義式をそのままにして，f の値域を無限閉区間 $[0,+\infty)$ [⇨ **問 1.2**] に変更すると，f は全射となる (✍).

また，f は単射ではない．実際，例えば，-1 および 1 は定義域 $\mathbf{R}$ の異なる元，すなわち，$-1,1\in\mathbf{R}$，$-1\neq 1$ である．しかし，$f(-1)=f(1)=1$ である．それに対して，値域 $\mathbf{R}$ と $f(x)$ の定義式をそのままにして，f の定義域を無限閉区間 $[0,+\infty)$ [⇨ **問 1.2**] に変更すると，f は単射となる (✍). ◆

例 5.2　X を空でない集合とし，$n\in\mathbf{N}$ に対して，1 から n までの自然数全体の集合を X_n とおく．X が n 個の元からなる有限集合 [⇨ **1・4**] であるとは，X から X_n への全単射が存在することに他ならない． ◆

例 5.3　包含写像 [⇨ **例 4.4**] は単射である．実際，例 4.4 において，$x_1,x_2\in X$，$\iota(x_1)=\iota(x_2)$ とすると，$x_1=x_2$ である． ◆

定理 4.1 (3), (4), (9), (10) において，等号はなりたつとは限らないのであった [⇨ 注意 4.2]．しかし，写像が全射あるいは単射である場合は等号を示すことができる．

定理 5.1（重要）

X, Y を空でない集合，$f: X \to Y$ を写像とし，$A, A_1, A_2 \subset X$, $B, B_1, B_2 \subset Y$ とする．このとき，次の (1)〜(4) がなりたつ．

(1) f が単射 $\Longrightarrow f(A_1 \cap A_2) = f(A_1) \cap f(A_2)$.

(2) f が単射 $\Longrightarrow f(A_1 \setminus A_2) = f(A_1) \setminus f(A_2)$.

(3) f が単射 $\Longrightarrow f^{-1}(f(A)) = A$.

(4) f が全射 $\Longrightarrow f(f^{-1}(B)) = B$.

証明 (1) $y \in f(A_1) \cap f(A_2)$ とする．このとき，$y \in f(A_1)$ かつ $y \in f(A_2)$ である．$y \in f(A_1)$ および像の定義 (4.13) より，ある $x_1 \in A_1$ が存在し，$y = f(x_1)$ となる．また，$y \in f(A_2)$ および像の定義 (4.13) より，ある $x_2 \in A_2$ が存在し，$y = f(x_2)$ となる．ここで，f は単射なので，

$$x_1 = x_2 \in A_1 \cap A_2 \tag{5.4}$$

となる．よって，$y \in f(A_1 \cap A_2)$ である．したがって，

$$f(A_1 \cap A_2) \supset f(A_1) \cap f(A_2) \tag{5.5}$$

である．定理 4.1 (3)，(5.5) より，(1) がなりたつ．

(2) $y \in f(A_1 \setminus A_2)$ とする．このとき，像の定義 (4.13) より，ある $x \in A_1 \setminus A_2$ が存在し，$y = f(x)$ となる．特に，$x \in A_1$ なので，$y \in f(A_1)$ である．ここで，$y \notin f(A_2)$ であることを背理法により示す．$y \in f(A_2)$ であると仮定する．このとき，像の定義 (4.13) より，ある $x' \in A_2$ が存在し，$y = f(x')$ となる．さらに，f は単射なので，$x = x'$ である．よって，$x \in A_2$ となり，$x \in A_1 \setminus A_2$ であることに矛盾する．したがって，$y \notin f(A_2)$ となり，$y \in f(A_1) \setminus f(A_2)$ である．すなわち，

$$f(A_1 \setminus A_2) \subset f(A_1) \setminus f(A_2) \tag{5.6}$$

である．定理 4.1 (4)，(5.6) より，(2) がなりたつ．

(3) $x \in f^{-1}(f(A))$ とする．このとき，逆像の定義 (4.14) より，$f(x) \in f(A)$ である．さらに，像の定義 (4.13) より，ある $x' \in A$ が存在し，$f(x) = f(x')$ となる．ここで，f は単射なので，$x = x'$ である．よって，$x \in A$ である．したがって，

$$f^{-1}(f(A)) \subset A \tag{5.7}$$

である．定理 4.1 (9)，(5.7) より，(3) がなりたつ．

(4) $y \in B$ とする．f は全射なので，ある $x \in X$ が存在し，$y = f(x)$ となる．よって，逆像の定義 (4.14) より，$x \in f^{-1}(B)$ である．さらに，像の定義 (4.13) より，$y \in f(f^{-1}(B))$ である．したがって，

$$f(f^{-1}(B)) \supset B \tag{5.8}$$

である．定理 4.1 (10)，(5.8) より，(4) がなりたつ．　◇

5・2　合成写像

次に，合成写像について述べよう．

定義 5.2

X, Y, Z を空でない集合，f, g をそれぞれ X から Y，Y から Z への写像とする．すなわち，

$$f : X \to Y, \qquad g : Y \to Z \tag{5.9}$$

$$x \mapsto y = f(x), \qquad y \mapsto z = g(y) \tag{5.10}$$

とする．このとき，X から Z への写像 $g \circ f$ を

$$(g \circ f)(x) = g(f(x)) \qquad (x \in X) \tag{5.11}$$

により定めることができる．すなわち，

$$g \circ f : X \to Z \tag{5.12}$$

$$x \mapsto z = g(f(x)) = (g \circ f)(x) \tag{5.13}$$

である．$g \circ f$ を f と g の**合成**（または**合成写像**）という（**図 5.2**）．

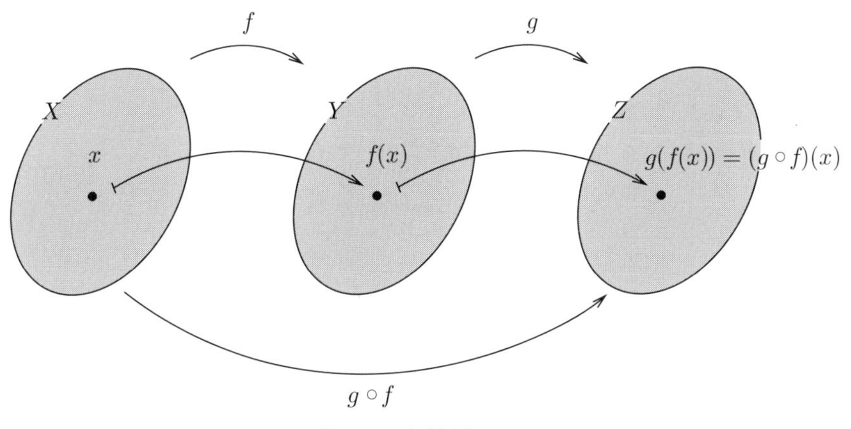

図 5.2　合成写像 $g \circ f$

例題 5.1　集合 X, Y, Z を $X = \{1,2,3\}$，$Y = \{4,5,6\}$，$Z = \{7,8,9\}$ により定め，写像 $f: X \to Y$，$g: Y \to Z$ を $f(1) = 4$，$f(2) = 5$，$f(3) = 5$，$g(4) = 9$，$g(5) = 8$，$g(6) = 7$ により定める．$(g \circ f)(1)$ の値を求めよ．

解　$(g \circ f)(1) = g(f(1)) = g(4) = 9$ である．◇

写像の合成は結合律をみたす．すなわち，次の定理 5.2 がなりたつ．

定理 5.2（結合律）（重要）

X, Y, Z, W を空でない集合，$f: X \to Y$，$g: Y \to Z$，$h: Z \to W$ を写像とする．このとき，

$$h \circ (g \circ f) = (h \circ g) \circ f \tag{5.14}$$

である．特に，$h \circ (g \circ f)$ および $(h \circ g) \circ f$ はともに $h \circ g \circ f$ と表しても構わない．

証明　まず，$h \circ (g \circ f)$ および $(h \circ g) \circ f$ はともに X から W への写像である．

次に，$x \in X$ とすると，

$$\begin{aligned}(h \circ (g \circ f))(x) &= h((g \circ f)(x)) = h(g(f(x))) \\ &= (h \circ g)(f(x)) = ((h \circ g) \circ f)(x),\end{aligned} \tag{5.15}$$

すなわち，

$$(h \circ (g \circ f))(x) = ((h \circ g) \circ f)(x) \tag{5.16}$$

である．

よって，定義 4.2 より (5.14) がなりたつ．◇

注意 5.1　X を空でない集合，$f, g : X \to X$ を写像とすると，2つの合成写像 $g \circ f, f \circ g : X \to X$ を考えることができる．しかし，$f \circ g = g \circ f$ がなりたつとは限らない［⇨ **問 5.2**］．

写像の合成について，次の定理 5.3 がなりたつ．

定理 5.3（重要）

X, Y, Z を空でない集合，$f : X \to Y$，$g : Y \to Z$ を写像とする．このとき，次の (1), (2) がなりたつ．特に，f, g が全単射ならば，$g \circ f$ は全単射である．

(1) f, g が全射 $\Longrightarrow g \circ f$ は全射．

(2) f, g が単射 $\Longrightarrow g \circ f$ は単射．

証明　(1) $z \in Z$ とする．g は全射なので，ある $y \in Y$ が存在し，$z = g(y)$ となる．さらに，f は全射なので，ある $x \in X$ が存在し，$y = f(x)$ となる．よって，$z = g(f(x))$，すなわち，$z = (g \circ f)(x)$ となる．したがって，$g \circ f$ は全射である．

(2) $x_1, x_2 \in X$，$x_1 \neq x_2$ とする．f は単射なので，$f(x_1) \neq f(x_2)$ である．さらに，g は単射なので，$g(f(x_1)) \neq g(f(x_2))$，すなわち，$(g \circ f)(x_1) \neq (g \circ f)(x_2)$

である．よって，$g \circ f$ は単射である[2]．　◇

注意 5.2　定理 5.3 (1), (2) の逆 ($\Leftarrow$) はなりたつとは限らない [⇨ **問 5.3**]．

5・3　逆写像

X, Y を空でない集合，$f : X \to Y$ を写像とし，f が全単射であると仮定する．このとき，$y \in Y$ とすると，f は全射であるから，ある $x \in X$ が存在し，$y = f(x)$ となる．さらに，f は単射であるから，このような x は一意的である．よって，y に対して x を対応させる写像を考えることができる．これを f^{-1} と表し，f の**逆写像**という．f^{-1} は Y から X への全単射となる．さらに，f^{-1} の逆写像は f である．なお，写像を関数という場合は，逆写像を**逆関数**ともいう．

例 5.4（指数関数と対数関数）　$a > 0$, $a \neq 1$ をみたす a を 1 つ固定しておく．このとき，関数 $f : \mathbf{R} \to (0, +\infty)$ を

$$f(x) = a^x \qquad (x \in \mathbf{R}) \tag{5.17}$$

により定める．すなわち，f は a を底とする指数関数である．f は全単射となるから，f の逆関数 $f^{-1} : (0, +\infty) \to \mathbf{R}$ が存在するが，これは a を底とする対数関数に他ならない．すなわち，

$$f^{-1}(y) = \log_a y \qquad (y \in (0, +\infty)) \tag{5.18}$$

である．　◆

§5の問題

確認問題

問 5.1　X, Y を空でない集合，$f : X \to Y$ を写像とする．

---

2)　条件 (5.2) を示してもよい (✍)．

(1) f が全射であることの定義を書け．

(2) f が単射であることの定義を書け．

□□□ [⇨ 5・1]

問 5.2　関数 $f, g : \mathbf{R} \to \mathbf{R}$ を

$$f(x) = -x + 1, \quad g(x) = x^2 \quad (x \in \mathbf{R})$$

により定める．$(g \circ f)(-1)$ および $(f \circ g)(-1)$ の値を求めよ．

基本問題

問 5.3　次の問に答えよ．

(1) 集合 X, Y, Z を $X = \{1, 2\}$，$Y = \{3, 4\}$，$Z = \{5\}$ により定め，写像 $f : X \to Y$，$g : Y \to Z$ を $f(1) = 3$，$f(2) = 3$，$g(3) = 5$，$g(4) = 5$ により定める．このとき，$g \circ f$ は全射であることを示せ．

(2) 集合 X，Y，Z を $X = \{1, 2\}$，$Y = \{3, 4, 5\}$，$Z = \{6, 7\}$ により定め，写像 $f : X \to Y$，$g : Y \to Z$ を $f(1) = 3$，$f(2) = 4$，$g(3) = 6$，$g(4) = 7$，$g(5) = 7$ により定める．このとき，$g \circ f$ は単射であることを示せ．

□□□ [⇨ 5・2]

問 5.4　X, Y, Z を空でない集合，$f : X \to Y$，$g : Y \to Z$ を全単射とする．

(1) 写像 $(g \circ f)^{-1} : Z \to X$ が定義できることを示せ．

(2) 等式

$$(g \circ f)^{-1} = f^{-1} \circ g^{-1}$$

がなりたつことを示せ．

§6 集合系と集合族

§6のポイント

- 集合の集まりからなる集合を**集合系**という．
- **添字集合**から集合系への写像を**集合族**という．
- 集合系や集合族に対して，**和**や**共通部分**を定めることができる．
- 集合族に対して，**ド・モルガンの法則**がなりたつ．
- $\mathbf{N}$ によって添字付けられた集合族に対して，**上極限集合**や**下極限集合**を定めることができる．

6・1 集合系

数学では，集合の集まりからなる集合を考えることがある．このような集合を**集合系**という．

例 6.1（部分集合系） A を集合とする．任意の元が A の部分集合となるような集合系を A の**部分集合系**という．例えば，A のべき集合 2^A ［⇨**定義 1.1**］は A の部分集合系である．◆

集合系の和および共通部分を，次の定義 6.1 のように定める．

定義 6.1

$\mathfrak{A}$（アー）を集合系とする[1]．このとき，集合 $\bigcup\mathfrak{A}$ および $\bigcap\mathfrak{A}$ を

$$\bigcup\mathfrak{A} = \{x \mid ある\ A \in \mathfrak{A}\ が存在し，x \in A\}, \tag{6.1}$$

$$\bigcap\mathfrak{A} = \{x \mid 任意の\ A \in \mathfrak{A}\ に対して，x \in A\} \tag{6.2}$$

[1] $\mathfrak{A}$ が集合系である雰囲気を表すために，ラテン文字ではなくドイツ文字を用いることにする．ドイツ文字については，裏見返しを参考にするとよい．

により定め，それぞれ $\mathfrak{A}$ の**和**，**共通部分**という．これらは $\bigcup_{A \in \mathfrak{A}} A$，$\bigcap_{A \in \mathfrak{A}} A$ とも表す．

6・2　集合族

また，集合族について，次の定義 6.2 のように定める．

定義 6.2

Λ を空でない集合，$\mathfrak{A}$ を空でない集合系とする．各 $\lambda \in \Lambda$ に $A_\lambda \in \mathfrak{A}$ が対応するような，Λ から $\mathfrak{A}$ への写像を $(A_\lambda)_{\lambda \in \Lambda}$（または $\{A_\lambda\}_{\lambda \in \Lambda}$）と表し，$\Lambda$ **によって添字付けられた集合族**（そえじ）という．このとき，Λ を**添字集合**，Λ の元 λ を**添字**という．

注意 6.1　定義 6.2 において，集合族を考える際は A_λ からなる集まりが重要なのであり，値域 $\mathfrak{A}$ はあまり重要ではない．

また，数学では「族」という言葉は添字付けられたものを意味することが多いが，集合系と集合族を厳密に区別しないこともある．

例 6.2　$n \in \mathbf{N}$ [⇨ 例 1.1] とし，$\Lambda = \{1, 2, \cdots, n\}$ とおく．このとき，n 個の集合 $A_1, A_2, \cdots, A_n$ は Λ によって添字付けられた集合族とみなすことができる．◆

集合族の和および共通部分を，次の定義 6.3 のように定める．

定義 6.3

$(A_\lambda)_{\lambda \in \Lambda}$ を集合族とする．このとき，集合 $\bigcup_{\lambda \in \Lambda} A_\lambda$ および $\bigcap_{\lambda \in \Lambda} A_\lambda$ を

$$\bigcup_{\lambda \in \Lambda} A_\lambda = \{x \mid \text{ある } \lambda \in \Lambda \text{ が存在し，} x \in A_\lambda\}, \tag{6.3}$$

$$\bigcap_{\lambda\in\Lambda} A_\lambda = \{x \mid 任意の\ \lambda\in\Lambda\ に対して，x\in A_\lambda\} \tag{6.4}$$

により定め，それぞれ $(A_\lambda)_{\lambda\in\Lambda}$ の**和**，**共通部分**という．

定義 6.3 は Λ が有限集合のときは，2・1 で述べた集合の和，共通部分と一致する．例えば，$\Lambda=\{1,2\}$ のとき，

$$\bigcup_{\lambda\in\Lambda} A_\lambda = A_1\cup A_2, \qquad \bigcap_{\lambda\in\Lambda} A_\lambda = A_1\cap A_2 \tag{6.5}$$

である．また，$\bigcup_{\lambda\in\Lambda} A_\lambda$，$\bigcap_{\lambda\in\Lambda} A_\lambda$ は $\Lambda=\{1,2,\cdots,n\}$ のときはそれぞれ $\bigcup_{i=1}^{n} A_i$，$\bigcap_{i=1}^{n} A_i$，$\Lambda=\mathbf{N}$ のときはそれぞれ $\bigcup_{n=1}^{\infty} A_n$，$\bigcap_{n=1}^{\infty} A_n$ などとも表す．

6・3 集合族の基本的性質

集合族の基本的性質として，まず，次の定理 6.1 がなりたつ．

定理 6.1（重要）

$(A_\lambda)_{\lambda\in\Lambda}$，$(B_\mu)_{\mu\in \mathrm{M}}$（ミュー）を集合族とすると，次の (1)〜(4) がなりたつ．

(1) $\left(\bigcup_{\lambda\in\Lambda} A_\lambda\right)\cap\left(\bigcup_{\mu\in\mathrm{M}} B_\mu\right) = \bigcup_{(\lambda,\mu)\in\Lambda\times\mathrm{M}} (A_\lambda\cap B_\mu)$.

(2) $\left(\bigcap_{\lambda\in\Lambda} A_\lambda\right)\cup\left(\bigcap_{\mu\in\mathrm{M}} B_\mu\right) = \bigcap_{(\lambda,\mu)\in\Lambda\times\mathrm{M}} (A_\lambda\cup B_\mu)$.

(3) $\left(\bigcup_{\lambda\in\Lambda} A_\lambda\right)\times\left(\bigcup_{\mu\in\mathrm{M}} B_\mu\right) = \bigcup_{(\lambda,\mu)\in\Lambda\times\mathrm{M}} (A_\lambda\times B_\mu)$（**図 6.1**）.

(4) $\left(\bigcap_{\lambda\in\Lambda} A_\lambda\right)\times\left(\bigcap_{\mu\in\mathrm{M}} B_\mu\right) = \bigcap_{(\lambda,\mu)\in\Lambda\times\mathrm{M}} (A_\lambda\times B_\mu)$.

証明 (1) 分配律（定理 2.4）(1) の証明と同様である（✍）.
(2) 分配律（定理 2.4）(2) の証明と同様である（✍）.

(3) $$\left(\bigcup_{\lambda\in\Lambda} A_\lambda\right)\times\left(\bigcup_{\mu\in\mathrm{M}} B_\mu\right)=\left\{(x,y)\,\middle|\, x\in\bigcup_{\lambda\in\Lambda}A_\lambda,\ y\in\bigcup_{\mu\in\mathrm{M}}B_\mu\right\}$$
$$=\{(x,y)\,|\,\text{ある }\lambda\in\Lambda\text{ が存在し }x\in A_\lambda,\ \text{ある }\mu\in\mathrm{M}\text{ が存在し }y\in B_\mu\}$$
$$=\{(x,y)\,|\,\text{ある }(\lambda,\mu)\in\Lambda\times\mathrm{M}\text{ が存在し},\ (x,y)\in A_\lambda\times B_\mu\}$$
$$=\bigcup_{(\lambda,\mu)\in\Lambda\times\mathrm{M}}(A_\lambda\times B_\mu) \tag{6.6}$$
である．よって，(3) がなりたつ．

(4) $$\left(\bigcap_{\lambda\in\Lambda} A_\lambda\right)\times\left(\bigcap_{\mu\in\mathrm{M}} B_\mu\right)=\left\{(x,y)\,\middle|\, x\in\bigcap_{\lambda\in\Lambda}A_\lambda,\ y\in\bigcap_{\mu\in\mathrm{M}}B_\mu\right\}$$
$$=\{(x,y)\,|\,\text{任意の }\lambda\in\Lambda\text{ に対して }x\in A_\lambda,\ \text{任意の }\mu\in\mathrm{M}\text{ に対して }y\in B_\mu\}$$
$$=\{(x,y)\,|\,\text{任意の }(\lambda,\mu)\in\Lambda\times\mathrm{M}\text{ に対して},\ (x,y)\in A_\lambda\times B_\mu\}$$
$$=\bigcap_{(\lambda,\mu)\in\Lambda\times\mathrm{M}}(A_\lambda\times B_\mu) \tag{6.7}$$
である．よって，(4) がなりたつ．◇

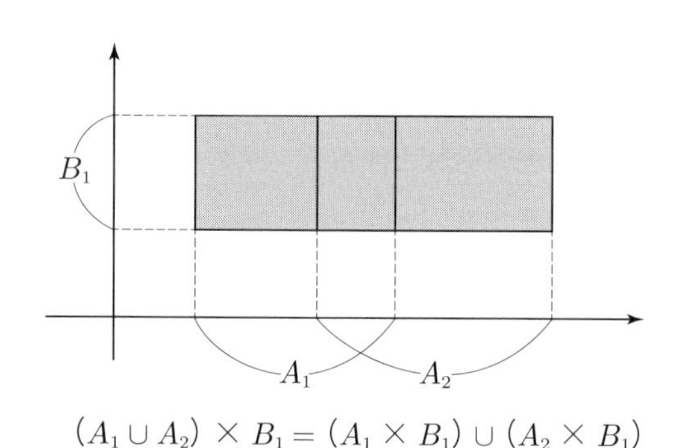

図 6.1　$\Lambda=\{1,2\}$，$\mathrm{M}=\{1\}$ の場合

A を集合，$(A_\lambda)_{\lambda\in\Lambda}$ を任意の $\lambda\in\Lambda$ に対して A_λ が A の部分集合となるような集合族とする．このとき，$(A_\lambda)_{\lambda\in\Lambda}$ を A の**部分集合族**という．

ド・モルガンの法則（定理 3.3）は同様の証明によって，次の定理 6.2 のように一般化することができる（✍）．

定理 6.2（ド・モルガンの法則）（重要）

X を全体集合，$(A_\lambda)_{\lambda\in\Lambda}$ を X の部分集合族とする．このとき，次の (1), (2) がなりたつ．

(1) $\left(\bigcup_{\lambda\in\Lambda} A_\lambda\right)^c = \bigcap_{\lambda\in\Lambda} A_\lambda^c.$

(2) $\left(\bigcap_{\lambda\in\Lambda} A_\lambda\right)^c = \bigcup_{\lambda\in\Lambda} A_\lambda^c.$

さらに，定理 4.1 (2), (3), (6), (7)，定理 5.1 (1) は同様の証明によって，次の定理 6.3 のように一般化することができる（✍）．

定理 6.3（重要）

X, Y を空でない集合，$f: X \to Y$ を写像，$(A_\lambda)_{\lambda\in\Lambda}$，$(B_\mu)_{\mu\in\mathrm{M}}$ をそれぞれ X, Y の部分集合族とする．このとき，次の (1)〜(4) がなりたつ．

(1) $f\left(\bigcup_{\lambda\in\Lambda} A_\lambda\right) = \bigcup_{\lambda\in\Lambda} f(A_\lambda).$

(2) $f\left(\bigcap_{\lambda\in\Lambda} A_\lambda\right) \subset \bigcap_{\lambda\in\Lambda} f(A_\lambda).$ さらに，f が単射ならば，等号がなりたつ．

(3) $f^{-1}\left(\bigcup_{\mu\in\mathrm{M}} B_\mu\right) = \bigcup_{\mu\in\mathrm{M}} f^{-1}(B_\mu).$

(4) $f^{-1}\left(\bigcap_{\mu\in\mathrm{M}} B_\mu\right) = \bigcap_{\mu\in\mathrm{M}} f^{-1}(B_\mu).$

6・4 上極限集合と下極限集合

$\mathbf{N}$ によって添字付けられた集合族に対しては，上極限集合や下極限集合というものを考えることができる[2)]．$(A_n)_{n\in\mathbf{N}}$ を $\mathbf{N}$ によって添字付けられた集合

---

2) 実数列に対する上極限，下極限を知っていれば，これらの概念との類似性に気付くであろう．

族とする．このとき，集合 $\limsup_{n\to\infty} A_n$，$\liminf_{n\to\infty} A_n$ を

$$\limsup_{n\to\infty} A_n = \bigcap_{k=1}^{\infty}\bigcup_{n=k}^{\infty} A_n, \quad \liminf_{n\to\infty} A_n = \bigcup_{k=1}^{\infty}\bigcap_{n=k}^{\infty} A_n \tag{6.8}$$

により定め，それぞれ $(A_n)_{n\in\mathbf{N}}$ の**上極限集合**，**下極限集合**という．すなわち，$\boldsymbol{\limsup_{n\to\infty} A_n}$ **は無限個の** $\boldsymbol{A_n}$ **に含まれる元全体の集合**であり，$\boldsymbol{\liminf_{n\to\infty} A_n}$ **は有限個の** $\boldsymbol{A_n}$ **以外のすべての** $\boldsymbol{A_n}$ **に含まれる元全体の集合**である（✍）．$\limsup_{n\to\infty} A_n$，$\liminf_{n\to\infty} A_n$ はそれぞれ $\overline{\lim_{n\to\infty}} A_n$，$\underline{\lim_{n\to\infty}} A_n$ とも表す．

(6.8) より，

$$\liminf_{n\to\infty} A_n \subset \limsup_{n\to\infty} A_n \tag{6.9}$$

がなりたつが，等号はなりたつとは限らない［⇨ **例題 6.1**，**問 6.3**］．(6.9) において，等号がなりたつときは，これらの集合を $\lim_{n\to\infty} A_n$ と表し，$(A_n)_{n\in\mathbf{N}}$ の**極限集合**という．このとき，$(A_n)_{n\in\mathbf{N}}$ は $\lim_{n\to\infty} A_n$ に**収束する**という．

例題 6.1　A, B を集合とし，集合族 $(A_n)_{n\in\mathbf{N}}$ を

$$A_{2n} = A, \quad A_{2n-1} = B \quad (n \in \mathbf{N}) \tag{6.10}$$

により定める．$\limsup_{n\to\infty} A_n$ を求めよ．　□□□ 

解　$\limsup_{n\to\infty} A_n \overset{\because (6.8)\text{第1式}}{=} \bigcap_{k=1}^{\infty}\bigcup_{n=k}^{\infty} A_n \overset{\because (6.10)}{=} \bigcap_{k=1}^{\infty}(A\cup B) = A\cup B$ である．

◇

§6の問題

確認問題

問 6.1　$\mathfrak{A}$ を集合系とする．$\mathfrak{A}$ の和 $\bigcup \mathfrak{A}$，共通部分 $\bigcap \mathfrak{A}$ の定義を書け．

□□□ [⇨ 6・1]

問 6.2　集合族 $(A_n)_{n \in \mathbf{N}}$ の上極限集合 $\limsup_{n \to \infty} A_n$，下極限集合 $\liminf_{n \to \infty} A_n$ を内包的記法を用いて表せ．

□□□ [⇨ 6・4]

問 6.3　A, B を集合とし，集合族 $(A_n)_{n \in \mathbf{N}}$ を

$$A_{2n} = A, \quad A_{2n-1} = B \quad (n \in \mathbf{N})$$

により定める．$\liminf_{n \to \infty} A_n$ を求めよ．

□□□ [⇨ 6・4]

基本問題

問 6.4　$\mathbf{R}$ の部分集合族 $(I_n)_{n \in \mathbf{N}}$ を次の (1), (2) のように定める．$\bigcup_{n=1}^{\infty} I_n$ および $\bigcap_{n=1}^{\infty} I_n$ を区間の記号を用いて表せ．

(1) $I_n = \left[-2 + \dfrac{1}{n}, 2 - \dfrac{1}{n}\right]$

(2) $I_n = \left(a, b + \dfrac{1}{n}\right)$．ただし，$a, b \in \mathbf{R}$，$a < b$．

□□□ [⇨ 6・2]

問 6.5　$(A_n)_{n \in \mathbf{N}}$ を $\mathbf{N}$ によって添字付けられた集合族とする．

(1) 任意の $n \in \mathbf{N}$ に対して，$A_n \subset A_{n+1}$ ならば，

$$\lim_{n \to \infty} A_n = \bigcup_{n=1}^{\infty} A_n$$

であることを示せ．

(2) 任意の $n \in \mathbf{N}$ に対して，$A_n \supset A_{n+1}$ ならば，

$$\lim_{n\to\infty} A_n = \bigcap_{n=1}^{\infty} A_n$$

であることを示せ．

□□□ [⇨ 6・4]

§7 二項関係

§7のポイント

- 1つの集合に含まれる2つの元がみたすかみたさないかを判定できる規則を**二項関係**という．
- **同値関係**は**反射律**，**対称律**，**推移律**をみたす．
- **順序関係**は**反射律**，**反対称律**，**推移律**をみたす．
- **順序集合**に対して，**最大元**，**最小元**，**極大元**，**極小元**を考えることができる．
- 順序集合の部分集合に対して，**上界**，**上限**，**下界**（かかい），**下限**を考えることができる．
- **順序同型写像**が存在する2つの順序集合は**順序同型**であるという．

7・1 二項関係の定義

数学では1つの集合に含まれる2つの元が，ある関係をみたすかみたさないかを問題にすることが多い．

定義 7.1

X を空でない集合とする．$X \times X$ の任意の元に対して，みたすかみたさないかを判定できる規則 R があたえられているとする．このとき，R を X 上の**二項関係**という．$(x, y) \in X \times X$ が R をみたすとき，xRy と表す．

二項関係に関して，次の定義 7.2 の (1)〜(4) の性質を考える．

定義 7.2

X を空でない集合，R を X 上の二項関係とし，$x, y, z \in X$ とする．

(1) 任意の x に対して，xRx となるとき，R は**反射律**をみたすという．

(2) xRy ならば，yRx となるとき，R は**対称律**をみたすという．

(3) xRy かつ yRx ならば，$x=y$ となるとき，R は**反対称律**をみたすという．

(4) xRy かつ yRz ならば，xRz となるとき，R は**推移律**をみたすという．

7・2 同値関係

二項関係の中でも重要な同値関係と順序関係について述べていこう．

定義 7.3

X を空でない集合，R を X 上の二項関係とする．R が反射律，対称律，推移律をみたすとき，R を**同値関係**という．R が同値関係のとき，xRy となる $x, y \in X$ に対して，x と y は**同値**であるという．

同値関係は R の代わりに「$\sim$」という記号を用いることが多い[1)]．

例 7.1（自明な同値関係） X を空でない集合とし，任意の $x, y \in X$ に対して，$x \sim y$ であると定める．このとき，明らかに $\sim$ は X 上の同値関係である．これを**自明な同値関係**という．◆

例 7.2（相等関係） X を空でない集合とし，$x, y \in X$ に対して，$x = y$ のとき，$x \sim y$ であると定める．このとき，明らかに $\sim$ は X 上の同値関係である．これを**相等関係**という．◆

例題 7.1 $n \in \mathbf{N}$ [⇨ 例 1.1] を固定しておき，$k, l \in \mathbf{Z}$ [⇨ 例 1.1] に対して，k と l が n を法として合同なとき，すなわち，$k - l$ が n で割り切れるとき，$k \sim l$ であると定める．次の □ をうめることにより，n を

1) 「$\sim$」は「ティルダ」と読む．

法とする合同関係 $\sim$ が反射律および対称律をみたすことを示せ．なお，この場合は $k \sim l$ であることを

$$k \equiv l \mod n \tag{7.1}$$

などと表すことが多い．

まず，$k \in \mathbf{Z}$ とする．このとき，$k - k =$ ［①］ であり，［①］ は n で割り切れるので，$k \sim k$ である．よって，$\sim$ は ［②］ 律をみたす．

次に，$k, l \in \mathbf{Z}$, $k \sim l$ とする．このとき，［③］ は n で割り切れる．よって，$l - k = -\left(［③］\right)$ は n で割り切れ，$l \sim k$ である．したがって，$\sim$ は ［④］ 律をみたす．

解　① 0，② 反射，③ $k - l$，④ 対称　◇

注意 7.1　例題 7.1 において，$\sim$ は $\mathbf{Z}$ 上の同値関係となる [⇨ 問 7.1].

7・3　順序関係

次に，順序関係について述べよう．

定義 7.4

X を空でない集合，R を X 上の二項関係とする．R が反射律，反対称律，推移律をみたすとき，R を**順序関係**という．R が順序関係のとき，組 (X, R) を**順序集合**（または**半順序集合**）という．R が何であるのか，はっきりしている場合は (X, R) を簡単に X とも表す．

(X, R) が順序集合であり，任意の $x, y \in X$ に対して，xRy または yRx となるとき，(X, R) を**全順序集合**という．

例 7.3（大小関係）　$\mathbf{N}$, $\mathbf{Z}$, $\mathbf{Q}$, $\mathbf{R}$ 上の大小関係は順序関係を定める．すなわち，$X = \mathbf{N}, \mathbf{Z}, \mathbf{Q}, \mathbf{R}$ とおき，$x, y \in X$ に対して，$x \leq y$ のとき，xRy と定める．このとき，R は X 上の順序関係となり，さらに，(X, R) は全順序集合となる（✍）．◆

例 7.4（包含関係）　集合に対する包含関係は順序関係を定める．すなわち，X を集合とし，$A, B \in 2^X$［⇨**定義 1.1**］に対して，$A \subset B$ のとき，ARB であると定める．このとき，定理 1.1 より，R は 2^X 上の順序関係である．一般に，$(2^X, R)$ は全順序集合ではない（✍）．◆

7・4　順序関係に関する基本的用語

例 7.3 より，順序関係に対しては記号「$\leq$」を用いることが多い．このとき，$x \leq y$ を $y \geq x$ とも表す．以下，この記号を用いることにして，順序関係に関する基本的用語について述べよう．

定義 7.5

$(X, \leq)$ を順序集合とし，$x, y \in X$ とする．

(1) $x \leq y$ のとき，**x は y 以下**である，または，**y は x 以上**であるという．

(2) $x \leq y$ かつ $x \neq y$ のとき，$x < y$ と表し，**x は y より小さい**，または，**y は x より大きい**という．

(3) 任意の $x' \in X$ に対して，$x' \leq x$ となるとき，$x = \max X$ と表し，x を X の**最大元**という．

(4) 任意の $x' \in X$ に対して，$x \leq x'$ となるとき，$x = \min X$ と表し，x を X の**最小元**という．

注意 7.2　定義 7.5 において，反対称律より，最大元，最小元は存在するならば一意的である（✍）．

さらに，次の定義 7.6 のように定める．

定義 7.6

$(X, \leq)$ を順序集合とし，$x \in X$ とする．

(1) $x < x'$ となる $x' \in X$ が存在しないとき，x を X の**極大元**という．

(2) $x' < x$ となる $x' \in X$ が存在しないとき，x を X の**極小元**という．

注意 7.3 定義 7.6 において，X の極大元は存在しても一意的とは限らず，それと比較のできない元が存在することもある．しかし，X の最大元が存在するならば，それは X の一意的な極大元となる．極小元についても同様である．

例 7.5（整除関係） $X = \mathbf{N} \setminus \{1\}$ とおき，$x, y \in X$ に対して，y が x で割り切れるとき，xRy であると定める．このとき，R は X 上の順序関係となる（✍）．これを**整除関係**という．なお，この場合は xRy であることを $x \mid y$ と表すことが多い．

順序集合 X[2] の最大元および極大元は存在しない．また，X の任意の元を割り切る X の元は存在しないので，X の最小元は存在しない．しかし，任意の素数は X の極小元である． ◆

定義 7.7

$(X, \leq)$ を順序集合とし，$A \subset X$，$x \in X$ とする．

(1) 任意の $x' \in A$ に対して，$x' \leq x$ となるとき，x を A の X における**上界**という．A の上界が存在するとき，A は X において**上に有界**であるという．A の上界全体の集合が最小元をもつとき，その元を $\sup A$ と表し，A の X における**上限**という．

(2) 任意の $x' \in A$ に対して，$x \leq x'$ となるとき，x を A の X における**下界**(かかい)

2) ここでは，順序関係 R しか考えていないので，定義 7.4 にしたがい，(X, R) を簡単に X と表している．

という．A の下界が存在するとき，A は X において**下に有界**であるという．A の下界全体の集合が最大元をもつとき，その元を $\inf A$ と表し，A の X における**下限**という．

定義 7.7 で定めた用語は微分積分にも現れる．$\mathbf{R}$ や $\mathbf{Q}$ 上の大小関係を思い出そう．

例 7.6　$\mathbf{R}$ 上の大小関係を考え，$a < b$ となる $a, b \in \mathbf{R}$ に対して，左半開区間 $(a, b] \subset \mathbf{R}$ を考える（**図 7.1**）．このとき，

$$\max(a, b] = \sup(a, b] = b \tag{7.2}$$

である．また，$\min(a, b]$ は存在しないが，$\inf(a, b] = a$ である．◆

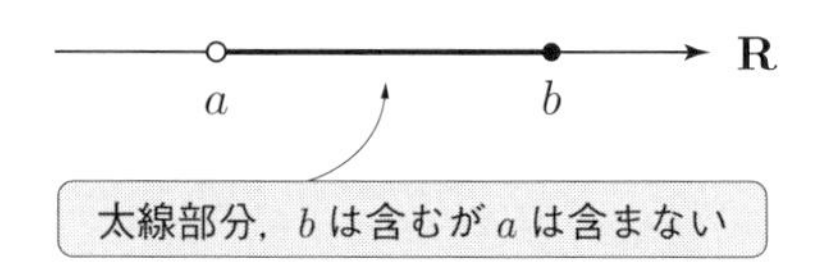

図 7.1　左半開区間 $(a, b]$

例 7.7　$\mathbf{Q}$ 上の大小関係を考え，

$$A = \{x \in \mathbf{Q} \mid x > 0 \text{ かつ } x^2 > 2\} \tag{7.3}$$

とおく．このとき，A の上界全体の集合は空集合なので，$\sup A$ は存在しない．また，A の下界全体の集合は

$$\{x \in \mathbf{Q} \mid x < 0 \text{ または } x^2 < 2\} \tag{7.4}$$

である．しかし，$\inf A$ は存在しない．さらに，$\max A$ および $\min A$ は存在しない[3]．◆

例 7.6，例 7.7 に関連して，次のワイエルシュトラスの定理は微分積分で登場

---

3)　詳しくは，［杉浦］p. 6 例 5 と同様の議論を行う．

する実数の連続性という性質に他ならない[4]．

定理 7.1（ワイエルシュトラスの定理）（重要）

A を $\mathbf{R}$ の空でない部分集合とする．A の上界が存在するならば，$\sup A$ が存在する．また，A の下界が存在するならば，$\inf A$ が存在する．

7・5 順序同型

§7 の最後に，順序同型について述べておこう．

定義 7.8

$(X, \leq)$，$(X', \leq')$ を順序集合とする．

$f : X \to X'$ を写像とする．任意の $x, y \in X$ に対して，$x \leq y$ ならば，$f(x) \leq' f(y)$ となるとき，f は**順序を保つ**という．

全単射［⇨**定義 5.1** (3)］$f : X \to X'$ が存在し，f と f^{-1} がともに順序を保つとき，f を**順序同型写像**という．このとき，

$$(X, \leq) \simeq (X', \leq') \tag{7.5}$$

と表す．また，$(X, \leq)$ と $(X', \leq')$ は**順序同型である**という．

順序同型に関して，次の定理 7.2 がなりたつ．

定理 7.2

$(X, \leq)$，$(X', \leq')$，$(X'', \leq'')$ を順序集合とすると，次の (1)〜(3) がなりたつ．

(1) $(X, \leq) \simeq (X, \leq)$.

(2) $(X, \leq) \simeq (X', \leq') \Longrightarrow (X', \leq') \simeq (X, \leq)$.

(3) $(X, \leq) \simeq (X', \leq')$ かつ $(X', \leq') \simeq (X'', \leq'') \Longrightarrow (X, \leq) \simeq (X'', \leq'')$.

---

[4] 例えば，［杉浦］p. 7 を見よ．

証明　(1) 恒等写像 1_X ［⇨ **例 4.4**］が順序同型写像となる（✍）.

(2) $(X, \leq) \simeq (X', \leq')$ より，順序同型写像 $f: X \to X'$ が存在する．このとき，f の逆写像 $f^{-1}: X' \to X$ が順序同型写像となる（✍）.

(3) $(X, \leq) \simeq (X', \leq')$，$(X', \leq') \simeq (X'', \leq'')$ より，順序同型写像 $f: X \to X'$，$g: X' \to X''$ が存在する．このとき，f と g の合成［⇨**定義 5.2**］$g \circ f$ が順序同型写像となる（✍）.　◇

例 7.8　$\mathbf{N}, \mathbf{Z}, \mathbf{Q}$ 上の大小関係を考える．

まず，$\mathbf{N}$ には最小元 1 が存在するが，$\mathbf{Z}, \mathbf{Q}$ の最小元は存在しない．よって，$\mathbf{N}$ から $\mathbf{Z}, \mathbf{Q}$ への順序同型写像は存在しない（✍）.

次に，0 と 1 の間に $\mathbf{Z}$ の元は存在しないが，$\mathbf{Q}$ の任意の 2 個の元の間に $\mathbf{Q}$ の元が存在する．よって，$\mathbf{Z}$ から $\mathbf{Q}$ への順序同型写像は存在しない（✍）.

したがって，大小関係に関して，$\mathbf{N}, \mathbf{Z}, \mathbf{Q}$ は互いに順序同型ではない．◆

§7 の問題

確認問題

問 7.1　次の □ をうめることにより，例題 7.1 とあわせて，自然数 n を法とする合同関係 $\sim$ が $\mathbf{Z}$ 上の同値関係となることを示せ．

$k, l, m \in \mathbf{Z}$，$k \sim l$，$l \sim m$ とする．このとき，$k - l$ および ［①］ は n で割り切れる．ここで，

$$k - m = (k - l) + \left(\boxed{\ ①\ } \right)$$

なので，$k - m$ は n で割り切れる．よって，$k \sim m$ である．したがって，$\sim$ は ［②］ 律をみたす．

□□□［⇨ **7・2**］

問 7.2　順序関係がみたす 3 つの条件を書け．　□□□［⇨ **7・3**］

基本問題

問 7.3　$X = \mathbf{Z} \times (\mathbf{Z} \setminus \{0\})$ とおき, $(m,n), (m',n') \in X$ に対して, $mn' = nm'$ のとき, $(m,n) \sim (m',n')$ と定める. $\sim$ は X 上の同値関係であることを示せ.

□□□ [⇨ **7・2**]

問 7.4　V をベクトル空間 [⇨**定義 3.1**], W を V の部分空間 [⇨**定義 3.2**] とする. $\boldsymbol{x}, \boldsymbol{y} \in V$ に対して, $\boldsymbol{x} - \boldsymbol{y} \in W$ のとき, $\boldsymbol{x} \sim \boldsymbol{y}$ であると定める. $\sim$ は V 上の同値関係であることを示せ.

□□□ [⇨ **7・2**]

チャレンジ問題

問 7.5　X を集合とし, 2^X 上の包含関係を考える. $f : 2^X \to 2^X$ を順序を保つ写像とする. 次の □ をうめることにより, ある $A_0 \in 2^X$ が存在し, $f(A_0) = A_0$ となることを示せ.

X の部分集合系 $\mathfrak{A}$ を

$$\mathfrak{A} = \{A \subset X \mid f(A) \subset A\}$$

により定める. まず, $f(X) \subset X$ なので, $\mathfrak{A} \neq$ [①] であることに注意する. ここで, $A_0 \in 2^X$ を

$$A_0 = \{x \in X \mid 任意の\ A \in \mathfrak{A}\ に対して,\ x \in A\}$$

により定める.

$A \in \mathfrak{A}$ とすると, A_0 の定義より, $A_0 \subset$ [②] である. さらに, f は順序を保つ写像なので,

$$f(A_0) \subset f\left(\boxed{②}\right) \subset \boxed{③},$$

すなわち, $f(A_0) \subset$ [③] となる. ここで, $A \in \mathfrak{A}$ は任意に選ぶことができるので, A_0 の定義より, $f(A_0) \subset$ [④] である.

また, f は順序を保つ写像なので, $f(f(A_0)) \subset f\left(\boxed{④}\right)$, すなわち, $f(A_0) \in$ [⑤] である. よって, A_0 の定義より, $A_0 \subset f(A_0)$ である.

したがって, 定理 1.1 (2) より, $f(A_0) = A_0$ である.

□□□ [⇨ **7・5**]

§8 商集合と well-definedness

§8のポイント

- 同値関係のあたえられた集合に対して，**同値類**全体からなる**商集合**を定めることができる．
- すでに定められた概念から，いったん別の概念が複数定まったとしても，最終的に定まる概念が1つに確定するとき，定義は **well-defined** であるという．

8・1 同値類

同値関係［⇨**定義 7.3**］のあたえられた集合から商集合という新たな集合を構成することができる．X を空でない集合，$\sim$ を X 上の同値関係とする．このとき，$a \in X$ に対して，$C(a) \subset X$ を

$$C(a) = \{x \in X \mid a \sim x\} \tag{8.1}$$

により定める．$C(a)$ を $\sim$ による a の**同値類**，$C(a)$ の各元を $C(a)$ の**代表**（または**代表元**）という．$C(a)$ は $[a]$ と表すこともある．同値類に関して，次の定理 8.1 がなりたつ．

定理 8.1（重要）

X を空でない集合，$\sim$ を X 上の同値関係とする．このとき，次の (1), (2) がなりたつ．

(1) 任意の $a \in X$ に対して，$a \in C(a)$ である．特に，$C(a) \neq \emptyset$ である．

(2) $a, b \in X$ とすると，次の (a)〜(c) は互いに同値である．

(a) $a \sim b$　　(b) $C(a) = C(b)$　　(c) $C(a) \cap C(b) \neq \emptyset$

証明　(1) 反射律より，明らかである．

(2) (a) $\Rightarrow$ (b)，(b) $\Rightarrow$ (c)，(c) $\Rightarrow$ (a) の順に示す．

(a) ⇒ (b)　$C(a) \subset C(b)$ および $C(b) \subset C(a)$ を示せばよい [⇨**定理 1.1** (2)]．まず，$x \in C(a)$ とする．このとき，同値類の定義 (8.1) より，$a \sim x$ である．また，$a \sim b$ および対称律より，$b \sim a$ である．$b \sim a$，$a \sim x$ および推移律より，$b \sim x$ である．よって，同値類の定義 (8.1) より，$x \in C(b)$ である．したがって，$C(a) \subset C(b)$ である．次に，$x \in C(b)$ とする．このとき，同値類の定義 (8.1) より，$b \sim x$ である．$a \sim b$，$b \sim x$ および推移律より，$a \sim x$ である．よって，同値類の定義 (8.1) より，$x \in C(a)$ である．したがって，$C(b) \subset C(a)$ である．

(b) ⇒ (c)　$C(a) = C(b)$ および (1) より，明らかである．

(c) ⇒ (a)　$C(a) \cap C(b) \neq \emptyset$ より，ある $c \in C(a) \cap C(b)$ が存在する．このとき，$c \in C(a)$ なので，同値類の定義 (8.1) より，$a \sim c$ である．また，$c \in C(b)$ なので，同値類の定義 (8.1) より，$b \sim c$ である．$b \sim c$ および対称律より，$c \sim b$ である．$a \sim c$，$c \sim b$ および推移律より，$a \sim b$ である．◇

8・2　商集合

X を空でない集合，$\sim$ を X 上の同値関係とする．このとき，定理 8.1 より，$\sim$ による同値類全体は X を互いに素な部分集合の和に分解する（**図 8.1**）．そ

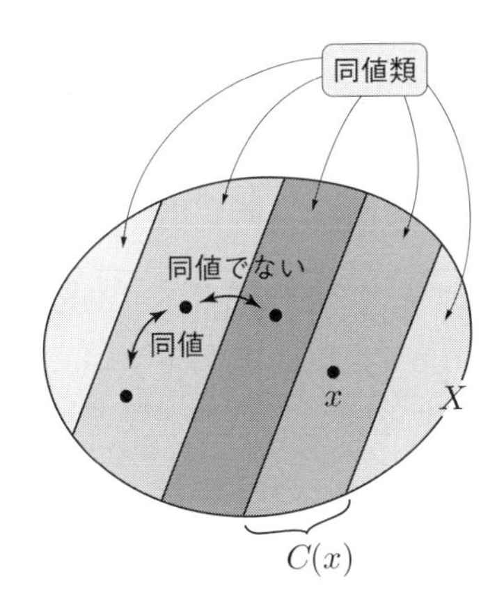

図 8.1　同値類 $C(x)$ による X の分解

こで，$\sim$ による同値類全体の集合を $X/\sim$ と表し，$\sim$ による X の**商集合**という．このとき，写像 $\pi: X \to X/\sim$ を

$$\pi(x) = C(x) \qquad (x \in X) \tag{8.2}$$

により定める．π を**自然な射影**という[1]．明らかに，π は全射［⇨**定義 5.1** (1)］である．

例 8.1　有理数とは整数と 0 ではない整数の比として表される数である．すなわち，$r \in \mathbf{Q}$ とすると，ある $m \in \mathbf{Z}$ および $n \in \mathbf{Z} \setminus \{0\}$ が存在し，$r = \dfrac{m}{n}$ である．ただし，$m, m' \in \mathbf{Z}$ および $n, n' \in \mathbf{Z} \setminus \{0\}$ を用いて表される 2 つの有理数 $\dfrac{m}{n}$ と $\dfrac{m'}{n'}$ は等式 $mn' = nm'$ がなりたつとき，$\dfrac{m}{n} = \dfrac{m'}{n'}$ であると定める．

ここで，$X = \mathbf{Z} \times (\mathbf{Z} \setminus \{0\})$ とおき，$(m,n), (m',n') \in X$ に対して，$mn' = nm'$ のとき，$(m,n) \sim (m',n')$ と定める．このとき，$\sim$ は X 上の同値関係となる［⇨**問 7.3**］．さらに，$(m,n) \in X$ に対して，$C((m,n))$ を $\dfrac{m}{n}$ と表すと，$X/\sim$ は $\mathbf{Q}$ に他ならない．また，$\mathbf{Q}$ の元の代表としては既約分数を選ぶことが多い．◆

例 8.2　空でない集合 X 上の自明な同値関係 $\sim$ を考える［⇨**例 7.1**］．このとき，自然な射影 $\pi: X \to X/\sim$ は

$$\pi(x) = X \qquad (x \in X) \tag{8.3}$$

により定められる．よって，$X/\sim = \{X\}$，すなわち，$X/\sim$ は 1 つの元のみからなる集合である．集合 $\{X\}$ は X という 1 つの集合を元とする集合であることに注意しよう．◆

例 8.3　$\mathbf{Z}$ 上の $n \in \mathbf{N}$ を法とする合同関係 $\sim$［⇨**例題 7.1**］を考える．まず，任意の $k \in \mathbf{Z}$ に対して，ある $q \in \mathbf{Z}$ および $r \in \{0, 1, 2, \cdots, n-1\}$ が存在し，

$$k = qn + r \tag{8.4}$$

と表される．すなわち，q, r はそれぞれ k を n で割ったときの商，余りである．

---

[1] 新たな概念を用いることなく，すでにあたえられているものだけから定められる，という意味で「自然」という言葉を使う．

このとき，

$$k \equiv r \mod n \tag{8.5}$$

なので，$\pi : \mathbf{Z} \to \mathbf{Z}/\sim$ を自然な射影とすると，$\pi(k) = C(r)$ である．よって，

$$\mathbf{Z}/\sim = \{C(0), C(1), C(2), \cdots, C(n-1)\} \tag{8.6}$$

となり，$\mathbf{Z}/\sim$ は n 個の元からなる．特に，$n = 2$ のとき，$\mathbf{Z}/\sim$ は偶数全体の集合と奇数全体の集合からなる． ◆

8・3 well-definedness

数学では，すでに定められた概念から新たな概念を定める際に，いったん別の概念を経由することがあるが，このときに別の概念が複数定まってしまうことがある．それにもかかわらず，最終的に定まる概念がきちんと 1 つに確定するとき，定義は **well-defined** であるという[2)]．

例 8.4（行列の階数） A を実数または複素数を成分とする $m \times n$ 行列とする．線形代数でまなぶように，A は基本変形を何回か行うことにより，

$$\begin{pmatrix} E_r & O_{r,n-r} \\ O_{m-r,r} & O_{m-r,n-r} \end{pmatrix} \tag{8.7}$$

という形に変形できる．ただし，E_r は r 次の単位行列，$O_{k,l}$ は k 行 l 列の零行列を表す．r を A の**階数**という[3)]．r は基本変形の仕方に依存しないことがわかるので，行列の階数の定義は well-defined である． ◆

商集合に関する概念は代表を用いて定義されることが多いが，このとき，その定義が代表の選び方に依存せず，well-defined であることを示す必要がある．

---

2) “well-defined” の日本語訳は「うまく定義されている」のようになるであろうが，慣習として英語のまま用いられることが多い．また，「well-defined であること」は “well-definedness” という．

3) 零行列の階数は 0 であると定める．

例題 8.1　2つの有理数 $\frac{k}{l}$, $\frac{m}{n}$ の和は

$$\frac{k}{l}+\frac{m}{n}=\frac{kn+lm}{ln} \tag{8.8}$$

により定められる．ただし，$k, m \in \mathbf{Z}$，$l, n \in \mathbf{Z} \setminus \{0\}$ である．以下の文章はこのことを集合 $X = \mathbf{Z} \times (\mathbf{Z} \setminus \{0\})$ 上の同値関係 $\sim$ [⇨ 例 8.1] の言葉で表したものである．[　　] をうめることにより，文章を完成させよ．

$C((k,l)), C((m,n)) \in X/\sim$ に対して，和 $C((k,l)) + C((m,n)) \in X/\sim$ を

$$C((k,l)) + C((m,n)) = C((kn+lm, ln)) \tag{8.9}$$

により定める．ここで，$(k',l'), (m',n') \in X$，$(k,l) \sim (k',l')$，$(m,n) \sim (m',n')$ とする．このとき，$\sim$ の定義より，$kl' =$ [①]，$mn' =$ [②] である．よって，

$$\begin{aligned}(kn+lm)(l'n') &= (kn)(l'n') + (lm)(l'n') = (kl')(nn') + (mn')(ll') \\ &= \left(\boxed{①}\right)(nn') + \left(\boxed{②}\right)(ll') = (k'n')\left(\boxed{③}\right) + (l'm')\left(\boxed{③}\right) \\ &= (k'n'+l'm')\left(\boxed{③}\right) = \left(\boxed{③}\right)(k'n'+l'm'),\end{aligned} \tag{8.10}$$

すなわち，

$$(kn+lm)(l'n') = \left(\boxed{③}\right)(k'n'+l'm') \tag{8.11}$$

である．したがって，$\sim$ の定義より，

$$\boxed{④} \sim (k'n'+l'm', l'n') \tag{8.12}$$

である．以上より，(8.9) で定めた和の定義は代表の選び方に依存せず，well-[⑤] である．

解　① lk'，② nm'，③ ln，④ $(kn+lm, ln)$，⑤ defined　◇

注意 8.1 例題 8.1 において，さらに，積を

$$\frac{k}{l} \cdot \frac{m}{n} = \frac{km}{ln} \tag{8.13}$$

により定めると，積の定義は well-defined となる（✍）.

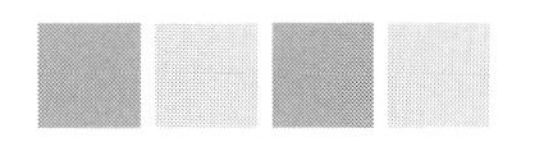

§8の問題

確認問題

問 8.1 次の問に答えよ．

(1) 同値関係がみたす 3 つの条件を書け．

(2) X を空でない集合，$\sim$ を X 上の同値関係とし，$a \in X$ とする．$\sim$ による a の同値類 $C(a)$ を内包的記法［⇨ **1・3**］を用いて書け．

［⇨ **8・1**］

問 8.2 $\mathbf{Z}$ 上の $n \in \mathbf{N}$ を法とする合同関係 $\sim$［⇨ **例題 7.1**］を考える．このとき，同値類 $C(k), C(l) \in \mathbf{Z}/\sim$ に対して，和 $C(k) + C(l) \in \mathbf{Z}/\sim$ および積 $C(k) \cdot C(l) \in \mathbf{Z}/\sim$ を

$$C(k) + C(l) = C(k + l), \qquad C(k) \cdot C(l) = C(kl)$$

により定める．次の $\boxed{}$ をうめることにより，和および積の定義が well-defined であることを示せ．

$k, l, p, q \in \mathbf{Z}$，$k \sim p$，$l \sim q$ とする．このとき，$\sim$ の定義より，$k - p$，$l - q$ は $\boxed{①}$ で割り切れる．

ここで，

$$(k + l) - (p + q) = (k - p) + \left(\boxed{②} \right)$$

である．よって，$(k + l) - (p + q)$ は $\boxed{①}$ で割り切れ，$(k + l)$ $\boxed{③}$ $(p + q)$ である．したがって，和の定義は代表の選び方に依存せず，well-defined である．

また,

$$kl - pq = (k-p)l + (l-q) \boxed{\text{④}}$$

である. よって, $kl - pq$ は $\boxed{\text{①}}$ で割り切れ, $kl \boxed{\text{③}} pq$ である. したがって, 積の定義は代表の選び方に依存せず, well-defined である.

□□□ [⇨ **8・3**]

基本問題

問 8.3　X を空でない集合, $\sim$ を X 上の同値関係とする.

(1) 商集合 $X/\sim$ の定義を書け.

(2) 自然な射影 $\pi: X \to X/\sim$ の定義を書け.

(3) $\sim$ が相等関係 [⇨ **例 7.2**] のとき, $X/\sim$ および π がどのようになるか述べよ.

□□□ [⇨ **8・2**]

問 8.4　V をベクトル空間, W を V の部分空間とする. $\boldsymbol{x}, \boldsymbol{y} \in V$ に対して, $\boldsymbol{x} - \boldsymbol{y} \in W$ のとき, $\boldsymbol{x} \sim \boldsymbol{y}$ であると定めると, $\sim$ は V 上の同値関係となる [⇨ **問 7.4**]. $\sim$ による $\boldsymbol{x} \in V$ の同値類を $[\boldsymbol{x}]$ と表し, $\sim$ による V の商集合を V/W と表す.

(1) 同値類 $[\boldsymbol{x}], [\boldsymbol{y}] \in V/W$ に対して, 和 $[\boldsymbol{x}] + [\boldsymbol{y}] \in V/W$ を

$$[\boldsymbol{x}] + [\boldsymbol{y}] = [\boldsymbol{x} + \boldsymbol{y}]$$

により定める. 和の定義が well-defined であることを示せ.

(2) 同値類 $[\boldsymbol{x}] \in V/W$ および $c \in \mathbf{R}$ に対して, スカラー倍 $c[\boldsymbol{x}] \in V/W$ を

$$c[\boldsymbol{x}] = [c\boldsymbol{x}]$$

により定める. スカラー倍の定義が well-defined であることを示せ.

補足　(1), (2) で定めた和とスカラー倍によって, V/W はベクトル空間となる. V/W を W による V の**商ベクトル空間**または**商空間**という.

□□□ [⇨ **8・3**]

第 2 章のまとめ

写像

◦ $f : X \to Y$：集合 X から集合 Y への写像

- $A \subset X$ のとき

$$f(A) = \{f(x) \mid x \in A\} \subset Y \quad \text{（像）}$$

- $B \subset Y$ のとき

$$f^{-1}(B) = \{x \in X \mid f(x) \in B\} \subset X \quad \text{（逆像）}$$

- **全射**：$f(X) = Y$
- **単射**：$x_1, x_2 \in X,\ x_1 \neq x_2 \Longrightarrow f(x_1) \neq f(x_2)$
- さらに写像 $g : Y \to Z$ があたえられると f と g の**合成** $g \circ f : X \to Z$ を定めることができる：

$$(g \circ f)(x) = g(f(x)) \qquad (x \in X)$$

- f が**全単射**なとき**逆写像** $f^{-1} : Y \to X$ が定められる

集合系と集合族

◦ **集合系**：集合の集まりからなる集合

◦ **集合族**：**添字集合**から集合系への写像

二項関係

◦ 1 つの集合の 2 つの元がみたすかみたさないかを判定できる規則

◦ **同値関係**：**反射律**，**対称律**，**推移律**をみたす

- **同値類**，**商集合**などを定めることができる
- 商集合に関する概念を**代表**を用いて定める際には **well-definedness** を示す必要がある

◦ **順序関係**：**反射律**，**反対称律**，**推移律**をみたす

濃度と選択公理

§9 濃度

§9のポイント

- 全単射が存在する2つの集合は**濃度が等しい**という．
- $\mathbf{N}$ と濃度が等しい集合は**可算**(かさん)であるという．
- 可算でない集合は**非可算**であるという．
- 任意の集合はそのべき集合と濃度が等しくない．

9・1 濃度が等しい集合

2つの集合を比較する上で基本的な概念が**濃度**である[1]．9・1では2つの集合の濃度が等しいという概念について述べよう．

定義 9.1

X, Y を空でない集合とする．X から Y への全単射が存在するとき，X

---

[1] 濃度とは集合の元の「個数」を表す概念であるが，詳しくは，［松坂］p. 65 を見よ．

と Y は**濃度が等しい**という．このとき，$X \sim Y$ と表す[2]．$X \sim Y$ でないときは $X \not\sim Y$ と表す．

定理 7.2 と同様に，次の定理 9.1 を示すことができる（✍）．

定理 9.1（重要）

X, Y, Z を空でない集合とすると，次の (1)〜(3) がなりたつ．

(1) $X \sim X$.

(2) $X \sim Y \Longrightarrow Y \sim X$.

(3) $X \sim Y$ かつ $Y \sim Z \Longrightarrow X \sim Z$.

例 9.1 X を n 個の元からなる有限集合，Y を空でない集合とする．X と Y の濃度が等しいための必要十分条件は，Y が n 個の元からなる有限集合になることである．このことはほとんど明らかであろう． ◆

9・2 可算集合

$\mathbf{N}$ と濃度が等しい集合は**可算**（かさん）であるという．定理 9.1 (3) より，可算集合と濃度が等しい集合は可算である．また，有限集合と可算集合はあわせて**高々可算**（たかだか）であるという．

例 9.2 写像 $f : \mathbf{N} \to \mathbf{Z}$ を

$$f(n) = (-1)^n \left[\frac{n}{2}\right] \qquad (n \in \mathbf{N}) \tag{9.1}$$

により定める．ただし，[ ] はガウス記号，すなわち，$x \in \mathbf{R}$ に対して $[x]$ は x を超えない最大の整数である．このとき，f は全単射となるので，$\mathbf{N} \sim \mathbf{Z}$ であ

---

2) $\sim$ は同値関係［⇨**定義 7.3**］と同様の性質をみたす．ただし，同値関係は集合の上に定められるものなので，この $\sim$ を同値関係とよぶべきではない．集合全体の集まりは集合とはいえないことを思い出そう［⇨**例 1.11**］．

る（✍）．よって，$\mathbf{Z}$ **は可算**である．

また，X を偶数全体の集合とし，写像 $g : \mathbf{Z} \to X$ を

$$g(m) = 2m \qquad (m \in \mathbf{Z}) \tag{9.2}$$

により定める．このとき，g は全単射となるので，$\mathbf{Z} \sim X$ である（✍）．$\mathbf{Z}$ は可算なので，定理 9.1 (3) より，X は可算である．

さらに，Y を奇数全体の集合とし，写像 $h : X \to Y$ を

$$h(l) = l + 1 \qquad (l \in X) \tag{9.3}$$

により定める．このとき，h は全単射となるので，$X \sim Y$ である（✍）．X は可算なので，定理 9.1 (3) より，Y は可算である．◆

また，次の定理 9.2 がなりたつ．

定理 9.2（重要）

X, Y, X', Y' を空でない集合とする．

$$X \sim X' \text{ かつ } Y \sim Y' \Longrightarrow X \times Y \sim X' \times Y'$$

証明　$X \sim X'$ より，全単射 $f : X \to X'$ が存在する．また，$Y \sim Y'$ より，全単射 $g : Y \to Y'$ が存在する．このとき，写像 $h : X \times Y \to X' \times Y'$ を

$$h(x, y) = (f(x), g(y)) \qquad ((x, y) \in X \times Y) \tag{9.4}$$

により定める．f, g は全単射なので, h は全単射となる（✍）．よって，$X \times Y \sim X' \times Y'$ である．◇

例 9.3（カントールの対関数）　写像 $f : \mathbf{N} \times \mathbf{N} \to \mathbf{N}$ を

$$f(m, n) = \frac{(m + n - 2)(m + n - 1)}{2} + n \qquad ((m, n) \in \mathbf{N} \times \mathbf{N}) \tag{9.5}$$

により定める．f を**カントールの対関数**という（**図 9.1**）．このとき，f は全単射となるので，$\mathbf{N} \times \mathbf{N} \sim \mathbf{N}$ である（✍）．よって，$\mathbf{N} \times \mathbf{N}$ **は可算**である．さらに，定理 9.2 より，**2 つの可算集合の直積は可算**である．例えば，例 9.2 よ

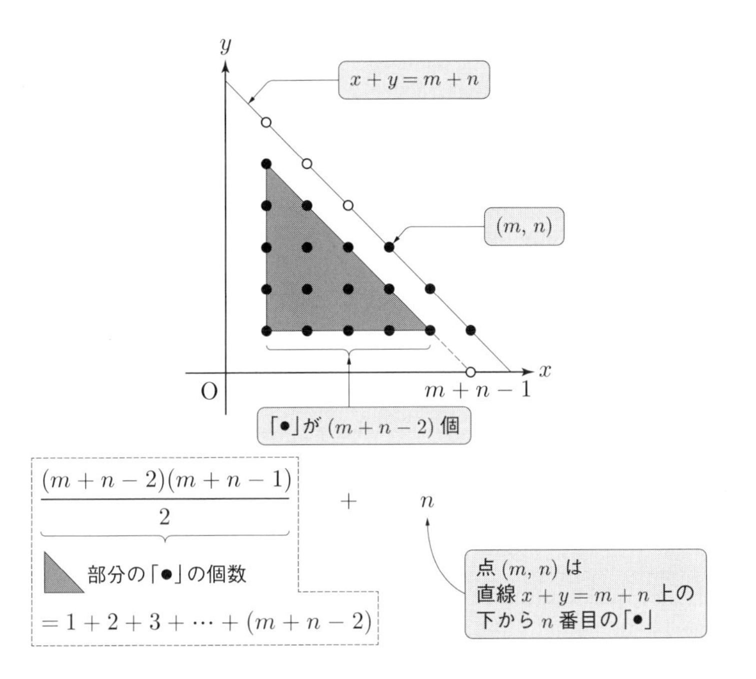

図 9.1 カントールの対関数

り，$\mathbf{Z}\times\mathbf{Z}$ は可算である． ◆

例 9.4 A を $\mathbf{N}$ の無限部分集合とし，$a\in A$ とする．このとき，a 以下の A の元の個数は有限である．この個数を $f(a)$ とおくと，$f(a)$ は全単射 $f: A\to\mathbf{N}$ を定める (✍)．よって，$A\sim\mathbf{N}$，すなわち，A は可算である．さらに，**可算集合の無限部分集合は可算**である (✍)． ◆

例 9.5 まず，$\mathbf{N}$, $\mathbf{Z}$ は可算なので，例 9.3 より，$\mathbf{N}\times\mathbf{Z}$ は可算である．次に，$A\subset\mathbf{N}\times\mathbf{Z}$ を

$$A=\{(1,0),(m,n)\in\mathbf{N}\times\mathbf{Z}\,|\,n\neq 0\text{ かつ }m\text{ と }n\text{ は互いに素}\}\tag{9.6}$$

により定める．A は可算集合 $\mathbf{N}\times\mathbf{Z}$ の無限部分集合なので，例 9.4 より，A は可算である．ここで，写像 $f: A\to\mathbf{Q}$ を

$$f(m,n) = \frac{n}{m} \qquad ((m,n) \in A) \tag{9.7}$$

により定める．有理数は既約分数として表すことができるので，f は全単射となり，$A \sim \mathbf{Q}$ である．したがって，$\mathbf{Q}$ **は可算**である．◆

9・3　非可算集合

可算でない集合は**非可算**であるという．例えば，$\mathbf{R}$ は非可算である．この事実は，カントールの対角線論法を用いて示すことができる．まず，準備として，次の例題 9.1 を考えよう．

例題 9.1　1 および 0.2 を 10 進法を用いて無限小数に展開せよ．

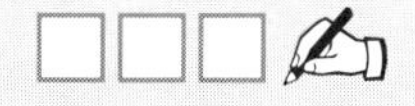

解　$1 = 0.999\cdots$，$0.2 = 0.1999\cdots$ である．◇

例 9.6（カントールの対角線論法）　$\mathbf{R}$ が非可算であることを背理法により示す．$\mathbf{R}$ が可算であると仮定する．このとき，左半開区間 $(0,1]$ は $\mathbf{R}$ の無限部分集合なので，例 9.4 より，$(0,1]$ は可算である．よって，全単射 $f : \mathbf{N} \to (0,1]$ が存在する．各 $n \in \mathbf{N}$ に対して，$f(n)$ を

$$f(1) = 0.x_{11}x_{12}x_{13}\cdots, \tag{9.8}$$

$$f(2) = 0.x_{21}x_{22}x_{23}\cdots, \tag{9.9}$$

$$f(3) = 0.x_{31}x_{32}x_{33}\cdots, \tag{9.10}$$

$$\vdots$$

$$f(n) = 0.x_{n1}x_{n2}x_{n3}\cdots \tag{9.11}$$

$$\vdots$$

と 10 進法を用いて無限小数に展開しておく［⇨ 例題 9.1］．ただし，x_{n1}，x_{n2}，

$x_{n3}, \cdots$ は 0 から 9 までの整数である．ここで，(9.8)〜(9.11) の「対角線」上に並んだ数 $x_{11}, x_{22}, x_{33}, \cdots, x_{nn}, \cdots$ に注目し，

$$y_n = \begin{cases} 1 & (x_{nn} \text{ が偶数}), \\ 2 & (x_{nn} \text{ が奇数}) \end{cases} \tag{9.12}$$

とおき，$y = 0.y_1y_2y_3\cdots$ とおくと，$y \in (0,1]$ である．さらに，f は全射なので，ある $n \in \mathbf{N}$ が存在し，$y = f(n)$ となる［⇨**定義 5.1** (1)］．一方，y と $f(n)$ の小数第 n 位は異なるので，$y \neq f(n)$ である．これは矛盾である．したがって，**R は非可算**である． ◆

例 9.7 2 個以上の元を含む区間は $\mathbf{R}$ と濃度が等しいことを示そう．まず，写像 $f : \mathbf{R} \to (0,1)$ を

$$f(x) = \frac{1}{\pi}\tan^{-1} x + \frac{1}{2} \qquad (x \in \mathbf{R}) \tag{9.13}$$

により定める[3]．このとき，f は全単射となるので，$\mathbf{R} \sim (0,1)$ である．次に，写像 $g : (0,1) \to (0,1]$ を

$$g(x) = \begin{cases} 2x & \left(\text{ある } n \in \mathbf{N} \text{ が存在し } x = \frac{1}{2^n}\right), \\ x & \left(x = \frac{1}{2^n} \text{ となる } n \in \mathbf{N} \text{ が存在しない}\right) \end{cases} \tag{9.14}$$

により定める．このとき，g は全単射となるので，$(0,1) \sim (0,1]$ である．よって，定理 9.1 (3) より，$\mathbf{R} \sim (0,1]$ である．さらに，I, J を 2 個以上の元を含む区間とする．このとき，I から J への全単射が存在する（✍）（**図 9.2**）．したがって，$I \sim J$ である．以上および定理 9.1 (2), (3) より，2 個以上の元を含む区間は $\mathbf{R}$ と濃度が等しい． ◆

9・4 カントールの定理

次のカントールの定理より，任意の集合はそのべき集合［⇨**定義 1.1**］と濃

---

3) $\tan^{-1} x$ は全単射かつ単調増加な正接関数 $\tan x : \left(-\frac{\pi}{2}, \frac{\pi}{2}\right) \to \mathbf{R}$ の逆関数である．

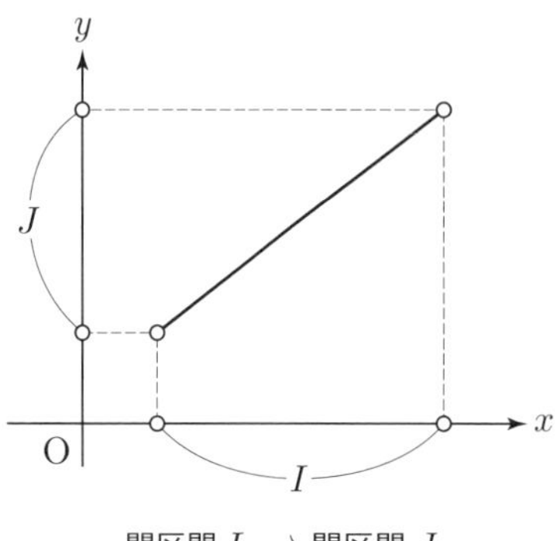

開区間 $I \longrightarrow$ 開区間 J

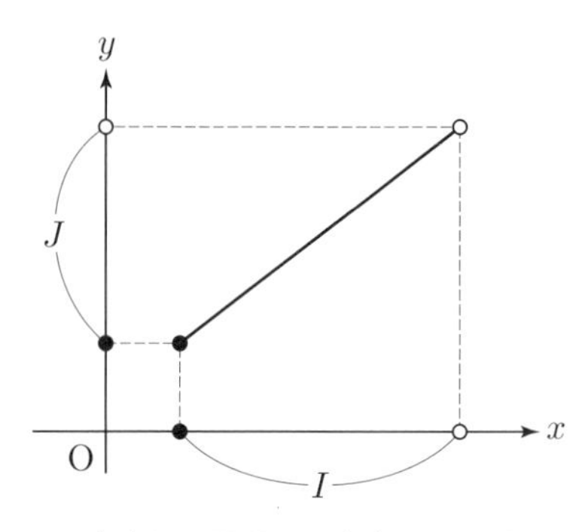

右半開区間 $I \longrightarrow$ 右半開区間 J

異なる形の区間の場合は，(9.13), (9.14) のような関数を用いる．

図 9.2　区間の間の全単射

度が等しくないことがわかる．

定理 9.3（カントールの定理）（重要）

X を空でない集合とすると，次の (1), (2) がなりたつ．

(1) 2^X から X への単射は存在しない．

(2) X から 2^X への全射は存在しない．

証明　いずれも背理法により示す．

(1) 単射 $f: 2^X \to X$ が存在すると仮定する．$A \subset X$ を

$$A = \{f(U) \mid U \in 2^X,\ f(U) \notin U\} \tag{9.15}$$

により定める．$f(A) \notin A$ とすると，A は A の定義 (9.15) の条件「$f(U) \notin U$」をみたすので，$f(A) \in A$ である．これは矛盾である．$f(A) \in A$ とすると，A の定義 (9.15) の条件「$U \in 2^X$，$f(U) \notin U$」より，ある $U \in 2^X$ が存在し，

$$f(A) = f(U), \qquad f(U) \notin U \tag{9.16}$$

となる．ここで，f は単射なので，$A = U$ である．よって，$f(A) \notin A$ である．これは矛盾である．したがって，2^X から X への単射は存在しない．

(2) 問 9.3 とする．　◇

§9の問題

確認問題

問 9.1　集合が可算であることの定義を書け．

□□□ [⇨ 9・2]

問 9.2　3 および -1 を 10 進法を用いて無限小数に展開せよ．

□□□ [⇨ 9・3]

基本問題

問 9.3　X を空でない集合とする．全射 $g: X \to 2^X$ が存在すると仮定し，$B \in 2^X$ を

$$B = \{x \in X \mid x \notin g(x)\}$$

により定める．$g^{-1}(B)$ の元を考えることにより，矛盾を導け．

□□□ [⇨ 9・4]

チャレンジ問題

問 9.4　X, Y を集合とする．

(1) X, Y が可算であり，$X \cap Y = \emptyset$ のとき，$X \cup Y$ は可算であることを示せ．

(2) X が可算集合，Y が有限集合であり，$X \cap Y = \emptyset$ のとき，$X \cup Y$ は可算であることを示せ．

(3) X, Y が可算なとき，$X \cup Y$ は可算であることを示せ．

□□□ [⇨ 9・2]

§10 ベルンシュタインの定理

§10のポイント

- **ベルンシュタインの定理**を用いて，2つの集合の濃度が等しいことを示すことができる．
- **ケーニッヒの記法**を用いて，$(0,1]\times(0,1]$ から $(0,1]$ への全単射を定めることができる．
- 集合 X から集合 Y への単射は存在するが，$X\not\sim Y$ のとき，X は Y より**濃度が小さい**，または，Y は X より**濃度が大きい**という．

10・1 ベルンシュタインの定理と例

定義9.1にしたがって全単射を具体的に構成しなくとも，次のベルンシュタインの定理を用いて，2つの集合の濃度が等しいことを示すことができる．

定理10.1（ベルンシュタインの定理）（重要）

X, Y を空でない集合とする．

$$X \text{ から } Y \text{ および } Y \text{ から } X \text{ への単射が存在する} \Longrightarrow X\sim Y$$

証明 $f: X\to Y$，$g: Y\to X$ を単射とする．$y\in Y$ としたとき，ある $x\in X$ が存在し，$y=f(x)$ となるとき，$y\succ x$ と表す．f は単射なので，このような x は存在するならば一意的である．同様に，$x\in X$ としたとき，ある $y\in Y$ が存在し，$x=g(y)$ となるとき，$x\succ y$ と表す．

$A_\infty, A_X, A_Y\subset X$ を

$$A_\infty=\{x\in X \mid x\succ y_1\succ x_1\succ y_2\succ x_2\succ\cdots\}, \tag{10.1}$$

$$A_X=\left\{x\in X \;\middle|\; \begin{array}{l} x=x_1\succ y_1\succ\cdots\succ y_{n-1}\succ x_n \text{ かつ} \\ x_n=g(y_n) \text{ となる } y_n\in Y \text{ は存在しない} \end{array}\right\}, \tag{10.2}$$

$$A_Y = \left\{ x \in X \;\middle|\; \begin{array}{l} x \succ y_1 \succ x_1 \succ \cdots \succ x_{n-1} \succ y_n \text{ かつ} \\ y_n = f(x_n) \text{ となる } x_n \in X \text{ は存在しない} \end{array} \right\} \tag{10.3}$$

により定める．また，$B_\infty, B_X, B_Y \subset Y$ を

$$B_\infty = \{y \in Y \mid y \succ x_1 \succ y_1 \succ x_2 \succ y_2 \succ \cdots\}, \tag{10.4}$$

$$B_X = \left\{ y \in Y \;\middle|\; \begin{array}{l} y \succ x_1 \succ y_1 \succ \cdots \succ y_{n-1} \succ x_n \text{ かつ} \\ x_n = g(y_n) \text{ となる } y_n \in Y \text{ は存在しない} \end{array} \right\}, \tag{10.5}$$

$$B_Y = \left\{ y \in Y \;\middle|\; \begin{array}{l} y = y_1 \succ x_1 \succ \cdots \succ x_{n-1} \succ y_n \text{ かつ} \\ y_n = f(x_n) \text{ となる } x_n \in X \text{ は存在しない} \end{array} \right\} \tag{10.6}$$

により定める．このとき，

$$X = A_\infty \cup A_X \cup A_Y, \quad Y = B_\infty \cup B_X \cup B_Y, \tag{10.7}$$

$$f(A_\infty) = B_\infty, \quad f(A_X) = B_X, \quad g(B_Y) = A_Y \tag{10.8}$$

であり，A_∞, A_X, A_Y および B_∞, B_X, B_Y はそれぞれ互いに素である［⇨ **2・1**］．また，f, g は単射なので，f は A_∞ から B_∞ および A_X から B_X への全単射，g は B_Y から A_Y への全単射を定める．これらの写像も簡単にそれぞれ f, g と表すことにする．そこで，写像 $h: X \to Y$ を

$$h(x) = \begin{cases} f(x) & (x \in A_\infty \cup A_X), \\ g^{-1}(x) & (x \in A_Y) \end{cases} \tag{10.9}$$

により定めると，h は全単射となる（✍）．したがって，$X \sim Y$ である．　◇

例 10.1　まず，包含写像 $\iota: (0,1) \to [0,1]$ は単射である［⇨ **例 5.3**］．一方，(9.13) により定められる写像 $f: \mathbf{R} \to (0,1)$ は全単射，特に，単射である．よって，定理 5.3 (2) より，合成写像 $\iota \circ f: \mathbf{R} \to [0,1]$ は単射である．したがって，ベルンシュタインの定理（定理 10.1）より，$\mathbf{R} \sim [0,1]$ である．　◆

例 10.2　まず，$x, y \in (0,1]$ を

$$x = 0.x_1x_2x_3\cdots, \qquad y = 0.y_1y_2y_3\cdots \tag{10.10}$$

と 10 進法を用いて無限小数に展開しておく．このとき，

$$z = 0.x_1y_1x_2y_2x_3y_3\cdots \tag{10.11}$$

とおくと，$z \in (0,1]$ である．この対応は $(0,1] \times (0,1]$ から $(0,1]$ への単射を定める．一方，$x \in (0,1]$ に対して $(x,x) \in (0,1] \times (0,1]$ を対応させると，これは $(0,1]$ から $(0,1] \times (0,1]$ への単射を定める．よって，ベルンシュタインの定理（定理 10.1）より，$(0,1] \times (0,1] \sim (0,1]$ である．さらに，例 9.7 より，$\mathbf{R} \sim (0,1]$ なので，$\mathbf{R} \times \mathbf{R} \sim \mathbf{R}$ である． ◆

10・2　ケーニッヒの記法

例 10.2 において，(x,y) から z への対応は $(0,1] \times (0,1]$ から $(0,1]$ への単射を定めるが，全射とはならない．なぜならば，例えば，n が 3 以上の奇数のとき，小数第 n 位が 0 となる，

$$z = 0.11010101\cdots \tag{10.12}$$

に対応する (x,y) は存在しないからである[1]．$(0,1] \times (0,1]$ から $(0,1]$ への全単射は，次のケーニッヒの記法を用いて定めることができる．

例 10.3（ケーニッヒの記法）　$x \in (0,1]$ を

$$x = 0.x_1 x_2 x_3 \cdots \tag{10.13}$$

と 10 進法を用いて無限小数に展開しておく．$x_1, x_2, x_3, \cdots$ の中で 0 と異なるものを順に選び，

$$x_{n(1)},\ x_{n(2)},\ x_{n(3)},\ \cdots \qquad (n(1) < n(2) < n(3) < \cdots) \tag{10.14}$$

とする．ここで，

$$\bar{x}_{k+1} = x_{n(k)+1} x_{n(k)+2} \cdots x_{n(k+1)} \quad (k = 0, 1, 2, \cdots,\ n(0) = 0) \tag{10.15}$$

とおくと，

$$x = 0.\bar{x}_1 \bar{x}_2 \bar{x}_3 \cdots \tag{10.16}$$

と表される．これが**ケーニッヒの記法**である． ◆

---

[1] 0.1 の無限小数展開は $0.099\cdots$ であり，$0.100\cdots$ ではない．

例題 10.1 $0.00908706005\cdots$ をケーニッヒの記法を用いて表せ.

解 $0.\overline{009}\,\overline{08}\,\overline{7}\,\overline{06}\,\overline{005}$ である（**図 10.1**）. ◇

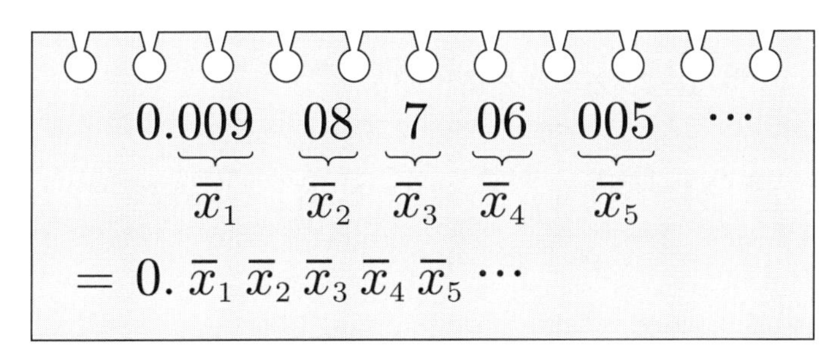

図 10.1 ケーニッヒの記法

ケーニッヒの記法を用いて，$x, y \in (0,1]$ を

$$x = 0.\bar{x}_1\bar{x}_2\bar{x}_3\cdots, \qquad y = 0.\bar{y}_1\bar{y}_2\bar{y}_3\cdots \tag{10.17}$$

と表しておく．このとき，

$$z = 0.\bar{x}_1\bar{y}_1\bar{x}_2\bar{y}_2\bar{x}_3\bar{y}_3\ldots \tag{10.18}$$

とおくと，$z \in (0,1]$ である．この対応は $(0,1] \times (0,1]$ から $(0,1]$ への全単射を定める．

10・3 濃度の比較

さらに，2 つの集合の濃度を比較することを考えよう．X, Y を空でない集合とする．X から Y への単射は存在するが，$X \not\sim Y$ のとき，$\sharp X < \sharp Y$ または $\mathrm{card}\, X < \mathrm{card}\, Y$ と表し[2)]，X は Y より**濃度が小さい**，または，Y は X より**濃度が大きい**という．

2) "card" は「濃度」を意味する英単語 "cardinality"（カーディナリティ）に由来する．

例 10.4　X を空でない集合とし，写像 $f : X \to 2^X$ を

$$f(x) = \{x\} \qquad (x \in X) \tag{10.19}$$

により定める．このとき，f は単射である．

一方，カントールの定理（定理 9.3）より，X から 2^X への全射は存在しないので，$X \not\sim 2^X$ である．

よって，$\sharp X < \sharp 2^X$ である．◆

例 10.5　$2^{\mathbf{N}} \sim \mathbf{R}$ であることを示そう．

$U, V, W \subset 2^{\mathbf{N}}$ を

$$U = \{A \subset \mathbf{N} \mid A \text{ は有限集合}\},\ V = \{A \subset \mathbf{N} \mid \mathbf{N} \setminus A \text{ は有限集合}\}, \tag{10.20}$$

$$W = 2^{\mathbf{N}} \setminus (U \cup V) \tag{10.21}$$

により定める．このとき，

$$2^{\mathbf{N}} = U \cup V \cup W \tag{10.22}$$

であり，U, V, W は互いに素である［⇨ **2・1**］．

まず，写像 $f : U \to \mathbf{N}$ を

$$f(A) = 1 + \sum_{n=1}^{\infty} 2^{n-1} \cdot \chi_A(n) \qquad (A \in U) \tag{10.23}$$

により定める．ただし，χ_A は A の定義関数［⇨ **例 4.3**］である．任意の自然数は 2 進法を用いて一意的に展開できるので，f は全単射となる．よって，U は可算である．

次に，写像 $g : V \to U$ を

$$g(A) = \mathbf{N} \setminus A \qquad (A \in V) \tag{10.24}$$

により定める．このとき，g は全単射となるので，V は可算である．

さらに，U, V は可算なので，$U \cup V$ は可算である［⇨ **問 9.4** (3)］．よって，$U \cup V \sim V$ となり，

$$2^{\mathbf{N}} \sim (U \cup V) \cup W \sim V \cup W \tag{10.25}$$

である．

写像 $h: V\cup W \to (0,1]$ を

$$h(A)=\sum_{n=1}^{\infty} 2^{-n}\cdot \chi_A(n) \qquad (A\in V\cup W) \tag{10.26}$$

により定める．$V\cup W$ は $\mathbf{N}$ の無限部分集合全体であることに注意すると，任意の $(0,1]$ の元は 2 進小数を用いて一意的に展開できるので，h は全単射となる．したがって，

$$V\cup W \sim (0,1] \sim \mathbf{R} \tag{10.27}$$

である．

(10.25), (10.27) より，$2^{\mathbf{N}} \sim \mathbf{R}$ であることが示された．◆

§10の問題

確認問題

問 10.1 0.010023004 をケーニッヒの記法を用いて表せ．

□□□ [⇨ **10・2**]

基本問題

問 10.2 次の問に答えよ．

(1) ベルンシュタインの定理を書け．

(2) X, Y, Z を空でない集合とする．$X\subset Y\subset Z$ かつ $X\sim Z$ ならば，$X\sim Y$ かつ $Y\sim Z$ であることを示せ．

□□□ [⇨ **10・1**]

問 10.3 $\mathbf{C}\sim\mathbf{R}$ であることを示せ．

□□□ [⇨ **10・1**]

チャレンジ問題

問 10.4　次の □ をうめることにより，無理数全体の集合と $\mathbf{R}$ は濃度が等しいことを示せ．

$\mathbf{Q} \subset \mathbf{R}$ であり，例 5.3 より，$\mathbf{Q}$ から $\mathbf{R}$ への包含写像は ① である．また，例 9.5 より，$\mathbf{Q}$ は ② であり，例 9.6 より，$\mathbf{R}$ は ② ではないので，$\sharp\mathbf{Q}$ ③ $\sharp\mathbf{R}$ である．よって，$x_0 \in \mathbf{R} \setminus \mathbf{Q}$ が存在する．ここで，$A, B \subset \mathbf{R}$ を

$$A = \{rx_0 \mid r \in \mathbf{Q} \setminus \{0\}\}, \qquad B = \mathbf{R} \setminus (\mathbf{Q} \cup A)$$

により定める．このとき，$\mathbf{R} = \mathbf{Q} \cup A \cup B$ であり，$\mathbf{Q}, A, B$ は互いに ④ である．さらに，$r \in \mathbf{Q} \setminus \{0\}$ に対して，$rx_0 \in A$ を対応させることにより，A は ⑤ となるので，問 9.4 (3) より，$\mathbf{Q} \cup A$ は ⑤ である．したがって，

$$\mathbf{R} \sim \mathbf{Q} \cup A \cup B \sim A \cup B$$

である．ここで，$A \cup B$ は ⑥ 数全体の集合である．以上より，無理数全体の集合と $\mathbf{R}$ は濃度が等しい．

□□□ [⇨ 10・3]

§11 整列集合

§11 のポイント

- 任意の空でない部分集合が最小元をもつ順序集合を**整列集合**という.
- $\mathbf{N}$ に関する数学的帰納法は，整列集合に関する**超限帰納法**へと一般化することができる.
- 整列集合に関して，**整列集合の比較定理**がなりたつ.

11・1 整列集合の定義

$\mathbf{N}$ 上の大小関係を考えると，$\mathbf{N}$ の任意の空でない部分集合は最小元をもつ．このような性質をもつ順序集合［⇨**定義 7.4**］（**図 11.1**）を考えよう.

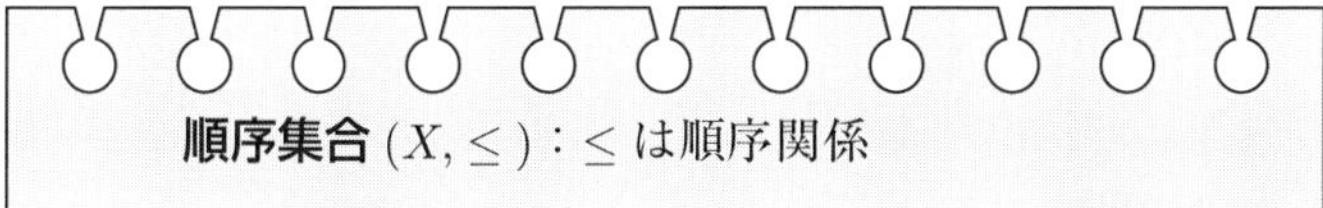

順序集合 $(X, \leq)$：$\leq$ は順序関係

- **反射律**　：$x \leq x$
- **反対称律**：$x \leq y,\ y \leq x \Longrightarrow x = y$
- **推移律**　：$x \leq y,\ y \leq z \Longrightarrow x \leq z$

をみたす.

図 11.1　順序集合

定義 11.1

$(W, \leq)$ を順序集合とする．$(W, \leq)$ の任意の空でない部分集合が最小元をもつとき，W を**整列集合**という[1].

例 11.1　始めに述べたように，$\mathbf{N}$ は大小関係に関して整列集合である．一方，

---

1) “W” は「整列集合」を意味する英単語 “well-ordered set”（ウェルオーダード セット）の頭文字に由来する.

$\mathbf{Z}$, $\mathbf{Q}$, $\mathbf{R}$ はこれら自身が最小元をもたないので，大小関係に関して整列集合ではない． ◆

例 11.2 有限全順序集合は整列集合である．実際，有限全順序集合は小さいものから順に1つずつ最後まで並べることができるからである． ◆

例 11.3 $(W, \leq)$ を整列集合とする．

W が1個の元のみからなるとする．このとき，$(W, \leq)$ は明らかに全順序集合である．

W が2個以上の元からなるとする．このとき，$x, y \in W$ とすると，$(W, \leq)$ が整列集合であることより，W の部分集合 $\{x, y\}$ は最小元 $\min\{x, y\}$ をもつ．$x = \min\{x, y\}$ のとき，$x \leq y$ である．また，$y = \min\{x, y\}$ のとき，$y \leq x$ である．よって，$(W, \leq)$ は全順序集合である．

したがって，整列集合は全順序集合である． ◆

11・2　超限帰納法

$(W, \leq)$ を整列集合とし，$a \in W$ とする．このとき，$W\langle a \rangle \subset W$ を

$$W\langle a \rangle = \{x \in W \mid x < a\} \tag{11.1}$$

により定め，これを W の a による**切片**という[2)]．例えば，$a = \min W$ のときは $W\langle a \rangle = \emptyset$ である．

次の超限帰納法は $\mathbf{N}$ に関する数学的帰納法の一般化である．

定理 11.1（超限帰納法）（重要）

$(W, \leq)$ を整列集合とする．各 $a \in W$ に対して，命題 $P(a)$ があたえられ，次の (1), (2) がなりたつと仮定する．

---

2) 整列集合に対する「切片」は “segment”（セグメント）の和訳である．一方，(4.3) の1次関数 $f(x) = ax + b$ に対する「切片」b は “intercept”（インターセプト）の和訳である．

(1) $P(\min W)$ は真である.

(2) $\min W$ と異なる任意の $a \in W$ と任意の $b \in W\langle a \rangle$ に対して, $P(b)$ が真ならば, $P(a)$ は真である.

このとき, 任意の $a \in W$ に対して, $P(a)$ は真である.

証明 $A \subset W$ を

$$A = \{a \in W \mid P(a) \text{ は真ではない}\} \tag{11.2}$$

により定め, $A \neq \emptyset$ と仮定する. まず, $(W, \leq)$ が整列集合であることと $A \neq \emptyset$ より, $\min A$ が存在する. このとき, (1) より, $\min A \neq \min W$ である. 次に, A の定義式 (11.2) より, 任意の $b \in W\langle \min A \rangle$ に対して, $P(b)$ は真である. よって, (2) より, $P(\min A)$ は真である. これは矛盾である. したがって, $A = \emptyset$, すなわち, 任意の $a \in W$ に対して, $P(a)$ は真である. ◇

11・3 整列集合の比較定理

§11 の最後に整列集合の比較定理を示すために, いくつか準備をしておこう.

定理 11.2

$(W, \leq)$ を整列集合, $f: W \to W$ を順序を保つ [⇨**定義 7.8**] 単射とする. このとき, 任意の $x \in W$ に対して, $x \leq f(x)$ である.

証明 $A \subset W$ を

$$A = \{x \in W \mid f(x) < x\} \tag{11.3}$$

により定め, $A \neq \emptyset$ と仮定する. $(W, \leq)$ が整列集合であることと $A \neq \emptyset$ より, $\min A$ が存在する. A の定義式 (11.3) より, $f(\min A) < \min A$ である. さらに, f は順序を保つ単射なので, $f(f(\min A)) < f(\min A)$ である[3]. よって, A

[3] f が単射でなければ, $f(f(\min A)) = f(\min A)$ となってしまう可能性がある.

の定義式 (11.3) より，$f(\min A) \in A$ である．このとき，$f(\min A) < \min A$ となり，$\min A$ の定義に矛盾する．したがって，$A = \emptyset$，すなわち，任意の $x \in W$ に対して，$x \leq f(x)$ である．◇

$(X, \leq)$ を順序集合，A を X の空でない部分集合とすると，X 上の順序関係 $\leq$ を A に制限することにより，順序集合 $(A, \leq)$ を考えることができる．$(A, \leq)$ を $(X, \leq)$ の**部分順序集合**という．

定理 11.3

$(W, \leq)$ を整列集合とし，$a, b \in W$ とする．$a \neq b$ ならば，$(W\langle a\rangle, \leq)$ と $(W\langle b\rangle, \leq)$ は順序同型［⇨**定義 7.8**］ではない．

証明　$a < b$ としてよい[4)]．

順序同型写像 $f: W\langle b\rangle \to W\langle a\rangle$ が存在すると仮定する．このとき，

$$W\langle b\rangle \simeq W\langle a\rangle \overset{\because\, a<b}{\subset} W\langle b\rangle \tag{11.4}$$

である．よって，$\iota: W\langle a\rangle \to W\langle b\rangle$ を包含写像とすると，f と ι の合成 $\iota \circ f$ は順序を保つ単射となり，$f(a) < a$ であることに注意すると，$(\iota \circ f)(a) < a$ である．定理 11.2 より，これは矛盾である．したがって，$(W\langle a\rangle, \leq)$ と $(W\langle b\rangle, \leq)$ は順序同型ではない．◇

定理 11.4

$(W, \leq)$，$(W', \leq')$ を整列集合とし，$W_1 \subset W$ を

$$W_1 = \{a \in W \mid \text{ある } a' \in W' \text{ が存在し，} W\langle a\rangle \simeq W'\langle a'\rangle\} \tag{11.5}$$

により定める．このとき，$W_1 = W$ であるか，または，ある $a_1 \in W$ が一意的に存在し，$W_1 = W\langle a_1\rangle$ となる．

---

4) $b < a$ の場合は本文の証明の a と b を入れ替えればよいからである．「〜としてよい」という表現は数学でよく用いられる．

証明 $W_1 \neq W$ とする．このとき，$W \setminus W_1 \neq \emptyset$ であり，$(W, \leq)$ は整列集合であるから，$\min(W \setminus W_1)$ が存在する．$\min(W \setminus W_1)$ の定義より，

$$W\langle \min(W \setminus W_1) \rangle \subset W_1 \tag{11.6}$$

である[5]．

ここで，ある $a \in W_1$ が存在し，$\min(W \setminus W_1) < a$ となると仮定する．W_1 の定義式 (11.5) より，ある $a' \in W'$ および順序同型写像 $f : W\langle a \rangle \to W'\langle a' \rangle$ が存在する．$\min(W \setminus W_1) < a$ より，f は $W\langle \min(W \setminus W_1) \rangle$ から $W'\langle f(\min(W \setminus W_1)) \rangle$ への順序同型写像を定める．よって，W_1 の定義式 (11.5) より，$\min(W \setminus W_1) \in W_1$ である．これは矛盾である．したがって，任意の $a \in W_1$ に対して，$a < \min(W \setminus W_1)$，すなわち，

$$W_1 \subset W\langle \min(W \setminus W_1) \rangle \tag{11.7}$$

である．

(11.6), (11.7) より，

$$W_1 = W\langle \min(W \setminus W_1) \rangle \tag{11.8}$$

なので，$a_1 = \min(W \setminus W_1)$ とおくと，$W_1 = W\langle a_1 \rangle$ である．また，定理 11.3 より，a_1 は一意的である． ◇

それでは，定理 11.2〜定理 11.4 を用いて，整列集合の比較定理を示そう．

定理 11.5（整列集合の比較定理）（重要）

$(W, \leq)$，$(W', \leq')$ を整列集合とすると，次の (1)〜(3) のいずれか 1 つのみがなりたつ．

(1) $W \simeq W'$.

(2) ある $a' \in W'$ が存在し，$W \simeq W'\langle a' \rangle$ となる．

(3) ある $a \in W$ が存在し，$W\langle a \rangle \simeq W'$ となる．

---

5) $\min(W \setminus W_1)$ とは W_1 の元ではない W の元の中で最小のものである．

証明 $W_1 \subset W$，$W'_1 \subset W'$ を

$$W_1 = \{a \in W \mid \text{ある } a' \in W' \text{ が存在し，} W\langle a\rangle \simeq W'\langle a'\rangle\}, \tag{11.9}$$

$$W'_1 = \{a' \in W' \mid \text{ある } a \in W \text{ が存在し，} W\langle a\rangle \simeq W'\langle a'\rangle\} \tag{11.10}$$

により定める．

定理11.3より，任意の $a \in W_1$ に対して，$W\langle a\rangle \simeq W'\langle a'\rangle$ となる $a' \in W'$ は一意的である．さらに，a に a' を対応させると，これは W_1 から W'_1 への順序同型写像を定める．すなわち，$W_1 \simeq W'_1$ である．

定理11.4より，$W_1 = W$ であるか，または，ある $a_1 \in W$ が存在し，$W_1 = W\langle a_1\rangle$ となる．また，$W'_1 = W'$ であるか，または，ある $a'_1 \in W'$ が存在し，$W'_1 = W'\langle a'_1\rangle$ となる．そこで，この a_1, a'_1 を改めてそれぞれ a, a' と表し，(1)〜(3) のいずれかがなりたつことを背理法により示す．$W_1 = W\langle a\rangle$ かつ $W'_1 = W'\langle a'\rangle$ と仮定する．このとき，$W_1 \simeq W'_1$ より，$W\langle a\rangle \simeq W'\langle a'\rangle$ である．よって，$a \in W_1$ である．これは矛盾である．したがって，(1)〜(3) のいずれかがなりたつ．

次に，(1), (2) が**同時にはなりたたない**ことを背理法により示す．(1), (2) が同時になりたつと仮定する．このとき，$W \simeq W'$ であり，かつ，ある $a' \in W'$ が存在し，$W \simeq W'\langle a'\rangle$ となるので，

$$W' \simeq W \simeq W'\langle a'\rangle \subset W' \tag{11.11}$$

である．よって，$f(a') < a'$ となる順序を保つ単射 $f : W' \to W'$ が存在する．定理11.2より，これは矛盾である．したがって，(1), (2) は同時にはなりたたない．

さらに，(1), (3) が同時にはなりたたないことは例題11.1，(2), (3) が同時にはなりたたないことは問11.2とする．

以上より，(1)〜(3) のいずれか1つのみがなりたつ．　◇

例題 11.1　次の $\boxed{}$ をうめることにより，整列集合の比較定理（定理11.5）の証明において，(1), (3) が**同時にはなりたたない**ことを示せ．

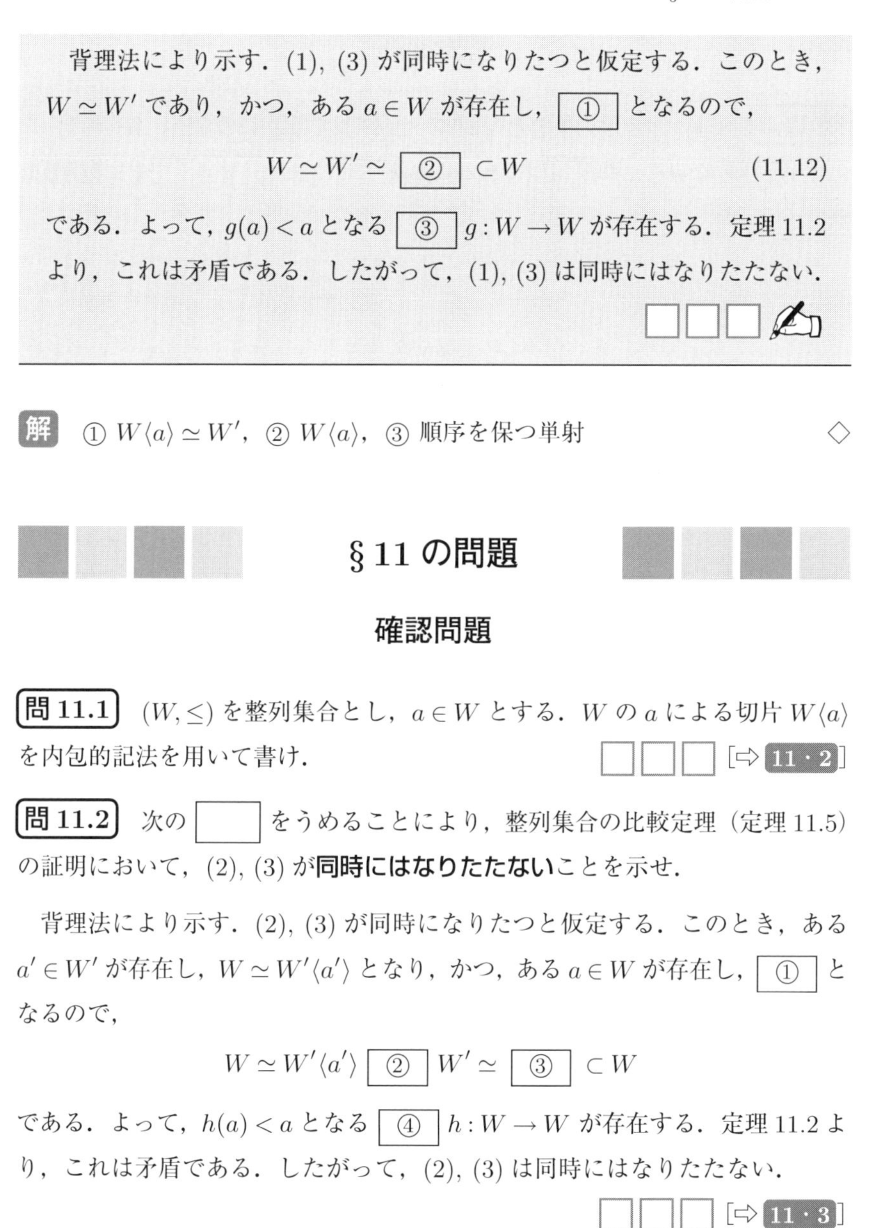

背理法により示す．(1), (3) が同時になりたつと仮定する．このとき，$W \simeq W'$ であり，かつ，ある $a \in W$ が存在し，[①] となるので，

$$W \simeq W' \simeq \boxed{\ ②\ } \subset W \tag{11.12}$$

である．よって，$g(a) < a$ となる [③] $g : W \to W$ が存在する．定理 11.2 より，これは矛盾である．したがって，(1), (3) は同時にはなりたたない．

□□□

解　① $W\langle a \rangle \simeq W'$，② $W\langle a \rangle$，③ 順序を保つ単射　◇

§11 の問題

確認問題

問 11.1　$(W, \leq)$ を整列集合とし，$a \in W$ とする．W の a による切片 $W\langle a \rangle$ を内包的記法を用いて書け．

□□□ [⇨ **11・2**]

問 11.2　次の [　　] をうめることにより，整列集合の比較定理（定理 11.5）の証明において，(2), (3) が**同時にはなりたたない**ことを示せ．

背理法により示す．(2), (3) が同時になりたつと仮定する．このとき，ある $a' \in W'$ が存在し，$W \simeq W'\langle a' \rangle$ となり，かつ，ある $a \in W$ が存在し，[①] となるので，

$$W \simeq W'\langle a' \rangle \boxed{\ ②\ } W' \simeq \boxed{\ ③\ } \subset W$$

である．よって，$h(a) < a$ となる [④] $h : W \to W$ が存在する．定理 11.2 より，これは矛盾である．したがって，(2), (3) は同時にはなりたたない．

□□□ [⇨ **11・3**]

基本問題

問 11.3　$(W, \leq)$ を整列集合とし，$W' \subset W$ とする．このとき，W' は W または W のある切片と順序同型であることを示せ．　□□□ [⇨ 11・3]

§12 選択公理

§12のポイント

- **選択公理**によって，無限個の空でない集合からそれぞれの元を一斉に選ぶことが可能となる．
- **選択公理**，**ツォルンの補題**，**整列定理**は互いに同値である．

12・1 直積と選択公理

有限個の空でない集合からそれぞれの元を一斉に選ぶことは可能であるが，選択公理とは集合の個数が無限の場合にもこのような操作を認めるものである（**図 12.1**）．

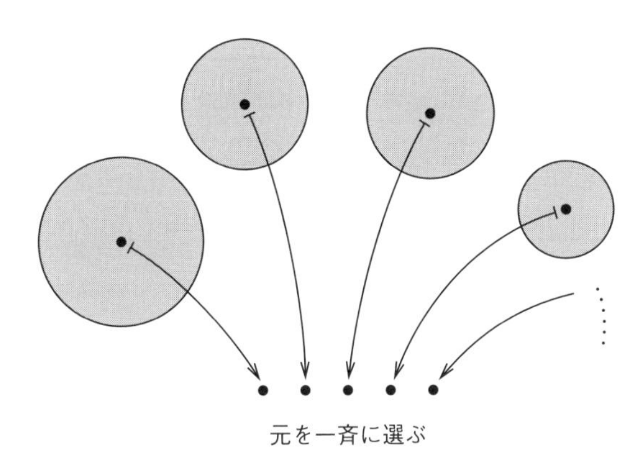

図 12.1　選択公理

まず，集合族［⇨**定義 6.2**］の直積について，次の定義 12.1 のように定める．

定義 12.1

$(X_\lambda)_{\lambda\in\Lambda}$ を集合族とする．集合 $\prod_{\lambda\in\Lambda} X_\lambda$ を

$$\left\{ f : \Lambda \to \bigcup_{\lambda \in \Lambda} X_\lambda \;\middle|\; 任意の \lambda \in \Lambda に対して，f(\lambda) \in X_\lambda \right\} \tag{12.1}$$

により定め，これを $(X_\lambda)_{\lambda \in \Lambda}$ の**直積**という．このとき，各 X_λ を**直積因子**という．

注意 12.1　定義 12.1 において，$\Lambda = \{1, 2\}$ のとき，$\prod_{\lambda \in \Lambda} X_\lambda$ は X_1 と X_2 の直積 $X_1 \times X_2$［⇨(4.8)］と同一視できる[1]．

$\Lambda = \{1, 2, \cdots, n\}$ のときは，$\prod_{\lambda \in \Lambda} X_\lambda$ を $X_1 \times X_2 \times \cdots \times X_n$ または $\prod_{i=1}^{n} X_i$ とも表す．$\Lambda = \mathbf{N}$ のときは，$\prod_{\lambda \in \Lambda} X_\lambda$ を $\prod_{n=1}^{\infty} X_n$ とも表す．

選択公理は次の公理 12.1 のように述べることができる[2]．

公理 12.1（選択公理）

$(X_\lambda)_{\lambda \in \Lambda}$ を集合族とする．

$$任意の \lambda \in \Lambda に対して，X_\lambda \neq \emptyset \Longrightarrow \prod_{\lambda \in \Lambda} X_\lambda \neq \emptyset$$

12・2　選択関数

以下では，選択公理（公理 12.1）を認めよう．

定義 12.2

$(X_\lambda)_{\lambda \in \Lambda}$ を任意の $\lambda \in \Lambda$ に対して $X_\lambda \neq \emptyset$ となる集合族とし，$f \in \prod_{\lambda \in \Lambda} X_\lambda$

---

[1]「$X_1 \times X_2$ の元 (x_1, x_2) を 1 つ選ぶ」ということは「1 に対して $x_1 \in X_1$ を，2 に対して $x_2 \in X_2$ を対応させる」ことと見なせるからである．「同一視」という表現は数学でよく用いられる．

[2] 選択公理を**選出公理**ともいう．

とする．このとき，f を $(X_\lambda)_{\lambda\in\Lambda}$ の**選択関数**という．また，$\lambda_0 \in \Lambda$ を固定したとき，$f(\lambda_0)$ を f の $\boldsymbol{\lambda_0}$ **成分**という．f に $f(\lambda_0)$ を対応させることにより定まる，$\prod_{\lambda\in\Lambda} X_\lambda$ から X_{λ_0} への写像を**射影**という．

選択公理（公理 12.1）を認めると，次の定理 12.1 を示すことができる［⇨ **例題 12.1** および **問 12.2**］．

定理 12.1

X, Y を空でない集合，$f: X \to Y$ を写像とする．

f が全射 $\Longleftrightarrow$ $f \circ s = 1_Y$ となる写像 $s: Y \to X$ が存在する[3)4)]

例題 12.1　X, Y を空でない集合, $f: X \to Y$ を写像とする．次の □ をうめることにより，f が全射ならば，$f \circ s = 1_Y$ となる写像 $s: Y \to X$ が存在することを示せ．

f は全射なので，任意の $y \in Y$ に対して，$f^{-1}(\{y\}) \neq$ ① である．よって，選択公理（公理 12.1）より，② 関数 $s \in \prod_{y\in Y} f^{-1}(\{y\})$ を選ぶことができる．$f^{-1}(\{y\}) \subset X$ であることと直積の定義 (12.1) より，s は Y から X への写像を定め，任意の $y \in Y$ に対して，$s(y) \in$ ③ である．したがって，$f(s(y)) =$ ④，すなわち，$f \circ s = 1_Y$ である．

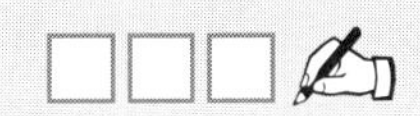

解　① $\emptyset$，② 選択，③ $f^{-1}(\{y\})$，④ y　◇

注意 12.2　定理 12.1 において，f が全射ならば，$f \circ s = 1_Y$ より，s は単射とな

3)　命題 P と Q が同値であることを「$P \Longleftrightarrow Q$」と表す．

4)　この写像 s を**切断**という．

る (✍). よって，f が全射ならば，$X \sim Y$ または $\sharp Y < \sharp X$ である [⇨ **10・3**].

X を空でない集合とする．このとき，選択公理（公理 12.1）より，選択関数 $f \in \prod_{A \in 2^X \setminus \{\emptyset\}} A$ を選ぶことができる．よって，任意の $A \in 2^X \setminus \{\emptyset\}$ に対して，$f(A) \in A$ である．これは X の空でない各部分集合から元を一斉に選ぶことができるという意味である．この f を X 上の**選択関数**という．この事実を用いて，次の定理 12.2 を示そう．

定理 12.2（重要）

無限集合は可算部分集合を含む．

証明　X を無限集合とする．このとき，f を X 上の選択関数とし，各 $n \in \mathbf{N}$ に対して，$x_n \in X$ を

$$\begin{cases} x_1 = f(X), \\ x_n = f(X \setminus \{x_1, x_2, \cdots, x_{n-1}\}) \quad (n = 2, 3, 4, \cdots) \end{cases} \tag{12.2}$$

により定めることができる[5]．ここで，$m > n$（$m, n \in \mathbf{N}$）とすると，選択関数の定義より，

$$x_m = f(X \setminus \{x_1, \cdots, x_{m-1}\}) \in X \setminus \{x_1, \cdots, x_{m-1}\} \tag{12.3}$$

である．一方，$m > n$ より，

$$x_n \notin X \setminus \{x_1, \cdots, x_{m-1}\} \tag{12.4}$$

である．よって，$x_m \neq x_n$ となり，集合 $\{x_n \mid n \in \mathbf{N}\}$ は X の可算部分集合である．　◇

選択公理（公理 12.1）は数学のさまざまな場面に現れる．

例 12.1　I を区間，$f : I \to \mathbf{R}$ を実数値関数とし，$a \in I$ とする．このとき，

[5] (12.2) において，X が無限集合なので，$X, X \setminus \{x_1, x_2, \cdots, x_{n-1}\} \neq \emptyset$ である．

微分積分でまなぶように，次の (1), (2) は同値である[6]．

(1) f は a で連続である．

(2) 任意の $n \in \mathbf{N}$ に対して $a_n \in I$ であり，かつ，a に収束するような，任意の数列 $\{a_n\}$ に対して，数列 $\{f(a_n)\}$ は $f(a)$ に収束する．

(2) から (1) を導くには対偶を示せばよいが，その際に選択公理（公理 12.1）が用いられる［⇨**定理 18.2**］．このときの証明に現れる添字集合は可算となるので，この場合の選択公理を**可算選択公理**ともいう．◆

12・3　ツォルンの補題と整列定理

選択公理（公理 12.1）は次のツォルンの補題および整列定理と同値である[7]．

定理 12.3（ツォルンの補題）（重要）

任意の全順序部分集合が上界をもつ順序集合は極大元をもつ．

定理 12.4（整列定理）（重要）

任意の空でない集合に順序関係を定めて整列集合にすることができる．

任意の全順序部分集合が上界をもつ順序集合は**帰納的**であるという．すなわち，ツォルンの補題（定理 12.3）を言い替えると，**帰納的順序集合は極大元をもつ**，ということになる．

定理 12.5（重要）

選択公理（公理 12.1），ツォルンの補題（定理 12.3），整列定理（定理 12.4）は互いに同値である．

---

6) 例えば，［杉浦］p. 53 定理 6.2 を見よ．

7) 整列定理を**整列可能定理**ともいう．

証明　証明が比較的易しい，整列定理から選択公理が導かれる部分のみ示す[8]．

整列定理がなりたつと仮定する．$(X_\lambda)_{\lambda\in\Lambda}$ を任意の $\lambda\in\Lambda$ に対して $X_\lambda\neq\emptyset$ となる集合族とする．整列定理を用いて $\bigcup_{\lambda\in\Lambda} X_\lambda$ を整列集合にしておく．このとき，写像 $f:\Lambda\to\bigcup_{\lambda\in\Lambda} X_\lambda$ を

$$f(\lambda)=\min X_\lambda \qquad (\lambda\in\Lambda) \tag{12.5}$$

により定めることができる．f の定義より，$f(\lambda)\in X_\lambda$ なので，f は $(X_\lambda)_{\lambda\in\Lambda}$ の選択関数である．よって，選択公理がなりたつ．◇

§12 の最後に，整列定理（定理 12.4）と超限帰納法（定理 11.1）を用いて，次の定理 12.6 を示そう．

定理 12.6

次の (1), (2) をみたす $H\subset\mathbf{R}$ が存在する．

(1) 互いに異なる $x_1,x_2,\cdots,x_m\in H$ および $r_1,r_2,\cdots,r_m\in\mathbf{Q}$ に対して，

$$r_1x_1+r_2x_2+\cdots+r_mx_m=0 \tag{12.6}$$

ならば，

$$r_1=r_2=\cdots=r_m=0 \tag{12.7}$$

である．

(2) 任意の $x\in\mathbf{R}\setminus\{0\}$ に対して，ある互いに異なる $x_1,x_2,\cdots,x_n\in H$ および $r_1,r_2,\cdots,r_n\in\mathbf{Q}$ が存在し，

$$x=r_1x_1+r_2x_2+\cdots+r_nx_n \tag{12.8}$$

となる．さらに，(12.8) の和は順番の入れ替えを除いて一意的である．

証明　$W=\mathbf{R}\setminus\{0\}$ とおく．整列定理（定理 12.4）を用いて W を整列集合 $(W,\leq)$ にしておく．このとき，$H\subset\mathbf{R}$ を

[8] その他の部分については，例えば，[内田] p. 43 定理 10.1, p. 46 定理 11.1 を見よ．

$$H = \left\{ x \in W \;\middle|\; \begin{array}{l} x = r_1x_1 + r_2x_2 + \cdots + r_nx_n \text{ となる } x_1, x_2, \cdots, \\ x_n \in W\langle x \rangle \text{ および } r_1, r_2, \cdots, r_n \in \mathbf{Q} \text{ は存在しない} \end{array} \right\} \quad (12.9)$$

により定める．

まず，H に対して，(1) の仮定の部分がなりたつとする．このとき，$x_1 < x_2 < \cdots < x_m$ であるとしてよい[9]．$r_m \neq 0$ と仮定すると，(12.6) より，

$$x_m = -\frac{r_1}{r_m}x_1 - \frac{r_2}{r_m}x_2 - \cdots - \frac{r_{m-1}}{r_m}x_{m-1} \quad (12.10)$$

である．H の定義式 (12.9) より，これは矛盾である．よって，$r_m = 0$ である．以下，同様に考えると，(12.7) がなりたつ．したがって，(1) がなりたつ．

次に，(2) がなりたつことを超限帰納法（定理 11.1）により示す．

(1) より，一意性がなりたつ[10]．$x = a \in W$ のとき (2) がなりたつという命題を $P(a)$ とおく．

$a = \min W$ のとき，$W\langle a \rangle = \emptyset$ なので，$a \in H$ である．よって，$a = 1 \cdot a$ となり，$P(a)$ は真である．

$b \in W\langle a \rangle$ のとき，$P(b)$ が真であると仮定する．$a \in H$ のとき，$P(a)$ は真である．$a \notin H$ のとき，H の定義式 (12.9) および超限帰納法の仮定より，$P(a)$ は真となる（✍）．

したがって，(2) がなりたつ．　◇

定理 12.6 の H を $\mathbf{R}$ に対する**ハメルの基底**という．定理 12.6 の証明と同様に，任意のベクトル空間が基底をもつことを示すことができる．逆に，任意のベクトル空間が基底をもつことから選択公理が導かれることが知られている[11]．

---

9) 必要ならば $x_1, x_2, \cdots, x_m$ の順番を入れ替えればよいからである．

10) 線形代数の 1 次独立性，1 次従属性のところで行う計算と同様である（✍）．

11) A. Blass, Existence of bases implies the axiom of choice, *Comtemporary Mathematics*, **31** (1984), 31–33.

§12の問題

確認問題

問 12.1　選択公理を書け.　□□□ [⇨ 12・1]

問 12.2　X, Y を空でない集合, $f: X \to Y$ を写像とする. $f \circ s = 1_Y$ となる写像 $s: Y \to X$ が存在するならば, f は全射であることを示せ.

□□□ [⇨ 12・2]

問 12.3　次の問に答えよ.

(1) 帰納的順序集合の定義を書け.

(2) ツォルンの補題を書け.

(3) 整列集合の定義を書け.

(4) 整列定理を書け.　□□□ [⇨ 12・3]

基本問題

問 12.4　次の □ をうめることにより, 任意の無限集合はそれと濃度が等しい真部分集合 [⇨ 1・5] を含むことを示せ.

X を無限集合とする. このとき, 定理 12.2 より, X はある ① 部分集合 $\{x_n \mid n \in \mathbf{N}\}$ を含み,

$$X = (X \setminus \{x_n \mid n \in \mathbf{N}\}) \cup \{x_n \mid n \in \mathbf{N}\}$$

である. ここで,

$$Y = (X \setminus \{x_n \mid n \in \mathbf{N}\}) \cup \{x_{2n} \mid n \in \mathbf{N}\}$$

とおく. このとき, Y は X の ② 部分集合である. また, 写像 $f: X \to Y$ を

$$f(x) = \begin{cases} x & (x \in X \setminus \{x_n \mid n \in \mathbf{N}\}), \\ \boxed{\ ③\ } & (\text{ある } n \in \mathbf{N} \text{ に対して } x = x_n) \end{cases}$$

により定める．このとき，f は $\boxed{\ ④\ }$ である．よって，$X \sim Y$ である．したがって，任意の無限集合はそれと濃度が等しい真部分集合を含む．

□□□ [⇨ **12・2**]

問 12.5 X, Y を空でない集合とする．整列定理（定理 12.4）を用いて，次の (1)〜(3) のいずれか 1 つのみがなりたつことを示せ．

(1) $X \sim Y$　　(2) $\sharp X < \sharp Y$　　(3) $\sharp Y < \sharp X$

第3章のまとめ

濃度

- X, Y：空でない集合
  - X と Y は**濃度が等しい** $(X \sim Y)$：X から Y への全単射が存在する．**ベルンシュタインの定理**を用いて示すことができる
  - X は Y より**濃度が小さい**（Y は X より**濃度が大きい**）：X から Y への単射は存在するが，$X \not\sim Y$
- **可算**集合：$\mathbf{N}$ と濃度が等しい集合　例：$\mathbf{N} \sim \mathbf{Z} \sim \mathbf{Q}$
- **非可算**集合：可算でない集合　例：$\mathbf{R}$

整列集合

- 任意の空でない部分集合が最小元をもつ順序集合
- **超限帰納法**：$\mathbf{N}$ に関する数学的帰納法の一般化
- **整列集合の比較定理**がなりたつ

選択公理

- $(X_\lambda)_{\lambda \in \Lambda}$：集合族 s.t. ${}^\forall \lambda \in \Lambda,\ X_\lambda \neq \emptyset \Longrightarrow \prod_{\lambda \in \Lambda} X_\lambda \neq \emptyset$ [12)]
  - 無限個の空でない集合からそれぞれの元を一斉に選ぶことが可能となる
- **ツォルンの補題**：**帰納的**順序集合は極大元をもつ
- **整列定理**：任意の空でない集合に順序関係を定めて整列集合にすることができる

---

12) 「s.t.」は such that の略であり，「$\cdots$ s.t. $-$」は「$-$ をみたす $\cdots$」という意味である．また，「$\forall$」は「任意の」という意味を表す**全称記号**である．さらに，「存在する」という意味を表す**存在記号**「$\exists$」も用いると便利である．

ユークリッド空間

§13 ユークリッド距離 *

§13のポイント

- **ユークリッド距離**を考えると，$\mathbf{R}^n$ は**ユークリッド空間**となる．
- ユークリッド距離は**正値性**，**対称性**，**三角不等式**をみたす．
- ユークリッド距離を用いると，$\mathbf{R}^n$ の点列の**収束**を考えることができる．

13・1 ユークリッド空間の定義

まず，$n \in \mathbf{N}$ を固定しておく．以下では，(3.1) と異なり，

$$\mathbf{R}^n = \{(x_1, x_2, \cdots, x_n) \mid x_1, x_2, \cdots, x_n \in \mathbf{R}\} \tag{13.1}$$

と書く．すなわち，$\mathbf{R}^n$ は n 個の $\mathbf{R}$ の直積である［⇨ 注意 12.1］[1]．また，$\mathbf{R}$, $\mathbf{R}^2$, $\mathbf{R}^3$ はそれぞれ数直線，座標平面，座標空間と同一視することもある．さらに，$\mathbf{R}^n$ の元を**点**ともいう．

$\mathbf{R}^n$ はベクトル空間となる［⇨ 例 3.2］．$\boldsymbol{x}, \boldsymbol{y} \in \mathbf{R}^n$，$c \in \mathbf{R}$ とし，

---

[1] $\mathbf{R}^1 = \mathbf{R}$ である．

$$\boldsymbol{x} = (x_1, x_2, \cdots, x_n), \qquad \boldsymbol{y} = (y_1, y_2, \cdots, y_n) \tag{13.2}$$

と表しておくと，和 $\boldsymbol{x}+\boldsymbol{y} \in \mathbf{R}^n$ およびスカラー倍 $c\boldsymbol{x} \in \mathbf{R}^n$ は

$$\boldsymbol{x}+\boldsymbol{y} = (x_1+y_1, x_2+y_2, \cdots, x_n+y_n),\ c\boldsymbol{x} = (cx_1, cx_2, \cdots, cx_n) \tag{13.3}$$

により定められる．また，$\mathbf{R}^n$ の零ベクトル $\mathbf{0}$ は $(0, 0, \cdots, 0)$ と表される．

さらに，実数値関数 $\langle\ ,\ \rangle : \mathbf{R}^n \times \mathbf{R}^n \to \mathbf{R}$ を

$$\langle \boldsymbol{x}, \boldsymbol{y} \rangle = x_1y_1 + x_2y_2 + \cdots + x_ny_n \tag{13.4}$$

により定める．$\langle\ ,\ \rangle$ を $\mathbf{R}^n$ の**標準内積**，$\langle x, y \rangle$ を $\boldsymbol{x}$ と $\boldsymbol{y}$ の**内積**という．また，ベクトル空間 $\mathbf{R}^n$ に標準内積 $\langle\ ,\ \rangle$ を考えたものを **n 次元（実）ユークリッド空間**という．

以下では，n 次元ユークリッド空間としての $\mathbf{R}^n$ を考える．線形代数でまなぶように，$\mathbf{R}^n$ について次の定理 13.1 がなりたつ．

定理 13.1（重要）

$\boldsymbol{x}, \boldsymbol{y}, \boldsymbol{z} \in \mathbf{R}^n$，$c \in \mathbf{R}$ とすると，次の (1)〜(3) がなりたつ．

(1) $\langle \boldsymbol{x}, \boldsymbol{y} \rangle = \langle \boldsymbol{y}, \boldsymbol{x} \rangle$．（**対称性**）

(2) $\langle \boldsymbol{x}+\boldsymbol{y}, \boldsymbol{z} \rangle = \langle \boldsymbol{x}, \boldsymbol{z} \rangle + \langle \boldsymbol{y}, \boldsymbol{z} \rangle$，$\langle c\boldsymbol{x}, \boldsymbol{y} \rangle = c\langle \boldsymbol{x}, \boldsymbol{y} \rangle$．（**線形性**）

(3) $\langle \boldsymbol{x}, \boldsymbol{x} \rangle \geq 0$ であり，$\langle \boldsymbol{x}, \boldsymbol{x} \rangle = 0$ となるのは $\boldsymbol{x} = \mathbf{0}$ のときに限る．（**正値性**）

13・2　ノルム

内積の正値性（定理 13.1 (3)）より，実数値関数 $\|\ \| : \mathbf{R}^n \to \mathbf{R}$ を

$$\|\boldsymbol{x}\| = \sqrt{\langle \boldsymbol{x}, \boldsymbol{x} \rangle} = \sqrt{x_1^2 + x_2^2 + \cdots + x_n^2} \tag{13.5}$$

により定めることができる．ただし，$\boldsymbol{x} = (x_1, x_2, \cdots, x_n) \in \mathbf{R}^n$ である．$n=1$ のとき，$\|\ \|$ は実数に対する絶対値 $|\ |$ を表す．$\|\ \|$ を $\mathbf{R}^n$ の**ノルム**，$\|\boldsymbol{x}\|$ を $\boldsymbol{x}$ の**ノルム**（**長さ**または**大きさ**）という．(13.5) より，$\|\boldsymbol{x}\| \geq 0$ であり，$\|\boldsymbol{x}\| = 0$ となるのは $\boldsymbol{x} = \mathbf{0}$ のときに限る．これをノルムの**正値性**という．$\mathbf{R}^n$ のノルム

について，次の定理 13.2 がなりたつ．

定理 13.2（重要）

$\boldsymbol{x}, \boldsymbol{y} \in \mathbf{R}^n$，$c \in \mathbf{R}$ とすると，次の (1)〜(3) がなりたつ．

(1) $\|c\boldsymbol{x}\| = |c|\|\boldsymbol{x}\|$.

(2) $|\langle \boldsymbol{x}, \boldsymbol{y} \rangle| \leq \|\boldsymbol{x}\|\|\boldsymbol{y}\|$.（**コーシー - シュワルツの不等式**）

(3) $\|\boldsymbol{x} + \boldsymbol{y}\| \leq \|\boldsymbol{x}\| + \|\boldsymbol{y}\|$.（**三角不等式** [2]）

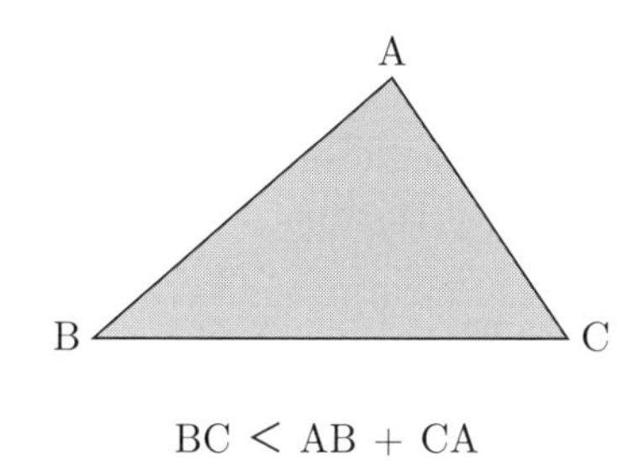

図 13.1　三角形 ABC の辺がみたす不等式

証明　(1) まず，

$$\|c\boldsymbol{x}\|^2 \overset{\because (13.5)}{=} \langle c\boldsymbol{x}, c\boldsymbol{x} \rangle \overset{\because \text{定理 } 13.1\,(2)\text{ 第 2 式}}{=} c\langle \boldsymbol{x}, c\boldsymbol{x} \rangle \overset{\because \text{定理 } 13.1\,(1)}{=} c\langle c\boldsymbol{x}, \boldsymbol{x} \rangle$$
$$\overset{\because \text{定理 } 13.1\,(2)\text{ 第 2 式}}{=} c^2\langle \boldsymbol{x}, \boldsymbol{x} \rangle \overset{\because (13.5)}{=} c^2\|\boldsymbol{x}\|^2, \tag{13.6}$$

すなわち，

$$\|c\boldsymbol{x}\|^2 = c^2\|\boldsymbol{x}\|^2 \tag{13.7}$$

である．よって，ノルムの正値性より，(1) がなりたつ．

(2) $\boldsymbol{y} = \mathbf{0}$ のとき，明らかに (2) がなりたつ．$\boldsymbol{y} \neq \mathbf{0}$ のとき，(2) がなりたつことは例題 13.1 とする．

(3) 問 13.1 とする．　◇

---

[2]「三角不等式」という用語は三角形の辺がみたす不等式に由来する（**図 13.1**）．

例題 13.1　定理 13.2 において，$\boldsymbol{y} \neq \boldsymbol{0}$ のとき，(2) がなりたつことを，$\langle \boldsymbol{y}, \boldsymbol{y} \rangle > 0$ であることに注意しながら，式

$$\left\langle \boldsymbol{x} - \frac{\langle \boldsymbol{x}, \boldsymbol{y} \rangle}{\langle \boldsymbol{y}, \boldsymbol{y} \rangle} \boldsymbol{y}, \boldsymbol{x} - \frac{\langle \boldsymbol{x}, \boldsymbol{y} \rangle}{\langle \boldsymbol{y}, \boldsymbol{y} \rangle} \boldsymbol{y} \right\rangle \langle \boldsymbol{y}, \boldsymbol{y} \rangle \tag{13.8}$$

を変形することで示せ．

解　まず，

$$\begin{aligned} 0 &\overset{\because \text{内積の正値性}}{\leq} \left\langle \boldsymbol{x} - \frac{\langle \boldsymbol{x}, \boldsymbol{y} \rangle}{\langle \boldsymbol{y}, \boldsymbol{y} \rangle} \boldsymbol{y}, \boldsymbol{x} - \frac{\langle \boldsymbol{x}, \boldsymbol{y} \rangle}{\langle \boldsymbol{y}, \boldsymbol{y} \rangle} \boldsymbol{y} \right\rangle \langle \boldsymbol{y}, \boldsymbol{y} \rangle \\ &\overset{\because \text{定理 13.1 (2)}}{=} \left(\langle \boldsymbol{x}, \boldsymbol{x} \rangle - \frac{\langle \boldsymbol{x}, \boldsymbol{y} \rangle}{\langle \boldsymbol{y}, \boldsymbol{y} \rangle} \langle \boldsymbol{x}, \boldsymbol{y} \rangle - \frac{\langle \boldsymbol{x}, \boldsymbol{y} \rangle}{\langle \boldsymbol{y}, \boldsymbol{y} \rangle} \langle \boldsymbol{y}, \boldsymbol{x} \rangle + \frac{\langle \boldsymbol{x}, \boldsymbol{y} \rangle^2}{\langle \boldsymbol{y}, \boldsymbol{y} \rangle^2} \langle \boldsymbol{y}, \boldsymbol{y} \rangle \right) \langle \boldsymbol{y}, \boldsymbol{y} \rangle \\ &\overset{\because (13.5)}{=} \|\boldsymbol{x}\|^2 \|\boldsymbol{y}\|^2 - |\langle \boldsymbol{x}, \boldsymbol{y} \rangle|^2, \end{aligned} \tag{13.9}$$

すなわち，

$$|\langle \boldsymbol{x}, \boldsymbol{y} \rangle|^2 \leq \|\boldsymbol{x}\|^2 \|\boldsymbol{y}\|^2 \tag{13.10}$$

である．よって，ノルムの正値性より，定理 13.2 (2) がなりたつ．　◇

13・3　ユークリッド距離の定義

ノルムを用いて，実数値関数 $d : \mathbf{R}^n \times \mathbf{R}^n \to \mathbf{R}$ を

$$d(\boldsymbol{x}, \boldsymbol{y}) = \|\boldsymbol{x} - \boldsymbol{y}\| = \sqrt{(x_1 - y_1)^2 + (x_2 - y_2)^2 + \cdots + (x_n - y_n)^2} \tag{13.11}$$

により定める．ただし，

$$\boldsymbol{x} = (x_1, x_2, \cdots, x_n), \boldsymbol{y} = (y_1, y_2, \cdots, y_n) \in \mathbf{R}^n \tag{13.12}$$

である．d を $\mathbf{R}^n$ の**ユークリッド距離**，$d(\boldsymbol{x}, \boldsymbol{y})$ を $\boldsymbol{x}$ と $\boldsymbol{y}$ の**ユークリッド距離**という．$\mathbf{R}^n$ のユークリッド距離について，次の定理 13.3 がなりたつ（✍）．

定理 13.3（重要）

$\boldsymbol{x}, \boldsymbol{y}, \boldsymbol{z} \in \mathbf{R}^n$ とすると，次の (1)〜(3) がなりたつ．

(1) $d(\boldsymbol{x}, \boldsymbol{y}) \geq 0$ であり，$d(\boldsymbol{x}, \boldsymbol{y}) = 0$ となるのは $\boldsymbol{x} = \boldsymbol{y}$ のときに限る．（**正値性**）

(2) $d(\boldsymbol{x}, \boldsymbol{y}) = d(\boldsymbol{y}, \boldsymbol{x})$．（**対称性**）

(3) $d(\boldsymbol{x}, \boldsymbol{z}) \leq d(\boldsymbol{x}, \boldsymbol{y}) + d(\boldsymbol{y}, \boldsymbol{z})$．（**三角不等式**）

13・4 ユークリッド空間の点列の収束

§13 の最後に，$\mathbf{R}^n$ の点列の収束について少し述べておこう．これは微分積分でも登場する．$\{\boldsymbol{a}_k\}_{k=1}^{\infty}$ を $\mathbf{R}^n$ の点列とする．すなわち，各 $k \in \mathbf{N}$ に対して，$\boldsymbol{a}_k \in \mathbf{R}^n$ が対応しているとする．$\{\boldsymbol{a}_k\}_{k=1}^{\infty}$ が $\boldsymbol{a} \in \mathbf{R}^n$ に収束するとは，$k \in \mathbf{N}$ を十分大きく選べば，$\boldsymbol{a}_k$ を $\boldsymbol{a}$ に限りなく近づけられるということである．これは次の定義 13.1 のように述べることができる．

定義 13.1

$\{\boldsymbol{a}_k\}_{k=1}^{\infty}$ を $\mathbf{R}^n$ の点列とし，$\boldsymbol{a} \in \mathbf{R}^n$ とする．任意の $\varepsilon > 0$ に対して，ある $K \in \mathbf{N}$ が存在し，$k \geq K$（$k \in \mathbf{N}$）ならば，$d(\boldsymbol{a}_k, \boldsymbol{a}) < \varepsilon$ となるとき，$\{\boldsymbol{a}_k\}_{k=1}^{\infty}$ は $\boldsymbol{a}$ に**収束する**という．このとき，$\lim_{k \to \infty} \boldsymbol{a}_k = \boldsymbol{a}$ または $\boldsymbol{a}_k \to \boldsymbol{a}$（$k \to \infty$）と表し，$\boldsymbol{a}$ を $\{\boldsymbol{a}_k\}_{k=1}^{\infty}$ の**極限**という．

例 13.1 $\{\boldsymbol{a}_k\}_{k=1}^{\infty}$，$\{\boldsymbol{b}_k\}_{k=1}^{\infty}$ をそれぞれ $\boldsymbol{a}, \boldsymbol{b} \in \mathbf{R}^n$ に収束する $\mathbf{R}^n$ の点列とする．このとき，

$$\lim_{k \to \infty} (\boldsymbol{a}_k + \boldsymbol{b}_k) = \boldsymbol{a} + \boldsymbol{b} \tag{13.13}$$

であることを示そう．

$\lim_{k \to \infty} \boldsymbol{a}_k = \boldsymbol{a}$ なので，$\mathbf{R}^n$ の点列の収束の定義（定義 13.1）より，$\varepsilon > 0$ とすると，ある $K_1 \in \mathbf{N}$ が存在し，$k \geq K_1$（$k \in \mathbf{N}$）ならば，

$$d(\boldsymbol{a}_k, \boldsymbol{a}) < \frac{\varepsilon}{2} \tag{13.14}$$

となる．また，$\lim_{k \to \infty} \boldsymbol{b}_k = \boldsymbol{b}$ なので，ある $K_2 \in \mathbf{N}$ が存在し，$k \geq K_2$（$k \in \mathbf{N}$）ならば，

$$d(\boldsymbol{b}_k, \boldsymbol{b}) < \frac{\varepsilon}{2} \tag{13.15}$$

となる．ここで，$K \in \mathbf{N}$ を $K = \max\{K_1, K_2\}$ により定める．このとき，$k \geq K$（$k \in \mathbf{N}$）ならば，

$$\begin{aligned} d(\boldsymbol{a}_k + \boldsymbol{b}_k, \boldsymbol{a} + \boldsymbol{b}) &\overset{\because (13.11)}{=} \|(\boldsymbol{a}_k + \boldsymbol{b}_k) - (\boldsymbol{a} + \boldsymbol{b})\| = \|(\boldsymbol{a}_k - \boldsymbol{a}) + (\boldsymbol{b}_k - \boldsymbol{b})\| \\ &\overset{\because \text{三角不等式}}{\leq} \|\boldsymbol{a}_k - \boldsymbol{a}\| + \|\boldsymbol{b}_k - \boldsymbol{b}\| \overset{\because (13.11)}{=} d(\boldsymbol{a}_k, \boldsymbol{a}) + d(\boldsymbol{b}_k, \boldsymbol{b}) \\ &\overset{\because (13.14),(13.15)}{<} \frac{\varepsilon}{2} + \frac{\varepsilon}{2} = \varepsilon, \end{aligned} \tag{13.16}$$

すなわち，

$$d(\boldsymbol{a}_k + \boldsymbol{b}_k, \boldsymbol{a} + \boldsymbol{b}) < \varepsilon \tag{13.17}$$

である．よって，$\mathbf{R}^n$ の点列の収束の定義（定義 13.1）より，(13.13) がなりたつ． ◆

§13 の問題

確認問題

問 13.1　$\mathbf{R}^n$ のノルムに関して，三角不等式（定理 13.2 (3)）がなりたつことを示せ．　□□□ [⇨ 13・2]

基本問題

問 13.2　$\{\boldsymbol{a}_k\}_{k=1}^{\infty}$ を $\mathbf{R}^n$ の点列とする．ある $M > 0$ が存在し，任意の $k \in \mathbf{N}$ に対して，$\|\boldsymbol{a}_k\| \leq M$ となるとき，$\{\boldsymbol{a}_k\}_{k=1}^{\infty}$ は**有界**であるという．$\mathbf{R}^n$ の収束する点列は有界であることを示せ．　□□□ [⇨ 13・4]

§14 ユークリッド空間の開集合 *

§14のポイント

- ユークリッド距離を用いて，$\mathbf{R}^n$ の**開集合**を定めることができる．
- **開球体**は $\mathbf{R}^n$ の開集合である．
- $\mathbf{R}^n$ の点列の収束は開集合を用いて特徴付けることができる．
- $\mathbf{R}^n$ の開集合全体からなる集合系を $\mathbf{R}^n$ の**開集合系**という．

14・1 開集合の定義

$\mathbf{R}^n$ の点列の収束 [⇨**定義 13.1**] は開集合という概念を用いて特徴付けることができる．まず，$\boldsymbol{a} \in \mathbf{R}^n$，$\varepsilon > 0$ とする．このとき，ユークリッド距離 d (13.11) を用いて，$B(\boldsymbol{a};\varepsilon) \subset \mathbf{R}^n$ を

$$B(\boldsymbol{a};\varepsilon) = \{\boldsymbol{x} \in \mathbf{R}^n \mid d(\boldsymbol{x}, \boldsymbol{a}) < \varepsilon\} \tag{14.1}$$

により定める．$B(\boldsymbol{a};\varepsilon)$ を $\boldsymbol{a}$ の ε **近傍**，または「$\boldsymbol{a}$ を**中心**，ε を**半径**とする**開球体**」という．

例 14.1 (14.1) において，$n = 1$ の場合を考えよう．$a \in \mathbf{R}$，$\varepsilon > 0$ とすると，

$$B(a;\varepsilon) = \{x \in \mathbf{R} \mid a - \varepsilon < x < a + \varepsilon\} = (a - \varepsilon, a + \varepsilon) \tag{14.2}$$

である．すなわち，$B(a;\varepsilon)$ は有界開区間 $(a - \varepsilon, a + \varepsilon)$ である．◆

例 14.2（開円板） (14.1) において，$n = 2$ の場合を考えよう．$\boldsymbol{a} = (x_0, y_0) \in \mathbf{R}^2$，$\varepsilon > 0$ とすると，

$$B(\boldsymbol{a};\varepsilon) = \{(x, y) \in \mathbf{R}^2 \mid (x - x_0)^2 + (y - y_0)^2 < \varepsilon^2\} \tag{14.3}$$

である．このとき，$B(\boldsymbol{a};\varepsilon)$ を**開円板**という（**図 14.1**）．◆

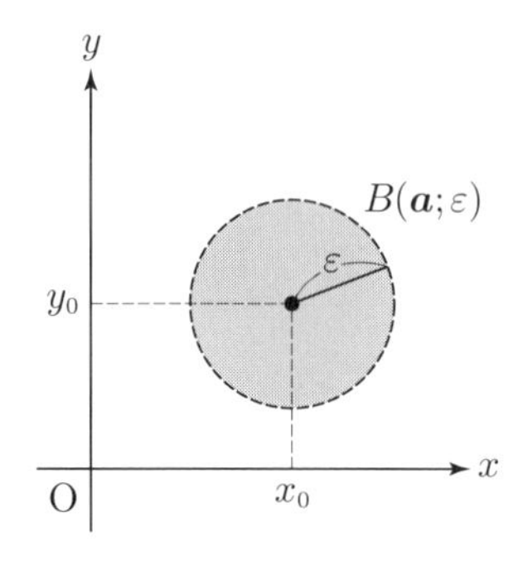

図 14.1　開円板 $B(\boldsymbol{a};\varepsilon)$

開球体を用いて，$\mathbf{R}^n$ の開集合を次の定義 14.1 のように定める．

定義 14.1

$O\subset\mathbf{R}^n$ とする．任意の $\boldsymbol{a}\in O$ に対して，ある $\varepsilon>0$ が存在し，$B(\boldsymbol{a};\varepsilon)\subset O$ となるとき，O を $\mathbf{R}^n$ の**開集合**という（**図 14.2**）．

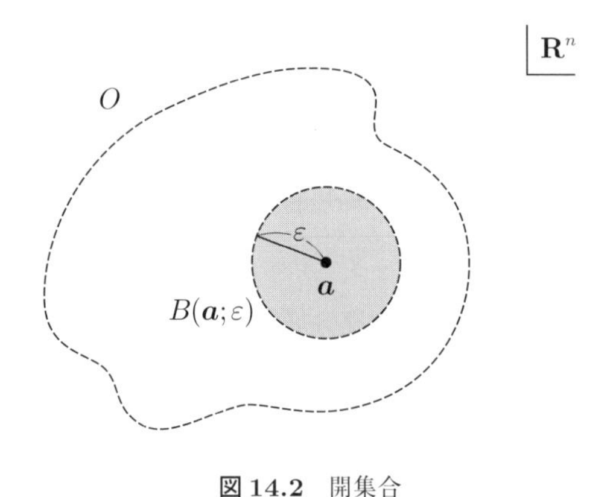

図 14.2　開集合

注意 14.1　空集合 $\emptyset$ は $\mathbf{R}^n$ の開集合であると約束する．

14・2　開集合の例

開集合の例について考えよう．

例 14.3　$\mathbf{R}^n$ は $\mathbf{R}^n$ の開集合である．実際，任意の $\boldsymbol{a} \in \mathbf{R}^n$ に対して，例えば，$B(\boldsymbol{a};1) \subset \mathbf{R}^n$ である．◆

開球体は開集合である．すなわち，次の定理 14.1 がなりたつ．

定理 14.1（重要）

$B(\boldsymbol{a};\varepsilon)$ は $\mathbf{R}^n$ の開集合である．

証明　$\boldsymbol{b} \in B(\boldsymbol{a};\varepsilon)$ とする．このとき，開球体の定義 (14.1) より，$d(\boldsymbol{b},\boldsymbol{a}) < \varepsilon$ である．よって，$\delta > 0$ を

$$\delta = \varepsilon - d(\boldsymbol{b},\boldsymbol{a}) \tag{14.4}$$

により定めることができる．ここで，$\boldsymbol{x} \in B(\boldsymbol{b};\delta)$ とすると，開球体の定義 (14.1) より，$d(\boldsymbol{x},\boldsymbol{b}) < \delta$ である．よって，

$$d(\boldsymbol{x},\boldsymbol{a}) \overset{\because\ \text{三角不等式}}{\leq} d(\boldsymbol{x},\boldsymbol{b}) + d(\boldsymbol{b},\boldsymbol{a}) < \delta + d(\boldsymbol{b},\boldsymbol{a}) \overset{\because\ (14.4)}{=} \varepsilon, \tag{14.5}$$

すなわち，$d(\boldsymbol{x},\boldsymbol{a}) < \varepsilon$ となり，$\boldsymbol{x} \in B(\boldsymbol{a};\varepsilon)$ である．したがって，$B(\boldsymbol{b};\delta) \subset B(\boldsymbol{a};\varepsilon)$ となり，開集合の定義（定義 14.1）より，$B(\boldsymbol{a};\varepsilon)$ は $\mathbf{R}^n$ の開集合である．◇

例 14.4　例 14.1 と定理 14.1 より，有界開区間は $\mathbf{R}$ の開集合である[1]．◆

例題 14.1　$a \in \mathbf{R}$ とする．無限開区間 $(-\infty, a)$ は $\mathbf{R}$ の開集合であることを示せ．□□□

1)　これが有界開区間の「開」という言葉の由来である．なお，「有界」という言葉の由来は定義 27.2 による．

解　$b \in (-\infty, a)$ とする．このとき，$b < a$ なので，$a - b > 0$ であり，$B(b; a - b) \subset (-\infty, a)$ である．よって，開集合の定義（定義 14.1）より，$(-\infty, a)$ は $\mathbf{R}$ の開集合である．　◇

14・3　点列の収束と開集合

$\mathbf{R}^n$ の点列の収束［⇨**定義 13.1**］は開集合を用いて，次の定理 14.2 のように特徴付けることができる．

定理 14.2（重要）

$\{\boldsymbol{a}_k\}_{k=1}^{\infty}$ を $\mathbf{R}^n$ の点列とし，$\boldsymbol{a} \in \mathbf{R}^n$ とすると，次の (1), (2) は同値である．

(1) $\{\boldsymbol{a}_k\}_{k=1}^{\infty}$ は $\boldsymbol{a}$ に収束する．

(2) $\boldsymbol{a} \in O$ となる $\mathbf{R}^n$ の任意の開集合 O に対して，ある $K \in \mathbf{N}$ が存在し，$k \geq K$（$k \in \mathbf{N}$）ならば，$\boldsymbol{a}_k \in O$ である．

証明　(1) ⇒ (2)　開集合の定義（定義 14.1）より，ある $\varepsilon > 0$ が存在し，$B(\boldsymbol{a}; \varepsilon) \subset O$ である．一方，$\{\boldsymbol{a}_k\}_{k=1}^{\infty}$ は $\boldsymbol{a}$ に収束するので，ある $K \in \mathbf{N}$ が存在し，$k \geq K$（$k \in \mathbf{N}$）ならば，$d(\boldsymbol{a}_k, \boldsymbol{a}) < \varepsilon$，すなわち，$\boldsymbol{a}_k \in B(\boldsymbol{a}; \varepsilon)$ である．よって，$k \geq K$（$k \in \mathbf{N}$）ならば，

$$\boldsymbol{a}_k \in B(\boldsymbol{a}; \varepsilon) \subset O, \tag{14.6}$$

すなわち，$\boldsymbol{a}_k \in O$ である．

(2) ⇒ (1)　$\varepsilon > 0$ とする．定理 14.1 より，$B(\boldsymbol{a}; \varepsilon)$ は $\mathbf{R}^n$ の開集合なので，$O = B(\boldsymbol{a}; \varepsilon)$ とすることにより，ある $K \in \mathbf{N}$ が存在し，$k \geq K$（$k \in \mathbf{N}$）ならば，$\boldsymbol{a}_k \in B(\boldsymbol{a}; \varepsilon)$，すなわち，$d(\boldsymbol{a}_k, \boldsymbol{a}) < \varepsilon$ である．よって，$\{\boldsymbol{a}_k\}_{k=1}^{\infty}$ は $\boldsymbol{a}$ に収束する．　◇

また，$\mathbf{R}^n$ の空でない開集合は点列の収束を用いて，次の定理 14.3 のように特徴付けることができる．ただし，可算選択公理 [⇨ **例 12.1**] を認める．

定理 14.3（重要）

O を $\mathbf{R}^n$ の空でない部分集合とすると，次の (1), (2) は同値である．

(1) O は $\mathbf{R}^n$ の開集合である．

(2) 任意の $\boldsymbol{a} \in O$ および $\boldsymbol{a}$ に収束する $\mathbf{R}^n$ の任意の点列 $\{\boldsymbol{a}_k\}_{k=1}^{\infty}$ に対して，ある $K \in \mathbf{N}$ が存在し，$k \geq K$ $(k \in \mathbf{N})$ ならば，$\boldsymbol{a}_k \in O$ である．

証明 (1) ⇒ (2)　定理 14.2 の (1) ⇒ (2) より，明らかである．

(2) ⇒ (1)　対偶を示す．O が $\mathbf{R}^n$ の開集合ではないと仮定する．このとき，ある $\boldsymbol{a} \in O$ が存在し，任意の $\varepsilon > 0$ に対して，$B(\boldsymbol{a}; \varepsilon) \not\subset O$ となる．よって，可算選択公理 [⇨ **例 12.1**] より，各 $k \in \mathbf{N}$ に対して，$\boldsymbol{a}_k \in B\left(\boldsymbol{a}; \frac{1}{k}\right)$ を $\boldsymbol{a}_k \notin O$ となるように選ぶことができる．ここで，$\varepsilon' > 0$ とする．このとき，ある $K \in \mathbf{N}$ が存在し，$\frac{1}{K} < \varepsilon'$ となる．$\boldsymbol{a}_k \in B\left(\boldsymbol{a}; \frac{1}{k}\right)$ なので，$k \geq K$ $(k \in \mathbf{N})$ ならば，

$$d(\boldsymbol{a}_k, \boldsymbol{a}) < \frac{1}{k} \leq \frac{1}{K} < \varepsilon', \tag{14.7}$$

すなわち，$d(\boldsymbol{a}_k, \boldsymbol{a}) < \varepsilon'$ である．したがって，$\mathbf{R}^n$ の点列 $\{\boldsymbol{a}_k\}_{k=1}^{\infty}$ は $\boldsymbol{a}$ に収束するが，任意の $k \in \mathbf{N}$ に対して，$\boldsymbol{a}_k \notin O$ である．◇

14・4 開集合系

さらに，$\mathbf{R}^n$ の開集合全体からなる集合系 [⇨ **6・1**] を $\mathfrak{O}$（オー）と表す[2]．すなわち，

$$\mathfrak{O} = \{O \mid O \text{ は } \mathbf{R}^n \text{ の開集合}\} \tag{14.8}$$

である．$\mathfrak{O}$ を $\mathbf{R}^n$ の**開集合系**という．$\mathfrak{O}$ の基本的な性質は次の定理 14.4 のようにまとめることができる．

---

2) “$\mathfrak{O}$” は開集合の「開」を意味する英単語 “open（オープン）” の頭文字に相当するドイツ文字である．ドイツ文字については，裏見返しを参考にするとよい．

定理 14.4（重要）

次の (1)〜(3) がなりたつ.

(1) $\emptyset, \mathbf{R}^n \in \mathfrak{O}$.

(2) $O_1, O_2 \in \mathfrak{O} \Longrightarrow O_1 \cap O_2 \in \mathfrak{O}$.

(3) $(O_\lambda)_{\lambda \in \Lambda}$ を $\mathfrak{O}$ の元からなる集合族とすると，$\displaystyle\bigcup_{\lambda \in \Lambda} O_\lambda \in \mathfrak{O}$.

証明　(1) 注意 14.1 より，$\emptyset \in \mathfrak{O}$ である．また，例 14.3 より，$\mathbf{R}^n \in \mathfrak{O}$ である．よって，(1) がなりたつ.

(2) $\boldsymbol{a} \in O_1 \cap O_2$ とする．このとき，$\boldsymbol{a} \in O_1$ である．$O_1 \in \mathfrak{O}$ および開集合の定義（定義 14.1）より，ある $\varepsilon_1 > 0$ が存在し，$B(\boldsymbol{a}; \varepsilon_1) \subset O_1$ となる．同様に，ある $\varepsilon_2 > 0$ が存在し，$B(\boldsymbol{a}; \varepsilon_2) \subset O_2$ となる.

ここで, $\varepsilon > 0$ を $\varepsilon = \min\{\varepsilon_1, \varepsilon_2\}$ により定める．このとき, $B(\boldsymbol{a}; \varepsilon) \subset B(\boldsymbol{a}; \varepsilon_1)$ かつ $B(\boldsymbol{a}; \varepsilon) \subset B(\boldsymbol{a}; \varepsilon_2)$ なので,

$$B(\boldsymbol{a}; \varepsilon) \subset B(\boldsymbol{a}; \varepsilon_1) \cap B(\boldsymbol{a}; \varepsilon_2) \subset O_1 \cap O_2, \tag{14.9}$$

すなわち，$B(\boldsymbol{a}; \varepsilon) \subset O_1 \cap O_2$ である．よって，開集合の定義（定義 14.1）より，$O_1 \cap O_2$ は $\mathbf{R}^n$ の開集合，すなわち，$O_1 \cap O_2 \in \mathfrak{O}$ である.

(3) $\boldsymbol{a} \in \displaystyle\bigcup_{\lambda \in \Lambda} O_\lambda$ とする．このとき，ある $\lambda_0 \in \Lambda$ が存在し, $\boldsymbol{a} \in O_{\lambda_0}$ となる．$O_{\lambda_0} \in \mathfrak{O}$ なので, 開集合の定義 (定義 14.1) より, ある $\varepsilon > 0$ が存在し, $B(\boldsymbol{a}; \varepsilon) \subset O_{\lambda_0}$ となる．さらに，$O_{\lambda_0} \subset \displaystyle\bigcup_{\lambda \in \Lambda} O_\lambda$ なので，$B(\boldsymbol{a}; \varepsilon) \subset \displaystyle\bigcup_{\lambda \in \Lambda} O_\lambda$ である．よって，開集合の定義（定義 14.1）より，$\displaystyle\bigcup_{\lambda \in \Lambda} O_\lambda$ は $\mathbf{R}^n$ の開集合，すなわち，$\displaystyle\bigcup_{\lambda \in \Lambda} O_\lambda \in \mathfrak{O}$ である.　◇

§14 の問題

確認問題

問 14.1 d を $\mathbf{R}^n$ のユークリッド距離とする．

(1) $\boldsymbol{a} \in \mathbf{R}^n$，$\varepsilon > 0$ とする．$\boldsymbol{a}$ の ε 近傍 $B(\boldsymbol{a}; \varepsilon)$ を内包的記法を用いて書け．

(2) $\mathbf{R}^n$ の開集合の定義を書け．

□□□ [⇨ **14・1**]

問 14.2 $a \in \mathbf{R}$ とする．無限開区間 $(a, +\infty)$ は $\mathbf{R}$ の開集合であることを示せ．

□□□ [⇨ **14・2**]

基本問題

問 14.3 O_1 を $\mathbf{R}^m$ の開集合，O_2 を $\mathbf{R}^n$ の開集合とする．次の $\boxed{}$ をうめることにより，$O_1 \times O_2$ は $\mathbf{R}^{m+n}$ の開集合であることを示せ．

$\boldsymbol{a} = (\boldsymbol{a}_1, \boldsymbol{a}_2) \in O_1 \times O_2$ （$\boldsymbol{a}_1 \in O_1$, $\boldsymbol{a}_2 \in O_2$）とする．$\boldsymbol{a}_1 \in O_1$ であり，O_1 は $\mathbf{R}^m$ の開集合なので，開集合の定義（定義 14.1）より，ある $\varepsilon_1 > 0$ が存在し，$\boxed{①} \subset O_1$ となる．同様に，ある $\varepsilon_2 > 0$ が存在し，$\boxed{②} \subset O_2$ となる．ここで，$\varepsilon > 0$ を $\varepsilon = \min\{\varepsilon_1, \varepsilon_2\}$ により定める．$\boldsymbol{x} = (\boldsymbol{x}_1, \boldsymbol{x}_2) \in B(\boldsymbol{a}; \varepsilon)$ （$\boldsymbol{x}_1 \in \mathbf{R}^m$, $\boldsymbol{x}_2 \in \mathbf{R}^n$）とすると，$d(\boldsymbol{x}, \boldsymbol{a}) < \varepsilon$ なので，

$$d(\boldsymbol{x}_1, \boldsymbol{a}_1)^2 + d(\boldsymbol{x}_2, \boldsymbol{a}_2)^2 < \boxed{③}^2$$

である．よって，$i = 1, 2$ とすると，

$$d(\boldsymbol{x}_i, \boldsymbol{a}_i) < \boxed{③} \leq \varepsilon_i,$$

すなわち，$d(\boldsymbol{x}_i, \boldsymbol{a}_i) < \varepsilon_i$ となるので，$\boldsymbol{x}_i \in B(\boldsymbol{a}_i; \varepsilon_i)$ である．したがって，$\boldsymbol{x}_i \in O_i$ となるので，$\boldsymbol{x} \in \boxed{④}$ である．以上より，$B(\boldsymbol{a}; \varepsilon) \subset \boxed{④}$ となるので，開集合の定義（定義 14.1）より，$O_1 \times O_2$ は $\mathbf{R}^{m+n}$ の開集合である．

□□□ [⇨ **14・2**]

§15 ユークリッド空間の閉集合 *

§15のポイント

- 補集合が開集合となる $\mathbf{R}^n$ の部分集合を**閉集合**という.
- $\mathbf{R}^n$ の空でない閉集合は点列の収束を用いて特徴付けることができる.
- $\mathbf{R}^n$ の閉集合全体からなる集合系を $\mathbf{R}^n$ の**閉集合系**という.

15・1 閉集合とはなにか——定義と例

開集合と対になる概念として, 閉集合というものを考えることができる.

定義 15.1

$A \subset \mathbf{R}^n$ とする. $\mathbf{R}^n \setminus A$ が $\mathbf{R}^n$ の開集合のとき, A を $\mathbf{R}^n$ の**閉集合**という[1].

例 15.1 $\emptyset$ は $\mathbf{R}^n$ の閉集合である. 実際, $\mathbf{R}^n \setminus \emptyset = \mathbf{R}^n$ であり, 例 14.3 より, $\mathbf{R}^n$ は $\mathbf{R}^n$ の開集合である. また, $\mathbf{R}^n$ は $\mathbf{R}^n$ の閉集合である. 実際, $\mathbf{R}^n \setminus \mathbf{R}^n = \emptyset$ であり, 注意 14.1 より, $\emptyset$ は $\mathbf{R}^n$ の開集合である. まとめると, $\mathbf{R}^n$ および $\emptyset$ は $\mathbf{R}^n$ の開集合でも閉集合でもある. ◆

例 15.2 $a, b \in \mathbf{R}$, $a \leq b$ とし, 有界閉区間 $[a, b]$ を考える. このとき,

$$\mathbf{R} \setminus [a, b] = (-\infty, a) \cup (b, +\infty) \tag{15.1}$$

である. 例題 14.1 および問 14.2 より, $(-\infty, a)$, $(b, +\infty)$ は $\mathbf{R}$ の開集合なので, 定理 14.4 (3) より, $(-\infty, a) \cup (b, +\infty)$ は $\mathbf{R}$ の開集合である. よって, $\mathbf{R} \setminus [a, b]$ は $\mathbf{R}$ の開集合であり, 閉集合の定義 (定義 15.1) より, $[a, b]$ は $\mathbf{R}$ の閉集合である[2]. ◆

---

1) $\mathbf{R}^n$ を全体集合 [⇨ §3] とすると, $\mathbf{R}^n \setminus A = A^c$ である.

2) これが有界閉区間の「閉」という言葉の出来である.

例題 15.1　$a \in \mathbf{R}$ とする．無限閉区間 $(-\infty, a]$ は $\mathbf{R}$ の閉集合であることを示せ[3)]．　□□□ ✍

解　まず，

$$\mathbf{R} \setminus (-\infty, a] = (a, +\infty) \tag{15.2}$$

である．問 14.2 より，$(a, +\infty)$ は $\mathbf{R}$ の開集合なので，閉集合の定義（定義 15.1）より，$(-\infty, a]$ は $\mathbf{R}$ の閉集合である．　◇

例 15.3　**$\mathbf{R}^n$ の 1 個の点からなる部分集合は閉集合**であることを示そう[4)]．

$\boldsymbol{a} \in \mathbf{R}^n$ とする．このとき，$\boldsymbol{b} \in \mathbf{R}^n \setminus \{\boldsymbol{a}\}$ とすると，$\boldsymbol{b} \neq \boldsymbol{a}$ である．よって，ユークリッド距離 d の正値性（定理 13.3 (1)）より，$d(\boldsymbol{b}, \boldsymbol{a}) > 0$ であり，

$$B(\boldsymbol{b}; d(\boldsymbol{b}, \boldsymbol{a})) \subset \mathbf{R}^n \setminus \{\boldsymbol{a}\} \tag{15.3}$$

である（**図 15.1**）．したがって，開集合の定義（定義 14.1）より，$\mathbf{R}^n \setminus \{\boldsymbol{a}\}$ は $\mathbf{R}^n$ の開集合である．すなわち，閉集合の定義（定義 15.1）より，$\{\boldsymbol{a}\}$ は $\mathbf{R}^n$ の閉集合である．　◆

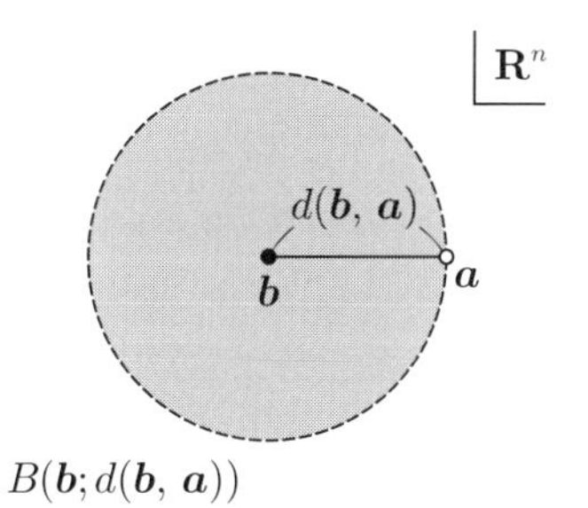

図 15.1　$B(\boldsymbol{b}; d(\boldsymbol{b}, \boldsymbol{a})) \subset \mathbf{R}^n \setminus \{\boldsymbol{a}\}$

---

3)　同様に，無限閉区間 $[a, +\infty)$ は $\mathbf{R}$ の閉集合である（✍）．

4)　$n = 1$ のときは，例 15.2 において，$a = b$ の場合でもある．

注意 15.1　例 15.3 において，$\boldsymbol{a}$ を中心とするどのような開球体 $B(\boldsymbol{a};\varepsilon)$ に対しても，$B(\boldsymbol{a};\varepsilon) \not\subset \{\boldsymbol{a}\}$ となり，$\{\boldsymbol{a}\}$ は開集合の定義（定義 14.1）をみたさないので，$\mathbf{R}^n$ の開集合ではない．

15・2　点列の収束と閉集合

$\mathbf{R}^n$ の空でない閉集合を点列の収束を用いて特徴付けよう．このとき，「閉」という言葉は「点列が極限に関して閉じている」ことを意味する［⇨**定理 15.2**，**注意 15.2**］．まず，いくつか準備をしておこう．

定義 15.2

$\{\boldsymbol{a}_k\}_{k=1}^{\infty}$ を $\mathbf{R}^n$ の点列とする．

(1) A を $\mathbf{R}^n$ の空でない部分集合とする．任意の $k \in \mathbf{N}$ に対して，$\boldsymbol{a}_k \in A$ となるとき，$\{\boldsymbol{a}_k\}_{k=1}^{\infty}$ を A の**点列**という．

(2) 各 $l \in \mathbf{N}$ に対して，$k_l \in \mathbf{N}$ が対応し，$l < m$ $(l, m \in \mathbf{N})$ ならば，$k_l < k_m$ となるとき，$\mathbf{R}^n$ の点列 $\{\boldsymbol{a}_{k_l}\}_{l=1}^{\infty}$ を $\{\boldsymbol{a}_k\}_{k=1}^{\infty}$ の**部分列**という（**図 15.2**）．

点列：$\boldsymbol{a}_1, \boldsymbol{a}_2, \boldsymbol{a}_3, \cdots$

部分列：$\boldsymbol{a}_1, \boldsymbol{a}_3, \boldsymbol{a}_5, \boldsymbol{a}_7, \cdots$

$\boldsymbol{a}_2, \boldsymbol{a}_4, \boldsymbol{a}_6, \boldsymbol{a}_8, \cdots$

$\boldsymbol{a}_2, \boldsymbol{a}_3, \boldsymbol{a}_5, \boldsymbol{a}_7, \cdots$

など

図 15.2　部分列の例

$\mathbf{R}^n$ の点列，部分列の収束に関して，次の定理 15.1 がなりたつ．

定理 15.1（重要）

$\{\boldsymbol{a}_k\}_{k=1}^{\infty}$ を $\mathbf{R}^n$ の点列，$\{\boldsymbol{a}_{k_l}\}_{l=1}^{\infty}$ を $\{\boldsymbol{a}_k\}_{k=1}^{\infty}$ の部分列とし，$\boldsymbol{a} \in \mathbf{R}^n$ と

する．

$$\{\boldsymbol{a}_k\}_{k=1}^{\infty} \text{ が } \boldsymbol{a} \text{ に収束する} \Longrightarrow \{\boldsymbol{a}_{k_l}\}_{l=1}^{\infty} \text{ は } \boldsymbol{a} \text{ に収束する}$$

証明 $\varepsilon > 0$ とする．まず，$\lim_{k\to\infty} \boldsymbol{a}_k = \boldsymbol{a}$ より，ある $K \in \mathbf{N}$ が存在し，$k \geq K$（$k \in \mathbf{N}$）ならば，$d(\boldsymbol{a}_k, \boldsymbol{a}) < \varepsilon$ である．ここで，$l \geq K$（$l \in \mathbf{N}$）とすると，$\{\boldsymbol{a}_{k_l}\}_{l=1}^{\infty}$ は $\{\boldsymbol{a}_k\}_{k=1}^{\infty}$ の部分列なので，$k_l \geq l$ である．よって，$k_l \geq K$ となるので，$d(\boldsymbol{a}_{k_l}, \boldsymbol{a}) < \varepsilon$ である．したがって，$\lim_{l\to\infty} \boldsymbol{a}_{k_l} = \boldsymbol{a}$ である． ◇

$\mathbf{R}^n$ の空でない閉集合は点列の収束を用いて，次の定理 15.2 のように特徴付けることができる．

定理 15.2（重要）

A を $\mathbf{R}^n$ の空でない部分集合とすると，次の (1), (2) は同値である（**図 15.3**）．

(1) A は $\mathbf{R}^n$ の閉集合である．

(2) A の任意の収束する点列 $\{\boldsymbol{a}_k\}_{k=1}^{\infty}$ に対して，$\lim_{k\to\infty} \boldsymbol{a}_k \in A$ である．

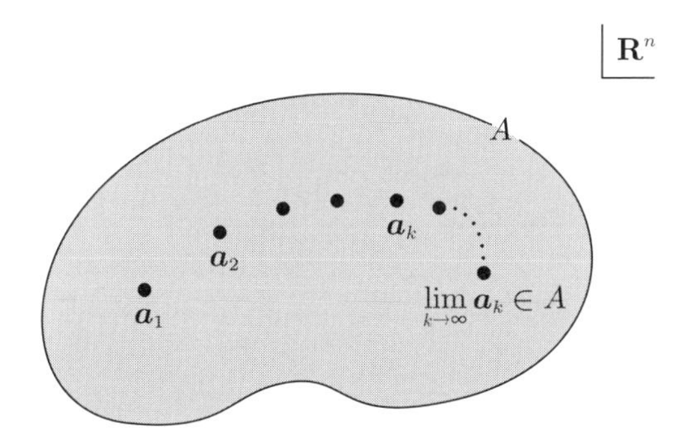

図 15.3 $\mathbf{R}^n$ の閉集合と点列の収束

証明 (1) ⇒ (2) 背理法により示す．$\boldsymbol{a} = \lim_{k\to\infty} \boldsymbol{a}_k$ とおき，$\boldsymbol{a} \notin A$ であると仮定する．このとき，$\boldsymbol{a} \in \mathbf{R}^n \setminus A$ である．また，閉集合の定義（定義 15.1）

より，$\mathbf{R}^n \setminus A$ は $\mathbf{R}^n$ の開集合である．よって，定理 14.3 より，ある $K \in \mathbf{N}$ が存在し，$k \geq K$（$k \in \mathbf{N}$）ならば，$\boldsymbol{a}_k \in \mathbf{R}^n \setminus A$ である．これは $\{\boldsymbol{a}_k\}_{k=1}^{\infty}$ が A の点列であることに矛盾する．したがって，$\boldsymbol{a} \in A$ である．

(2) ⇒ (1)　対偶を示す．A が $\mathbf{R}^n$ の閉集合ではないと仮定する．このとき，$\mathbf{R}^n \setminus A$ は $\mathbf{R}^n$ の開集合ではない．よって，定理 14.3 より，ある $\boldsymbol{a} \in \mathbf{R}^n \setminus A$ および $\boldsymbol{a}$ に収束する $\mathbf{R}^n$ の点列 $\{\boldsymbol{a}_k\}_{k=1}^{\infty}$ が存在し，任意の $l \in \mathbf{N}$ に対して，$k_l \geq l$ となる $k_l \in \mathbf{N}$ で，$\boldsymbol{a}_{k_l} \notin \mathbf{R}^n \setminus A$，すなわち，$\boldsymbol{a}_{k_l} \in A$ となるものが存在する．さらに，k_l を $\{\boldsymbol{a}_{k_l}\}_{l=1}^{\infty}$ が $\{\boldsymbol{a}_k\}_{k=1}^{\infty}$ の部分列となるように選んでおくと，定理 15.1 より，$\{\boldsymbol{a}_{k_l}\}_{l=1}^{\infty}$ は $\boldsymbol{a} \in \mathbf{R}^n \setminus A$ に収束する．したがって，$\boldsymbol{a} \notin A$ である．

注意 15.2　定理 15.2 において，(2) の条件を「点列が極限に関して閉じている」といういい方をする．これが閉集合の「閉」という言葉の由来である．

15・3　閉集合系

さらに，$\mathbf{R}^n$ の閉集合全体からなる集合系を $\mathfrak{A}$ と表す．すなわち，

$$\mathfrak{A} = \{A \mid A \text{ は } \mathbf{R}^n \text{ の閉集合}\} \tag{15.4}$$

である．$\mathfrak{A}$ を $\mathbf{R}^n$ の**閉集合系**という．$\mathfrak{A}$ の基本的な性質は次の定理 15.3 のようにまとめることができる．

定理 15.3（重要）

次の (1)〜(3) がなりたつ．

(1) $\emptyset, \mathbf{R}^n \in \mathfrak{A}$.

(2) $A_1, A_2 \in \mathfrak{A} \Longrightarrow A_1 \cup A_2 \in \mathfrak{A}$.

(3) $(A_\lambda)_{\lambda \in \Lambda}$ を $\mathfrak{A}$ の元からなる集合族とすると，$\displaystyle\bigcap_{\lambda \in \Lambda} A_\lambda \in \mathfrak{A}$.

証明　(1) 例 15.1 ですでに述べた．

(2) 閉集合の定義（定義 15.1）より，$\mathbf{R}^n \setminus A_1, \mathbf{R}^n \setminus A_2 \in \mathfrak{O}$ である．よって，

$$\mathbf{R}^n \setminus (A_1 \cup A_2) = (\mathbf{R}^n \setminus A_1) \cap (\mathbf{R}^n \setminus A_2) \quad (\because \text{ ド・モルガンの法則}$$
$$\text{(定理 2.6 (1)))} \overset{\because \text{ 定理 14.4 (2)}}{\in} \mathfrak{O} \tag{15.5}$$

である．したがって，閉集合の定義（定義 15.1）より，$A_1 \cup A_2 \in \mathfrak{A}$ である．
(3) 閉集合の定義（定義 15.1）より，各 $\lambda \in \Lambda$ に対して，$\mathbf{R}^n \setminus A_\lambda \in \mathfrak{O}$ である．よって，

$$\mathbf{R}^n \setminus \left(\bigcap_{\lambda\in\Lambda} A_\lambda \right) = \bigcup_{\lambda\in\Lambda} (\mathbf{R}^n \setminus A_\lambda) \quad (\because \text{ ド・モルガンの法則（定理 6.2 (2))})$$
$$\overset{\because \text{ 定理 14.4 (3)}}{\in} \mathfrak{O} \tag{15.6}$$

である．したがって，閉集合の定義（定義 15.1）より，$\bigcap_{\lambda\in\Lambda} A_\lambda \in \mathfrak{A}$ である．◇

§15の問題

確認問題

問 15.1　$\mathbf{R}^n$ の閉集合の定義を書け．　□□□ [⇨ **15・1**]

問 15.2　$a, b \in \mathbf{R}$，$a < b$ とする．左半開区間 $(a, b]$ は $\mathbf{R}$ の開集合でも閉集合でもないことを示せ[5]．　□□□ [⇨ **15・1**]

基本問題

問 15.3　次の問に答えよ．

(1) X, Y を集合とし，$A \subset X$，$B \subset Y$ とすると，

$$(X \times Y) \setminus (A \times B) = ((X \setminus A) \times Y) \cup (X \times (Y \setminus B))$$

がなりたつことを示せ．

---

5)　同様に，右半開区間 $[a, b)$ は $\mathbf{R}$ の開集合でも閉集合でもない（✍）．

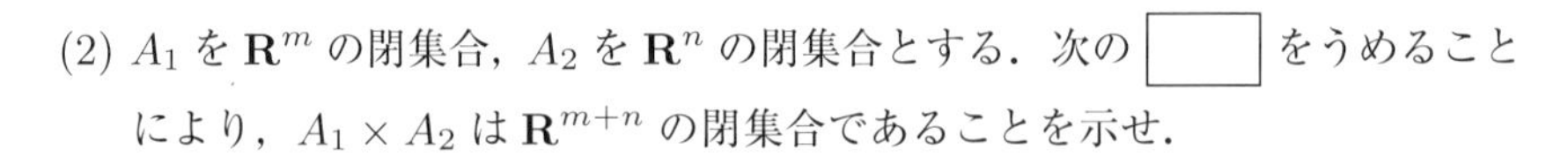
(2) A_1 を $\mathbf{R}^m$ の閉集合，A_2 を $\mathbf{R}^n$ の閉集合とする．次の $\boxed{}$ をうめることにより，$A_1 \times A_2$ は $\mathbf{R}^{m+n}$ の閉集合であることを示せ．

$\mathbf{R}^{m+n} = \mathbf{R}^m \times \mathbf{R}^n$ なので，(1) より，

$$\mathbf{R}^{m+n} \setminus (A_1 \times A_2) = \left(\left(\boxed{\text{①}}\right) \times \mathbf{R}^n\right) \cup \left(\mathbf{R}^m \times \left(\boxed{\text{②}}\right)\right)$$

である．ここで，A_1 は $\mathbf{R}^m$ の閉集合なので，閉集合の定義（定義 15.1）より，$\boxed{\text{①}}$ は $\mathbf{R}^m$ の $\boxed{\text{③}}$ 集合である．また，$\mathbf{R}^n$ は $\mathbf{R}^n$ の $\boxed{\text{③}}$ 集合である［⇨ **例 14.3**］．よって，問 14.3 より，$\left(\boxed{\text{①}}\right) \times \mathbf{R}^n$ は $\mathbf{R}^{m+n}$ の $\boxed{\text{③}}$ 集合である．同様に，$\mathbf{R}^m \times \left(\boxed{\text{②}}\right)$ も $\mathbf{R}^{m+n}$ の $\boxed{\text{③}}$ 集合である．したがって，定理 14.4 (3) より，$\boxed{\text{④}}$ は $\mathbf{R}^{m+n}$ の $\boxed{\text{③}}$ 集合となるので，閉集合の定義（定義 15.1）より，$A_1 \times A_2$ は $\mathbf{R}^{m+n}$ の閉集合である．

□□□［⇨ **15・1**］

問 15.4　$\boldsymbol{a} \in \mathbf{R}^n$ とすると，

$$\bigcap_{k=1}^{\infty} B\left(\boldsymbol{a}; \frac{1}{k}\right) = \{\boldsymbol{a}\}$$

であることを示せ．特に，**$\mathbf{R}^n$ の開集合族の共通部分は $\mathbf{R}^n$ の開集合であるとは限らない．**また，ド・モルガンの法則（定理 6.2 (2)）より，**$\mathbf{R}^n$ の閉集合族の和は $\mathbf{R}^n$ の閉集合であるとは限らない．**

□□□［⇨ **15・3**］

第 4 章のまとめ

$\mathbf{R}^n$ のユークリッド距離 d

$$d(\boldsymbol{x}, \boldsymbol{y}) = \|\boldsymbol{x} - \boldsymbol{y}\| \qquad (\boldsymbol{x}, \boldsymbol{y} \in \mathbf{R}^n)$$

ただし，$\| \ \|$ は**標準内積**$\langle \ , \ \rangle$ から定められる**ノルム**

- **正値性**，**対称性**，**三角不等式**をみたす
- 点列の収束を定めることができる：$\{\boldsymbol{a}_k\}_{k=1}^{\infty}$：$\mathbf{R}^n$ の点列，$\boldsymbol{a} \in \mathbf{R}^n$

$$\lim_{k\to\infty} \boldsymbol{a}_k = \boldsymbol{a}$$

$$\Updownarrow \ \text{def.}$$

$$^{\forall}\varepsilon > 0,\ ^{\exists}K \in \mathbf{N} \text{ s.t. } k \geq K \ (k \in \mathbf{N}) \implies d(\boldsymbol{a}_k, \boldsymbol{a}) < \varepsilon$$

$\mathbf{R}^n$ の開集合と閉集合

- **開集合**

$$O \subset \mathbf{R}^n\text{：開集合} \underset{\text{def.}}{\iff} {}^{\forall}\boldsymbol{a} \in O,\ ^{\exists}\varepsilon > 0 \text{ s.t. } B(\boldsymbol{a}; \varepsilon) \subset O$$

ただし，

$$B(\boldsymbol{a}; \varepsilon) = \{\boldsymbol{x} \in \mathbf{R}^n \mid d(\boldsymbol{x}, \boldsymbol{a}) < \varepsilon\} \qquad (\boldsymbol{a} \text{ の } \boldsymbol{\varepsilon} \text{ **近傍**})$$

  - 点列の収束は開集合を用いて特徴付けることができる
  - $\emptyset$, $\mathbf{R}^n$ は開集合
  - 2 つの開集合の共通部分は開集合
  - 開集合の族の和は開集合
- **閉集合**：補集合が開集合となる $\mathbf{R}^n$ の部分集合

距離空間 (その1)

§16 距離空間の定義

§16 のポイント

- **距離空間**の**距離**は**正値性**，**対称性**，**三角不等式**をみたす．
- 距離を用いると，距離空間の点列の**収束**を考えることができる．

16・1 距離空間とはなにか——定義と例

ユークリッド距離のみたす性質（定理 13.3）に注目すると，一般の集合に対しても距離という概念を考えることができる．

定義 16.1

X を空でない集合とする．実数値関数 $d: X \times X \to \mathbf{R}$ が任意の $x, y, z \in X$ に対して，次の (1)〜(3) をみたすとき，d を X の**距離関数**または**距離**，$d(x, y)$ を x と y の**距離**という．

(1) $d(x, y) \geq 0$ であり，$d(x, y) = 0$ となるのは $x = y$ のときに限る．
（**正値性**）

(2) $d(x,y) = d(y,x)$．（**対称性**）

(3) $d(x,z) \leq d(x,y) + d(y,z)$．（**三角不等式**）

このとき，組 (X,d) または X を**距離空間**という．また，X の元を**点**ともいう．

例 16.1 d を $\mathbf{R}^n$ のユークリッド距離とすると，定理 13.3 より，$(\mathbf{R}^n, d)$ は距離空間である．◆

例 16.2（内積空間） $(V, \langle\ ,\ \rangle)$ を内積空間とする[1)]．すなわち，V は $\mathbf{R}$ 上のベクトル空間であり，実数値関数 $\langle\ ,\ \rangle: V \times V \to \mathbf{R}$ はユークリッド空間の場合と同様に，対称性，線形性，正値性をみたす [⇨**定理 13.1**]．このとき，ユークリッド空間の場合と同様に，V のノルム $\|\ \|: V \to \mathbf{R}$ が

$$\|\boldsymbol{x}\| = \sqrt{\langle \boldsymbol{x}, \boldsymbol{x} \rangle} \qquad (\boldsymbol{x} \in V) \tag{16.1}$$

で決まる．さらに，実数値関数 $d: V \times V \to \mathbf{R}$ を

$$d(\boldsymbol{x}, \boldsymbol{y}) = \|\boldsymbol{x} - \boldsymbol{y}\| \qquad (\boldsymbol{x}, \boldsymbol{y} \in V) \tag{16.2}$$

により定めると，d は V の距離となる [⇨**定理 13.3**]．よって，**内積空間は距離空間となる**．◆

例題 16.1 X を空でない集合とし，実数値関数 $d: X \times X \to \mathbf{R}$ を

$$d(x,y) = \begin{cases} 0 & (x = y), \\ 1 & (x \neq y) \end{cases} \tag{16.3}$$

により定める．d は X の距離となることを示せ．

1) 複素内積空間 [⇨ 問 18.5] と区別して，$\mathbf{R}$ 上の内積空間を**実内積空間**ともいう．

解　d の定義式 (16.3) より，d が正値性（定義 16.1 (1)）および対称性（定義 16.1 (2)）をみたすことは明らかである．

d が三角不等式（定義 16.1 (3)）をみたすことを示す．$x, y, z \in X$ とする．$x = z$ のとき，

$$d(x, z) = 0 \leq d(x, y) + d(y, z) \tag{16.4}$$

である．$x \neq z$ のとき，$x \neq y$ または $y \neq z$ なので，(16.3) より $d(x, y) = 1$ または $d(y, z) = 1$ である．よって，

$$d(x, z) = 1 \leq d(x, y) + d(y, z) \tag{16.5}$$

である．したがって，d は三角不等式をみたす．

以上より，d は X の距離となることが示された．◇

注意 16.1　例題 16.1 において，d を**離散距離**という．また，(X, d) を**離散距離空間**（または**離散空間**）という．

例 16.3（部分距離空間）　(X, d) を距離空間，A を X の空でない部分集合とする．このとき，d の $A \times A$ への制限 $d|_{A \times A} : A \times A \to \mathbf{R}$ （$A \times A \ni (x, y) \mapsto d(x, y) \in \mathbf{R}$）を考えることができる［⇨ 例 4.5］（**図 16.1**）．d が X の距離であることより，$d|_{A \times A}$ は A の距離となる．$(A, d|_{A \times A})$ を X の**部分距離空間**（または**部分空間**）という．◆

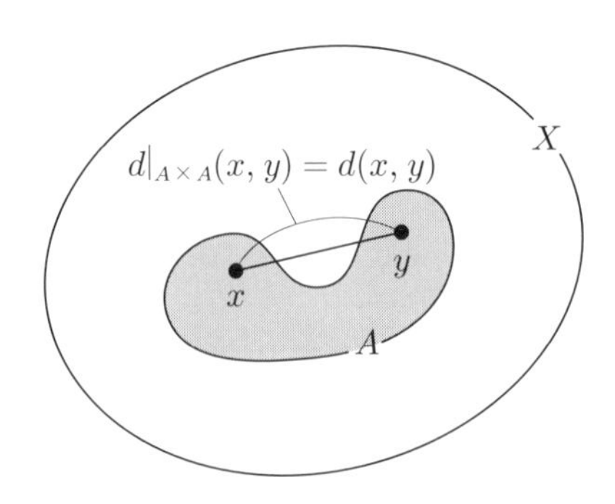

図 16.1　部分距離空間

例 16.4（直積距離空間） (X, d_X)，(Y, d_Y) を距離空間とし，実数値関数 d' : $(X \times Y) \times (X \times Y) \to \mathbf{R}$ を

$$d'((x,y),(x',y')) = d_X(x,x') + d_Y(y,y') \quad ((x,y),(x',y') \in X \times Y) \tag{16.6}$$

により定める．このとき，d' は $X \times Y$ の距離となる（✍）．距離空間 $(X \times Y, d')$ を X と Y の**直積距離空間**（**直積空間**または**積空間**）という． ◆

16・2 点列の収束

$\mathbf{R}^n$ の場合と同様に，距離空間に対しても点列の収束を考えることができる．

定義 16.2

(X, d) を距離空間とする．

(1) 各 $n \in \mathbf{N}$ に対して，$a_n \in X$ が対応しているとき，これを $\{a_n\}_{n=1}^{\infty}$ と表し，X の**点列**という．

(2) $\{a_n\}_{n=1}^{\infty}$ を X の点列とし，$a \in X$ とする．任意の $\varepsilon > 0$ に対して，ある $N \in \mathbf{N}$ が存在し，$n \geq N$ （$n \in \mathbf{N}$）ならば，$d(a_n, a) < \varepsilon$ となるとき，$\{a_n\}_{n=1}^{\infty}$ は a に**収束する**という．このとき，$\lim_{n \to \infty} a_n = a$ または $a_n \to a \ (n \to \infty)$ と表し，a を $\{a_n\}_{n=1}^{\infty}$ の**極限**という．

定理 16.1（重要）

距離空間の点列が収束する $\Longrightarrow$ その極限は一意的

証明 (X, d) を距離空間，$\{a_n\}_{n=1}^{\infty}$ を $a, b \in X$ に収束する X の点列とし，$\varepsilon > 0$ とする．まず，$\lim_{n \to \infty} a_n = a$ なので，点列の収束の定義（定義 16.2 (2)）より，ある $N_1 \in \mathbf{N}$ が存在し，$n \geq N_1$ （$n \in \mathbf{N}$）ならば，

$$d(a_n, a) < \frac{\varepsilon}{2} \tag{16.7}$$

となる．また，$\lim_{n \to \infty} a_n = b$ なので，ある $N_2 \in \mathbf{N}$ が存在し，$n \geq N_2$ （$n \in \mathbf{N}$）ならば，

$$d(a_n, b) < \frac{\varepsilon}{2} \tag{16.8}$$

となる．ここで，$N \in \mathbf{N}$ を $N = \max\{N_1, N_2\}$ により定める．このとき，$n \geq N$（$n \in \mathbf{N}$）ならば，

$$d(a,b) \overset{\because\ \text{三角不等式}}{\leq} d(a,a_n) + d(a_n,b) \overset{\because\ \text{定義 16.1 (2)}}{=} d(a_n,a) + d(a_n,b)$$
$$\overset{\because\ (16.7),\ (16.8)}{<} \frac{\varepsilon}{2} + \frac{\varepsilon}{2} = \varepsilon, \tag{16.9}$$

すなわち，$d(a,b) < \varepsilon$ である．さらに，ε は任意の正の数なので，$d(a,b) = 0$ となる．よって，距離の正値性（定義 16.1 (1)）より，$a = b$ である．すなわち，距離空間の点列が収束するならば，その極限は一意的である．◇

ユークリッド空間の点列に対する有界性［⇨ **問 13.2**］は，距離空間の点列に対しても次の定義 16.3 のように定めることができる[2)]．

定義 16.3

(X, d) を距離空間，$\{a_n\}_{n=1}^{\infty}$ を X の点列とする．ある $M > 0$ が存在し，任意の $m, n \in \mathbf{N}$ に対して，$d(a_m, a_n) \leq M$ となるとき，$\{a_n\}_{n=1}^{\infty}$ は**有界**であるという．

問 13.2 と同様に，次の定理 16.2 がなりたつ（✍）．

定理 16.2（重要）

距離空間の収束する点列は有界である．

さらに，定義 15.2 を次の定義 16.4 のように一般化することができる．

定義 16.4

(X, d) を距離空間，$\{a_n\}_{n=1}^{\infty}$ を X の点列とする．

(1) A を X の空でない部分集合とする．任意の $n \in \mathbf{N}$ に対して，$a_n \in A$

2) ユークリッド空間の場合はユークリッド距離の定義 (13.11) より，問 13.2 と定義 16.3 の2通りの定義は同値となる（✍）．

となるとき，$\{a_n\}_{n=1}^{\infty}$ を $\boldsymbol{A}$ **の点列**という．

(2) 各 $k \in \mathbf{N}$ に対して，$n_k \in \mathbf{N}$ が対応し，$k < l$ $(k, l \in \mathbf{N})$ ならば，$n_k < n_l$ となるとき，X の点列 $\{a_{n_k}\}_{k=1}^{\infty}$ を $\{a_n\}_{n=1}^{\infty}$ の**部分列**という．

定理 15.1 と同様に，次の定理 16.3 がなりたつ．

定理 16.3（重要）

(X, d) を距離空間，$\{a_n\}_{n=1}^{\infty}$ を X の点列，$\{a_{n_k}\}_{k=1}^{\infty}$ を $\{a_n\}_{n=1}^{\infty}$ の部分列とし，$a \in X$ とする．

$$\{a_n\}_{n=1}^{\infty} \text{ が } a \text{ に収束する} \Longrightarrow \{a_{n_k}\}_{k=1}^{\infty} \text{ は } a \text{ に収束する}$$

§16の問題

確認問題

問 16.1 X を空でない集合とし，X で定義された**有界**な実数値関数全体の集合を $B(X)$ と表す．すなわち，

$$B(X) = \left\{ f : X \to \mathbf{R} \;\middle|\; \begin{array}{l} \text{ある } M > 0 \text{ が存在し，任意の} \\ x \in X \text{ に対して，} |f(x)| \leq M \end{array} \right\}$$

である．次の問に答えよ．

(1) $B(X) \neq \emptyset$ であることを示せ．

(2) $f, g \in B(X)$ とし，

$$d(f, g) = \sup\{|f(x) - g(x)| \mid x \in X\}$$

とおく［⇨**定義 7.7** (1)］．$d(f, g)$ は 0 以上の実数であることを示せ[3]．

□□□［⇨ **16・1**］

[3] さらに，d は $B(X)$ の距離となる（✍）．

問 16.2 (X, d) を距離空間，$\{a_n\}_{n=1}^\infty$ を X の点列とする．$\{a_n\}_{n=1}^\infty$ が有界であることの定義を書け．

□□□ [⇨ **16・2**]

基本問題

問 16.3 (X, d_X)，(Y, d_Y) を距離空間とし，直積距離空間 $(X \times Y, d')$ を考える [⇨ **例 16.4**]．$(a, b) \in X \times Y$ とする．次の □ をうめることにより，$(X \times Y, d')$ の点列 $\{(a_n, b_n)\}_{n=1}^\infty$ が (a, b) に収束することと X の点列 $\{a_n\}_{n=1}^\infty$ が a に収束し，Y の点列 $\{b_n\}_{n=1}^\infty$ が b に収束することは同値であることを示せ．

まず，$\{(a_n, b_n)\}_{n=1}^\infty$ が (a, b) に収束すると仮定する．このとき，点列の収束の定義（定義 16.2 (2)）より，$\varepsilon > 0$ とすると，ある $N \in \mathbf{N}$ が存在し，$n \geq N$（$n \in \mathbf{N}$）ならば，$d'\left((a_n, b_n), \boxed{\text{①}}\right) < \varepsilon$ となる．よって，d' の定義式 (16.6) より，$n \geq N$（$n \in \mathbf{N}$）ならば，$d_X\left(a_n, \boxed{\text{②}}\right) < \varepsilon$，$d_Y\left(b_n, \boxed{\text{③}}\right) < \varepsilon$ となる．したがって，点列の収束の定義（定義 16.2 (2)）より，$\{a_n\}_{n=1}^\infty$ は a に収束し，$\{b_n\}_{n=1}^\infty$ は b に収束する．

次に，$\{a_n\}_{n=1}^\infty$ が a に収束し，$\{b_n\}_{n=1}^\infty$ が b に収束すると仮定する．このとき，点列の収束の定義（定義 16.2 (2)）より，$\varepsilon > 0$ とすると，ある $N_1 \in \mathbf{N}$ が存在し，$n \geq N_1$（$n \in \mathbf{N}$）ならば，$d_X\left(a_n, \boxed{\text{④}}\right) < \frac{\varepsilon}{2}$ となる．また，ある $N_2 \in \mathbf{N}$ が存在し，$n \geq N_2$（$n \in \mathbf{N}$）ならば，$d_Y\left(b_n, \boxed{\text{⑤}}\right) < \frac{\varepsilon}{2}$ となる．ここで，$N \in \mathbf{N}$ を $N = \max\{N_1, N_2\}$ により定める．このとき，$n \geq N$（$n \in \mathbf{N}$）ならば，

$$d'\left((a_n, b_n), \boxed{\text{⑥}}\right) \overset{\because (16.6)}{=} d_X\left(a_n, \boxed{\text{④}}\right) + d_Y\left(b_n, \boxed{\text{⑤}}\right) < \frac{\varepsilon}{2} + \frac{\varepsilon}{2} = \varepsilon,$$

すなわち，$d'\left((a_n, b_n), \boxed{\text{⑥}}\right) < \varepsilon$ となる．したがって，点列の収束の定義（定義 16.2 (2)）より，$\{(a_n, b_n)\}_{n=1}^\infty$ は (a, b) に収束する．

□□□ [⇨ **16・2**]

§17 距離空間の開集合と閉集合

§17のポイント

- 距離空間に対して，**開集合**や**閉集合**を定めることができる．
- 距離空間の点列の**収束**は開集合を用いて特徴付けることができる．
- 距離空間の空でない閉集合は点列の収束を用いて特徴付けることができる．
- **開集合系**と**閉集合系**が一致する 2 つの距離は**同じ位相を定める**．

17・1 距離空間の開集合

ユークリッド空間の場合［⇨ §14，§15］と同様に，距離空間に対して開集合や閉集合といった概念を定めることができる．

定義 17.1

(X, d) を距離空間とする．

(1) $a \in X$，$\varepsilon > 0$ とする．このとき，$B(a; \varepsilon) \subset X$ を

$$B(a; \varepsilon) = \{x \in X \mid d(x, a) < \varepsilon\} \tag{17.1}$$

により定める．$B(a; \varepsilon)$ を a の ε **近傍**，または「a を**中心**，ε を**半径**とする**開球体**」という．

(2) $O \subset X$ とする．任意の $a \in O$ に対して，ある $\varepsilon > 0$ が存在し，$B(a; \varepsilon) \subset O$ となるとき，O を X の**開集合**という．

注意 17.1 空集合 $\emptyset$ は任意の距離空間の開集合であると約束する．

例 17.1 X を距離空間とする．このとき，X は X の開集合である．実際，任意の $a \in X$ に対して，例えば，$B(a; 1) \subset X$ である． ◆

定理 14.1～定理 14.3 と同様に，次の定理 17.1～定理 17.3 がなりたつ．

定理 17.1（重要）

X を距離空間とし，$a \in X$，$\varepsilon > 0$ とすると，$B(a;\varepsilon)$ は X の開集合である．

定理 17.2（重要）

X を距離空間，$\{a_n\}_{n=1}^{\infty}$ を X の点列とし，$a \in X$ とすると，次の (1), (2) は同値である．

(1) $\{a_n\}_{n=1}^{\infty}$ は a に収束する．

(2) $a \in O$ となる X の任意の開集合 O に対して，ある $N \in \mathbf{N}$ が存在し，$n \geq N$（$n \in \mathbf{N}$）ならば，$a_n \in O$ である．

定理 17.3（重要）

X を距離空間，O を X の空でない部分集合とすると，次の (1), (2) は同値である．

(1) O は X の開集合である．

(2) 任意の $a \in O$ および a に収束する X の任意の点列 $\{a_n\}_{n=1}^{\infty}$ に対して，ある $N \in \mathbf{N}$ が存在し，$n \geq N$（$n \in \mathbf{N}$）ならば，$a_n \in O$ である．

さらに，距離空間 X に対して，X の開集合全体からなる集合系を $\mathfrak{O}$ と表す．$\mathfrak{O}$ を X の**開集合系**という．定理 14.4 と同様に，次の定理 17.4 がなりたつ．

定理 17.4（重要）

X を距離空間とすると，次の (1)〜(3) がなりたつ．

(1) $\emptyset, X \in \mathfrak{O}$.

(2) $O_1, O_2 \in \mathfrak{O} \Longrightarrow O_1 \cap O_2 \in \mathfrak{O}$.

(3) $(O_\lambda)_{\lambda \in \Lambda}$ を $\mathfrak{O}$ の元からなる集合族とすると，$\displaystyle\bigcup_{\lambda \in \Lambda} O_\lambda \in \mathfrak{O}$.

例 17.2　(X, d) を離散距離空間［⇨ 注意 16.1］とし，$a \in X$ とする．このとき，d の定義式 (16.3) より，$B\left(a; \frac{1}{2}\right) = \{a\}$ である．よって，定理 17.1 より，

$\{a\}$ は X の開集合である．したがって，定理 17.4 (3) より，X の任意の部分集合は X の開集合となる[1]．すなわち，$\mathfrak{O} = 2^X$ である [⇨**定義 1.1**]. ◆

17・2 距離空間の閉集合

次に，距離空間の閉集合について述べよう．

定義 17.2

X を距離空間とし，$A \subset X$ とする．$X \setminus A$ が X の開集合のとき，A を X の**閉集合**という．

例題 17.1 X を距離空間とすると，$\emptyset$ は X の開集合でも閉集合でもあることを示せ． □□□

解 まず，注意 17.1 より，$\emptyset$ は X の開集合である．

また，$X \setminus \emptyset = X$ であり，例 17.1 より，X は X の開集合である．よって，閉集合の定義（定義 17.2）より，$\emptyset$ は X の閉集合である． ◇

注意 17.2 例題 17.1 と問 17.3 をまとめると，距離空間 X に対して，$\emptyset$ および X は X の開集合でも閉集合でもある．

例 17.3 X を距離空間とし，$a \in X$ とする．このとき，例 15.3 と同様に，1 個の点からなる部分集合 $\{a\}$ は X の閉集合である．なお，X がユークリッド空間のときは，$\{a\}$ は X の開集合ではない [⇨**注意 15.1**]．一方，X が離散距離空間のときは，$\{a\}$ は X の開集合である [⇨**例 17.2**]. ◆

[1] 任意の空でない部分集合は 1 個の点からなる集合の和となる，すなわち，$A \subset X$，$A \neq \emptyset$ とすると，$A = \bigcup_{a \in A} \{a\}$ である．

定理 15.2 と同様に，距離空間の空でない閉集合は点列の収束を用いて，次の定理 17.5 のように特徴付けることができる．

定理 17.5（重要）

X を距離空間，A を X の空でない部分集合とすると，次の (1), (2) は同値である．

(1) A は X の閉集合である．

(2) A の任意の収束する点列 $\{a_n\}_{n=1}^{\infty}$ に対して，$\lim_{n\to\infty} a_n \in A$ である．

さらに，距離空間 X に対して，X の閉集合全体からなる集合系を $\mathfrak{A}$ と表す．$\mathfrak{A}$ を X の**閉集合系**という．定理 15.3 と同様に，次の定理 17.6 がなりたつ．

定理 17.6（重要）

X を距離空間とすると，次の (1)〜(3) がなりたつ．

(1) $\emptyset, X \in \mathfrak{A}$.

(2) $A_1, A_2 \in \mathfrak{A} \Longrightarrow A_1 \cup A_2 \in \mathfrak{A}$.

(3) $(A_\lambda)_{\lambda\in\Lambda}$ を $\mathfrak{A}$ の元からなる集合族とすると，$\bigcap_{\lambda\in\Lambda} A_\lambda \in \mathfrak{A}$.

例 17.4　X を離散距離空間とする．このとき，X の任意の部分集合は X の開集合である［⇨ **例 17.2**］．よって，閉集合の定義（定義 17.2）より，それらの補集合を考えると，X の任意の部分集合は X の閉集合でもある．すなわち，$\mathfrak{A} = 2^X$ である．◆

17・3　距離と点列の収束

1 つの集合に対する距離はさまざまな定義のものを考えることができるため，同じ点列でも定める距離によって収束することもあれば，収束しないこともある．

例 17.5　(X, d) を離散距離空間，$\{a_n\}_{n=1}^{\infty}$ を X の点列とし，$a \in X$ とする．

$\{a_n\}_{n=1}^{\infty}$ が a に収束するならば，点列の収束の定義（定義 16.2 (2)）より，ある $N \in \mathbf{N}$ が存在し，$n \geq N$（$n \in \mathbf{N}$）ならば，$d(a_n, a) < \frac{1}{2}$ となる．よって，d の定義式 (16.3) より，$n \geq N$（$n \in \mathbf{N}$）ならば，$a_n = a$ である．

特に，$\mathbf{R}$ に対して離散距離を考えると，$\mathbf{R}$ の点列 $\{\frac{1}{n}\}_{n=1}^{\infty}$ は $\mathbf{R}$ のいかなる点にも収束しない．一方，$\mathbf{R}$ に対してユークリッド距離を考えると，$\mathbf{R}$ の点列 $\{\frac{1}{n}\}_{n=1}^{\infty}$ は 0 に収束する[2)]. ◆

また，次の定理 17.7 がなりたつ．

定理 17.7（重要）

X を空でない集合，d, d' を X の距離とすると，次の (1)〜(3) は互いに同値である．

(1) 任意の $a \in X$ および X の任意の点列 $\{a_n\}_{n=1}^{\infty}$ に対して，$\{a_n\}_{n=1}^{\infty}$ が d に関して a に収束するならば，$\{a_n\}_{n=1}^{\infty}$ は d' に関して a に収束する．

(2) X の d' に関する開集合は，X の d に関する開集合である．

(3) X の d' に関する閉集合は，X の d に関する閉集合である．

証明 (1) ⇒ (3)，(3) ⇒ (2)，(2) ⇒ (1) の順に示す．

(1) ⇒ (3) A を X の d' に関する閉集合とする．

$A = \emptyset$ のとき，定理 17.6 (1) より，A は X の d に関する閉集合である．

$A \neq \emptyset$ のとき，$a \in X$ とし，$\{a_n\}_{n=1}^{\infty}$ を d に関して a に収束する A の点列とする．定理 17.5 より，$a \in A$ を示せばよい．(1) より，$\{a_n\}_{n=1}^{\infty}$ は d' に関して a に収束する．A は X の d' に関する閉集合なので，定理 17.5 より，$a \in A$ である．

したがって，(3) がなりたつ．

(3) ⇒ (2) O を X の d' に関する開集合とする．このとき，$X \setminus (X \setminus O) =$

---

2) 厳密には，このことは**アルキメデスの原理**とよばれる実数の性質から導かれる［⇨［杉浦］pp. 19–20，［藤岡 1］p. 6 例 1.4］.

O および閉集合の定義（定義 17.2）より，$X \setminus O$ は X の d' に関する閉集合である．よって，(3) より，$X \setminus O$ は X の d に関する閉集合である．したがって，閉集合の定義（定義 17.2）より，O は X の d に関する開集合である．

(2) ⇒ (1)　$a \in X$ とし，$\{a_n\}_{n=1}^{\infty}$ を d に関して a に収束する X の点列とする．$\varepsilon > 0$ とし，d' に関する a の ε 近傍を $B'(a;\varepsilon)$ と表すことにする．

定理 17.1 および (2) より，$B'(a;\varepsilon)$ は X の d に関する開集合である．よって，開集合の定義（定義 17.1 (2)）より，ある $\delta > 0$ が存在し，$B(a;\delta) \subset B'(a;\varepsilon)$ となる．$\{a_n\}_{n=1}^{\infty}$ は d に関して a に収束するので，点列の収束の定義（定義 16.2 (2)）より，ある $N \in \mathbf{N}$ が存在し，$n \geq N$（$n \in \mathbf{N}$）ならば，$a_n \in B(a;\delta)$ となる．したがって，$n \geq N$（$n \in \mathbf{N}$）ならば，$a_n \in B'(a;\varepsilon)$ となり，点列の収束の定義（定義 16.2 (2)）より，$\{a_n\}_{n=1}^{\infty}$ は d' に関して a に収束する．　◇

定理 17.7 より，1 つの集合に対して 2 つの距離を考えたとき，任意の点列がそれぞれの距離に関して収束するか否かが一致するのは，それぞれの開集合系あるいは閉集合系が一致するときである．開集合系あるいは閉集合系が一致する 2 つの距離は**同じ位相を定める**という．

1 つの集合に対する 2 つの距離が同じ位相を定めるための十分条件は，次の定理 17.8 のようにあたえることができる．

定理 17.8

X を空でない集合，d, d' を X の距離とする．ある $c, c' > 0$ が存在し，任意の $x, y \in X$ に対して，

$$cd(x,y) \leq d'(x,y) \leq c'd(x,y) \tag{17.2}$$

となるならば，d と d' は X に同じ位相を定める[3]．

証明　O を X の d に関する開集合とする．

$O = \emptyset$ のとき，定理 17.6 (1) より，O は X の d' に関する開集合である．

---

[3] (17.2) は十分条件であり，必要条件ではない［⇨**問 17.4**］．

$O \neq \emptyset$ のとき，$a \in O$ とする．このとき，開集合の定義（定義 17.1 (2)）より，ある $\varepsilon > 0$ が存在し，$B\left(a; \frac{\varepsilon}{c}\right) \subset O$ となる．ここで，d' に関する a の ε 近傍を $B'(a; \varepsilon)$ と表すことにする．$x \in B'(a; \varepsilon)$ とすると，(17.2) より，

$$d(x, a) \leq \frac{1}{c} d'(x, a) < \frac{\varepsilon}{c} \tag{17.3}$$

である．よって，$B'(a; \varepsilon) \subset B\left(a; \frac{\varepsilon}{c}\right)$ となるので，$B'(a; \varepsilon) \subset O$ である．したがって，開集合の定義（定義 17.1 (2)）より，O は X の d' に関する開集合である．

同様に，X の d' に関する開集合は X の d に関する開集合となる（✍）．

以上より，d と d' は X に同じ位相を定める．◇

例 17.6（マンハッタン距離とチェビシェフ距離） $\boldsymbol{x}, \boldsymbol{y} \in \mathbf{R}^n$ を

$$\boldsymbol{x} = (x_1, x_2, \cdots, x_n), \qquad \boldsymbol{y} = (y_1, y_2, \cdots, y_n) \tag{17.4}$$

と表しておき，

$$d'(\boldsymbol{x}, \boldsymbol{y}) = \sum_{i=1}^{n} |x_i - y_i|, \quad d''(\boldsymbol{x}, \boldsymbol{y}) = \max\{|x_i - y_i| \mid i = 1, 2, \cdots, n\} \tag{17.5}$$

とおく．このとき，d', d'' は $\mathbf{R}^n$ の距離を定める（✍）．d', d'' をそれぞれ**マンハッタン距離**，**チェビシェフ距離**という[4)]（**図 17.1**）．

ここで，d を $\mathbf{R}^n$ のユークリッド距離とすると，(13.11), (17.5) より，不等式

$$d(\boldsymbol{x}, \boldsymbol{y}) \leq d'(\boldsymbol{x}, \boldsymbol{y}) \leq n d''(\boldsymbol{x}, \boldsymbol{y}) \leq n d(\boldsymbol{x}, \boldsymbol{y}) \tag{17.6}$$

がなりたつ（✍）．よって，定理 17.8 より，d, d', d'' はいずれも $\mathbf{R}^n$ に同じ位相を定める．以降では特に断らない限り，$\mathbf{R}^n$ に対しては，これらと同じ位相を定める距離を考えているものとする．◆

---

4) マンハッタン距離，チェビシェフ距離をそれぞれ**タクシー距離**，**チェス盤距離**ともいう．ニューヨーク市の中心街マンハッタン区のような碁盤の目状の道路を走るタクシーの移動距離はタクシー距離で表される．また，チェスではキングの移動距離はチェス盤距離で表される．

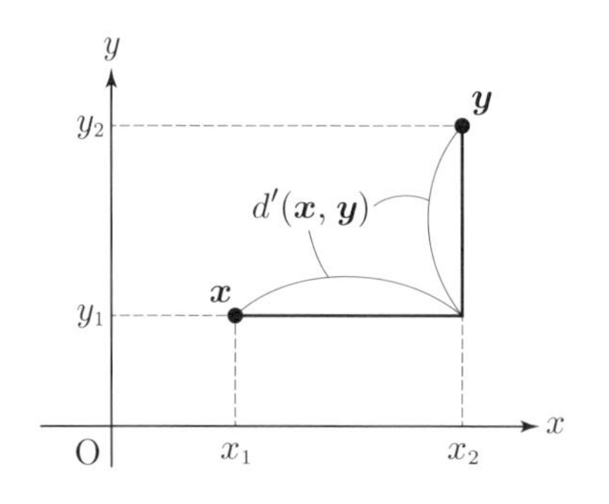

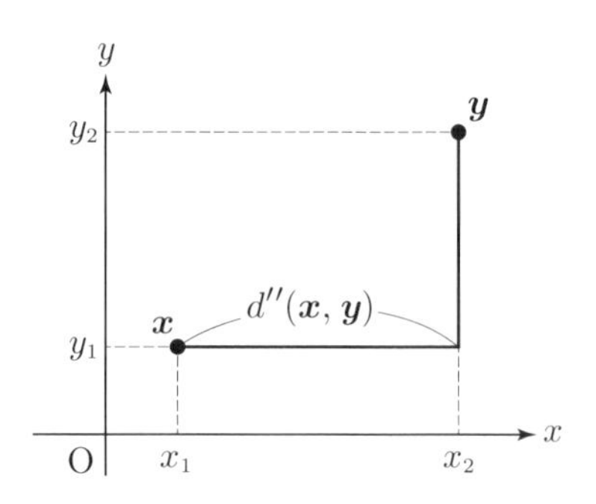

図 17.1　$\mathbf{R}^2$ のマンハッタン距離とチェビシェフ距離

§17 の問題

確認問題

問 17.1　(X, d) を距離空間とする．

(1) $a \in X$，$\varepsilon > 0$ とする．a の ε 近傍 $B(a; \varepsilon)$ を内包的記法を用いて書け．

(2) X の開集合の定義を書け．　□□□ [⇨ **17・1**]

問 17.2　距離空間の閉集合の定義を書け．　□□□ [⇨ **17・2**]

問 17.3　X を距離空間とすると，X は X の開集合でも閉集合でもあることを示せ．　□□□ [⇨ **17・2**]

基本問題

問 17.4　(X, d) を距離空間とし，実数値関数 $d' : X \times X \to \mathbf{R}$ を

$$d'(x, y) = \min\{1, d(x, y)\} \qquad ((x, y) \in X \times X)$$

により定める．

(1) d' の定義より，d' は正値性および対称性をみたす．さらに，d' は三角不等式をみたすことを示せ．特に，d' は X の距離となる．

(2) 次の $\boxed{}$ をうめることにより，d と d' は X に同じ位相を定めることを示せ．

$\{a_n\}_{n=1}^{\infty}$ を X の点列とし，$a \in X$ とする．

まず，$\{a_n\}_{n=1}^{\infty}$ が $\boxed{①}$ に関して a に収束すると仮定する．このとき，点列の収束の定義（定義 16.2 (2)）より，$\varepsilon > 0$ とすると，ある $N \in \mathbf{N}$ が存在し，$n \geq N$（$n \in \mathbf{N}$）ならば，$d(a_n, a) < \varepsilon$ となる．よって，d' の定義より，$d'(a_n, a)$ $\boxed{②}$ $d(a_n, a)$ であることとあわせると，$n \geq N$（$n \in \mathbf{N}$）ならば，$d'(a_n, a)$ $\boxed{③}$ ε となる．したがって，$\{a_n\}_{n=1}^{\infty}$ は $\boxed{④}$ に関して a に収束する．

次に，$\{a_n\}_{n=1}^{\infty}$ が $\boxed{⑤}$ に関して a に収束すると仮定する．このとき，点列の収束の定義（定義 16.2 (2)）より，$\varepsilon > 0$ とすると，ある $N \in \mathbf{N}$ が存在し，$n \geq N$（$n \in \mathbf{N}$）ならば，$d'(a_n, a) < \min\{1, \varepsilon\}$ となる．よって，d' の定義より，$n \geq N$（$n \in \mathbf{N}$）ならば，

$$d(a_n, a) = d'(a_n, a) < \varepsilon,$$

すなわち，$d(a_n, a) < \varepsilon$ となる．したがって，$\{a_n\}_{n=1}^{\infty}$ は $\boxed{⑥}$ に関して a に収束する．

以上より，d と d' は X に同じ位相を定める．

[⇨ 17・3]

§18 距離空間の間の連続写像

§18のポイント

- 距離を用いて，距離空間の間の**連続写像**を定めることができる．
- 距離空間の間の連続写像は点列の収束や開集合，閉集合を用いて特徴付けることができる．
- 距離空間の間の全単射な連続写像で，逆写像も連続なものを**同相写像**という．

18・1 連続性とはなにか——定義と例

微分積分では連続関数が重要な役割を果たすが，距離空間の間の写像に対しても連続性を考えることができる．

(X, d_X)，(Y, d_Y) を距離空間，$f: X \to Y$ を写像とし，$a \in X$ とする．f が a で連続であるとは，X の点 x が a に限りなく近づくとき，$f(x)$ が $f(a)$ に限りなく近づくということである．これは距離 d_X, d_Y を用いて，次の定義 18.1 のように述べることができる．

定義 18.1

(X, d_X)，(Y, d_Y) を距離空間，$f: X \to Y$ を写像とする．

(1) $a \in X$ とする．任意の $\varepsilon > 0$ に対して，ある $\delta > 0$ が存在し，$d_X(x, a) < \delta$ （$x \in X$）ならば，$d_Y(f(x), f(a)) < \varepsilon$ となるとき，f は a で**連続**であるという（**図 18.1**）．

(2) f が任意の $a \in X$ で連続なとき，f は**連続**であるという．特に，$\mathbf{R}$ や $\mathbf{C}$ への連続写像を**連続関数**ともいう．

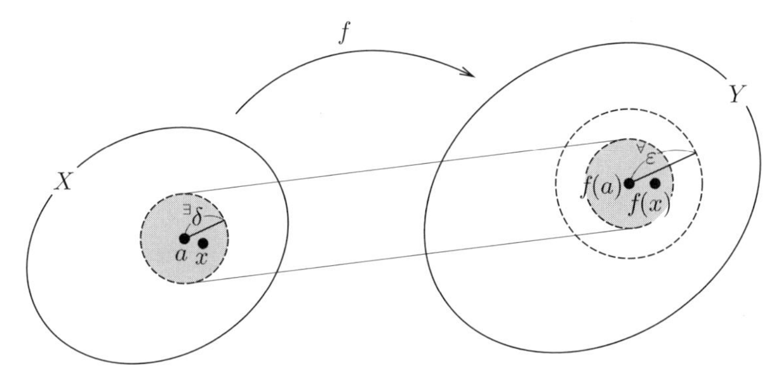

∀ は「任意の」, ∃ は「存在する」という意味

図 18.1 連続性

例 18.1 $n \in \mathbf{N}$ を固定しておき，実数値関数 $f: \mathbf{R} \to \mathbf{R}$ を

$$f(x) = x^n \qquad (x \in \mathbf{R}) \tag{18.1}$$

により定める．f が連続であることを示そう．

$x \in \mathbf{R}$ とし，$a \in \mathbf{R}$ を固定しておくと，

$$\begin{aligned}
|x^n - a^n| &= \left|(x-a)(x^{n-1} + ax^{n-2} + a^2x^{n-3} + \cdots + a^{n-2}x + a^{n-1})\right| \\
&\overset{\because \text{三角不等式}}{\leq} |x-a| \sum_{k=0}^{n-1} |a^k x^{n-1-k}| = |x-a| \sum_{k=0}^{n-1} |a|^k |x|^{n-1-k} \\
&\leq |x-a| \, (|a| + |x|)^{n-1} = |x-a| \, (|a| + |(x-a)+a|)^{n-1} \\
&\overset{\because \text{三角不等式}}{\leq} |x-a| \, (2|a| + |x-a|)^{n-1}
\end{aligned} \tag{18.2}$$

なので，

$$|f(x) - f(a)| \leq |x-a| \, (2|a| + |x-a|)^{n-1} \tag{18.3}$$

である．ここで，$\varepsilon > 0$ とし，$\delta > 0$ を

$$\delta = \min\left\{1, \frac{\varepsilon}{(2|a|+1)^{n-1}}\right\} \tag{18.4}$$

により定める．$d(x,a)=|x-a|<\delta$（$x\in\mathbf{R}$）とすると[1]，

$$d(f(x),f(a))=|f(x)-f(a)| \overset{\because (18.3),(18.4)}{<} \delta\,(2|a|+1)^{n-1} \overset{\because (18.4)}{\leq} \varepsilon \qquad (18.5)$$

すなわち，$d(f(x),f(a))<\varepsilon$ である．よって，連続性の定義（定義 18.1 (1)）より，f は a で連続である．さらに，固定していた $a\in\mathbf{R}$ は任意に選ぶことができるので，連続性の定義（定義 18.1 (2)）より，f は連続である．◆

例 18.2（等長写像）　(X,d_X)，(Y,d_Y) を距離空間，$f:X\to Y$ を写像とする．任意の $x,x'\in X$ に対して，

$$d_Y(f(x),f(x'))=d_X(x,x') \qquad (18.6)$$

となるとき，f を**等長写像**という．このとき，f は**距離を保つ**という．

等長写像は連続な単射［⇨**定義 5.1** (2)］となる［⇨**例題 18.1**］．また，X から Y への全単射［⇨**定義 5.1** (3)］な等長写像が存在するとき，X と Y は**等長的**であるという．このとき，等長写像の逆写像[2]も連続となる．◆

例題 18.1　等長写像は連続な単射であることを示せ．□□□

解　(X,d_X)，(Y,d_Y) を距離空間，$f:X\to Y$ を等長写像とする．

連続性　$x,x'\in X$，$\varepsilon>0$ とする．このとき，$d_X(x,x')<\varepsilon$ ならば，(18.6) より，$d_Y(f(x),f(x'))<\varepsilon$ である．よって，連続性の定義（定義 18.1）より，f は連続である．

単射性　(18.6) において，$f(x)=f(x')$ とすると，

$$d_X(x,x')=d_Y(f(x),f(x'))=0 \quad (\because d_Y \text{ の正値性（定義 16.1 (1)）}), \qquad (18.7)$$

すなわち，$d_X(x,x')=0$ である．さらに，d_X の正値性（定義 16.1 (1)）より，

---

1)　d はユークリッド距離である［⇨ **13・3**］．

2)　$f:X\to Y$ が全単射ならば，逆写像 $f^{-1}:Y\to X$ が存在する［⇨ **5・3**］．

$x = x'$ である．よって，f は単射である． ◇

距離空間の間の写像の合成を考えると，その連続性に関して，次の定理 18.1 がなりたつ［⇨ 問 18.2］．

定理 18.1（重要）

(X, d_X)，(Y, d_Y)，(Z, d_Z) を距離空間，$f: X \to Y$，$g: Y \to Z$ を写像とし，$a \in X$ とする．f が a で連続であり，g が $f(a)$ で連続ならば，$g \circ f$ は a で連続である．特に，f, g が連続ならば，$g \circ f$ は連続である．

18・2 連続写像の特徴付け

例 12.1 で述べた，可算選択公理を認めることによって得られる事実は，次の定理 18.2 のように一般化することができる．

定理 18.2（重要）

(X, d_X)，(Y, d_Y) を距離空間，$f: X \to Y$ を写像とし，$a \in X$ とすると，次の (1), (2) は同値である．

(1) f は a で連続である．

(2) a に収束する X の任意の点列 $\{a_n\}_{n=1}^{\infty}$ に対して，
　Y の点列 $\{f(a_n)\}_{n=1}^{\infty}$ は $f(a)$ に収束する．

証明 (1) ⇒ (2)　$\{a_n\}_{n=1}^{\infty}$ を a に収束する X の点列とし，$\varepsilon > 0$ とする．(1) および連続性の定義（定義 18.1 (1)）より，ある $\delta > 0$ が存在し，$d_X(x, a) < \delta$（$x \in X$）ならば，$d_Y(f(x), f(a)) < \varepsilon$ となる．ここで，$\{a_n\}_{n=1}^{\infty}$ は a に収束するので，点列の収束の定義（定義 16.2 (2)）より，ある $N \in \mathbf{N}$ が存在し，$n \geq N$（$n \in \mathbf{N}$）ならば，$d_X(a_n, a) < \delta$ となる．よって，$n \geq N$（$n \in \mathbf{N}$）ならば，$d_Y(f(a_n), f(a)) < \varepsilon$ となる．したがって，点列の収束の定義（定義 16.2 (2)）より，$\{f(a_n)\}_{n=1}^{\infty}$ は $f(a)$ に収束する．

(2) ⇒ (1)　対偶を示す．f が a で連続ではないと仮定する．このとき，連続性の定義（定義 18.1 (1)）より，ある $\varepsilon > 0$ が存在し，任意の $\delta > 0$ に対して，$d_X(x, a) < \delta$ となる $x \in X$ で，$d_Y(f(x), f(a)) \geq \varepsilon$ となるものが存在する．よって，可算選択公理［⇨ **例 12.1**］より，各 $n \in \mathbf{N}$ に対して，$d_X(a_n, a) < \frac{1}{n}$ となる $a_n \in X$ で，$d_Y(f(a_n), f(a)) \geq \varepsilon$ となるものを選ぶことができる．このとき，点列の収束の定義（定義 16.2 (2)）より，X の点列 $\{a_n\}_{n=1}^{\infty}$ は a に収束するが，Y の点列 $\{f(a_n)\}_{n=1}^{\infty}$ は $f(a)$ に収束しない．◇

さらに，距離空間の間の連続写像は開集合や閉集合を用いて特徴付けることができる．

定理 18.3（重要）

X, Y を距離空間，$f : X \to Y$ を写像とすると，次の (1)〜(3) は互いに同値である．

(1) f は連続である．

(2) f による Y の任意の開集合の逆像は X の開集合である．

(3) f による Y の任意の閉集合の逆像は X の閉集合である．

証明　(1) ⇒ (2)　O を Y の開集合とする．

$f^{-1}(O) = \emptyset$ のとき，定理 17.4 (1) より，$f^{-1}(O)$ は X の開集合である．

$f^{-1}(O) \neq \emptyset$ のとき，$a \in f^{-1}(O)$ とすると，$f(a) \in O$ である．O は Y の開集合なので，開集合の定義（定義 17.1 (2)）より，ある $\varepsilon > 0$ が存在し，$B_Y(f(a); \varepsilon) \subset O$ となる．ただし，$B_Y(f(a); \varepsilon)$ は $f(a)$ の ε 近傍である．ここで，f は連続なので，連続性の定義（定義 18.1 (1)）より，ある $\delta > 0$ が存在し，

$$f(B_X(a; \delta)) \subset B_Y(f(a); \varepsilon) \tag{18.8}$$

となる．ただし，$B_X(a; \delta)$ は a の δ 近傍である．よって，

$$B_X(a; \delta) \subset f^{-1}(B_Y(f(a); \varepsilon)) \overset{\because\ \text{定理 } 4.1\,(5)}{\subset} f^{-1}(O), \tag{18.9}$$

すなわち，$B_X(a;\delta) \subset f^{-1}(O)$ である．したがって，開集合の定義（定義 17.1 (2)）より，$f^{-1}(O)$ は X の開集合である．

以上より，(2) がなりたつ．

(2) ⇒ (1)　$a \in X$，$\varepsilon > 0$ とする．$B_Y(f(a);\varepsilon)$ は Y の開集合なので，開集合の定義（定義 17.1 (2)）および (2) より，ある $\delta > 0$ が存在し，$B_X(a;\delta) \subset f^{-1}(B_Y(f(a);\varepsilon))$ となる．よって，

$$f(B_X(a;\delta)) \subset B_Y(f(a);\varepsilon) \tag{18.10}$$

となり，連続性の定義（定義 18.1 (1)）より，f は a で連続である．さらに，a は任意なので，連続性の定義（定義 18.1 (2)）より，f は連続である．

(2) ⇒ (3)　A を Y の閉集合とする．このとき，閉集合の定義（定義 17.2）より，$Y \setminus A$ は Y の開集合であり，

$$X \setminus f^{-1}(A) = f^{-1}(Y) \setminus f^{-1}(A) \overset{\because \text{定理 4.1 (8)}}{=} f^{-1}(Y \setminus A), \tag{18.11}$$

すなわち，$X \setminus f^{-1}(A) = f^{-1}(Y \setminus A)$ である．よって，(2) より，$X \setminus f^{-1}(A)$ は X の開集合である．したがって，閉集合の定義（定義 17.2）より，$f^{-1}(A)$ は X の閉集合である．すなわち，(3) がなりたつ．

(3) ⇒ (2)　(2) ⇒ (3) の証明と同様である．◇

18・3　同相写像

2 つの距離空間の間に全単射が存在し，その全単射を通して点列が収束するか否かが一致する場合，これらの距離空間は同じものとみなす．そこで，次の定義 18.2 のように定める［⇨**定理 17.7，定理 18.3**］．

定義 18.2

X, Y を距離空間とする．

(1) $f: X \to Y$ を写像とする．f が全単射であり，f および f^{-1} が連続なとき，f を**同相写像**という．

(2) X から Y への同相写像が存在するとき，X と Y は**同相**であるという．

例 18.3　例 18.2 より，等長的な 2 つの距離空間の間の全単射等長写像は同相写像である．特に，**等長的な 2 つの距離空間は同相**である．◆

定理 18.3 より，次の定理 18.4 がなりたつ（✍）．

定理 18.4

X を空でない集合，d, d' を X の距離とすると，次の (1), (2) は同値である．

(1) d, d' は X に同じ位相を定める [⇨ 17・3].

(2) 恒等写像 1_X [⇨ 例 4.4] は (X, d) から (X, d') への同相写像を定める．

§18 の問題

確認問題

問 18.1　(X, d_X)，(Y, d_Y) を距離空間，$f : X \to Y$ を写像とする．

(1) $a \in X$ とする．f が a で連続であることの定義を書け．

(2) f が連続であることの定義を書け．　□□□ [⇨ 18・1]

問 18.2　(X, d_X)，(Y, d_Y)，(Z, d_Z) を距離空間，$f : X \to Y$，$g : Y \to Z$ を写像とし，$a \in X$ とする．f が a で連続であり，g が $f(a)$ で連続ならば，$g \circ f$ は a で連続であることを示せ．　□□□ [⇨ 18・1]

問 18.3　X, Y を距離空間とする．

(1) $f : X \to Y$ を写像とする．f が同相写像であることの定義を書け．

(2) X と Y が同相であることの定義を書け．　□□□ [⇨ **18・3**]

基本問題

問 18.4 有界閉区間 $[0,1]$ は，1 次元ユークリッド空間 $\mathbf{R}$ の部分距離空間 [⇨ **例 16.3**] となる．特に，$\mathbf{R}$ で定義された実数値連続関数の $[0,1]$ への制限 [⇨ **例 4.5**] は $[0,1]$ で定義された実数値連続関数となる．$[0,1]$ で定義された実数値連続関数全体の集合を $C[0,1]$ と表す．このとき，実数値関数 $d : C[0,1] \times C[0,1] \to \mathbf{R}$ を

$$d(f,g) = \int_0^1 |f(x) - g(x)|\, dx \qquad (f, g \in C[0,1])$$

により定める．

(1) d は $C[0,1]$ の距離となることを示せ．

(2) 実数値関数 $\Phi : C[0,1] \to \mathbf{R}$ を

$$\Phi(f) = f(1) \qquad (f \in C[0,1])$$

により定める．$C[0,1]$ の点列 $\{f_n\}_{n=1}^{\infty}$ を

$$f_n(x) = x^n \qquad (x \in [0,1])$$

により定め，$\{f_n\}_{n=1}^{\infty}$ および $\{\Phi(f_n)\}_{n=1}^{\infty}$ の極限を調べることにより，Φ は**連続ではない**ことを示せ．　□□□ [⇨ **18・2**]

問 18.5 V を $\mathbf{C}$ 上のベクトル空間[3)]とする．複素数値関数 $\langle\ ,\ \rangle : V \times V \to \mathbf{C}$ が任意の $\boldsymbol{z}, \boldsymbol{w}, \boldsymbol{v} \in V$ および任意の $c \in \mathbf{C}$ に対して，次の (i)〜(iii) をみたすとき，$\langle\ ,\ \rangle$ を V の**エルミート内積**（または**複素内積**），$\langle \boldsymbol{z}, \boldsymbol{w} \rangle$ を $\boldsymbol{z}$ と $\boldsymbol{w}$ の**エルミート内積**（または**複素内積**），組 $(V, \langle\ ,\ \rangle)$ または V を**複素内積空間**（または**複素計量ベクトル空間**）という．

---

3) 定義 3.1 において，$\mathbf{R}$ を $\mathbf{C}$ としたものである．

(i) $\langle \boldsymbol{z}, \boldsymbol{w} \rangle = \overline{\langle \boldsymbol{w}, \boldsymbol{z} \rangle}$.（**共役対称性**）

(ii) $\langle \boldsymbol{z}+\boldsymbol{w}, \boldsymbol{v} \rangle = \langle \boldsymbol{z}, \boldsymbol{v} \rangle + \langle \boldsymbol{w}, \boldsymbol{v} \rangle$, $\langle c\boldsymbol{z}, \boldsymbol{w} \rangle = c\langle \boldsymbol{z}, \boldsymbol{w} \rangle$.（**半線形性**）

(iii) $\langle \boldsymbol{z}, \boldsymbol{z} \rangle \geq 0$ であり，$\langle \boldsymbol{z}, \boldsymbol{z} \rangle > 0$ となるのは $\boldsymbol{z} \neq \boldsymbol{0}$ のときに限る．（**正値性**）

(1) n 次元複素数ベクトル空間[4] $\mathbf{C}^n$ は

$$\langle \boldsymbol{z}, \boldsymbol{w} \rangle = z_1\bar{w}_1 + z_2\bar{w}_2 + \cdots + z_n\bar{w}_n$$

$$(\boldsymbol{z} = (z_1, z_2, \cdots, z_n), \boldsymbol{w} = (w_1, w_2, \cdots, w_n) \in \mathbf{C}^n)$$

により定められるエルミート内積に関して，複素内積空間となることを示せ．このときの $\langle\ ,\ \rangle$ を**標準エルミート内積**，$\mathbf{C}^n$ を **n 次元複素ユークリッド空間**という．

(2) $(V, \langle\ ,\ \rangle)$ を複素内積空間とし，$\boldsymbol{z}, \boldsymbol{w} \in V$，$c \in \mathbf{C}$ とする．次の (a), (b) を示せ．

(a) $\langle \boldsymbol{z}, c\boldsymbol{w} \rangle = \bar{c}\langle \boldsymbol{z}, \boldsymbol{w} \rangle$　　(b) $\langle \boldsymbol{z}, \boldsymbol{0} \rangle = 0$

(3) $(V, \langle\ ,\ \rangle)$ を複素内積空間とすると，実内積空間 [⇨ 例 16.2] の場合と同様に，V のノルム $\|\ \| : V \to \mathbf{R}$ および距離 $d : V \times V \to \mathbf{R}$ を

$$\|\boldsymbol{z}\| = \sqrt{\langle \boldsymbol{z}, \boldsymbol{z} \rangle}, \quad d(\boldsymbol{z}, \boldsymbol{w}) = \|\boldsymbol{z} - \boldsymbol{w}\| \quad (\boldsymbol{z}, \boldsymbol{w} \in V)$$

により定めることができる．よって，複素内積空間は距離空間となる．

n 次元複素ユークリッド空間 $\mathbf{C}^n$ と $2n$ 次元ユークリッド空間 $\mathbf{R}^{2n}$ は同相であることを示せ．　□□□ [⇨ 18・3]

---

[4] (3.1) において，$\mathbf{R}$ を $\mathbf{C}$ としたものである．

§19 距離空間の近傍

§19 のポイント

- §18 で登場した距離空間の点列の収束や距離空間の間の写像に対する連続性は，**近傍**を用いても特徴付けることができる．
- 距離空間の部分集合に含まれる最大の開集合は**内部**となる．
- 距離空間の部分集合を含む最小の閉集合は**閉包**となる．
- 距離空間の部分集合に対して，**境界**や**導集合**を定めることができる．

19・1 近傍

§18 で登場した距離空間の点列の収束や距離空間の間の写像に対する連続性は，近傍という概念を用いても特徴付けることができる．

定義 19.1

X を距離空間とし，$x \in X$，$U \subset X$ とする．

(1) X のある開集合 O が存在し，$x \in O \subset U$ となるとき，x を U の**内点**という（**図 19.1**）．

(2) x が U の内点のとき，U を x の**近傍**という（**図 19.1**）．X の開集合または閉集合となる近傍をそれぞれ**開近傍**，**閉近傍**ともいう．

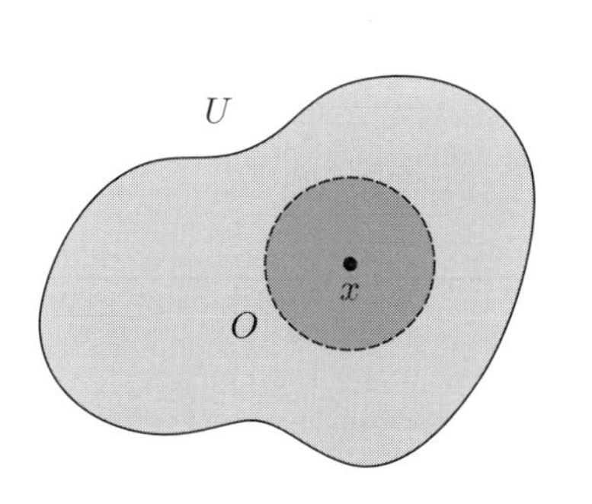

図 19.1　内点 x と近傍 U

例 19.1　X を距離空間，O を X の開集合とし，$x \in O$ とする．このとき，x は O の内点である．また，O は x の開近傍である．さらに，A を $O \subset A$ となる X の閉集合とする．このとき，x は A の内点である．また，A は x の閉近傍である．◆

19・2　連続写像の特徴付け

定理 17.2 では距離空間の点列の収束が開集合を用いて特徴付けられることを述べた．同様の証明により，次の定理 19.1 を示すことができる．

定理 19.1（重要）

X を距離空間，$\{a_n\}_{n=1}^{\infty}$ を X の点列とし，$a \in X$ とすると，次の (1), (2) は同値である．

(1) $\{a_n\}_{n=1}^{\infty}$ は a に収束する．

(2) a の任意の近傍 U に対して，ある $N \in \mathbf{N}$ が存在し，$n \geq N$ $(n \in \mathbf{N})$ ならば，$a_n \in U$ である．

また，定理 18.3 では距離空間の間の写像の連続性が開集合を用いて特徴付けられることを述べた．同様の証明により，次の定理 19.2 を示すことができる．

定理 19.2（重要）

X, Y を距離空間，$f : X \to Y$ を写像とすると，次の (1), (2) は同値である．

(1) f は連続である．

(2) 任意の $a \in X$ に対して，f による $f(a) \in Y$ の任意の近傍の逆像は a の近傍である．

19・3　内部，外部，境界

X を距離空間とし，$A \subset X$ とする．このとき，A の内点全体の集合を A^i または $\overset{\circ}{A}$ と表し，A の**内部**という[1]．内部の定義より，

$$A^i = \bigcup \{O \subset A \mid O \text{ は } X \text{ の開集合}\} \tag{19.1}$$

となる[2]．

注意 19.1　(19.1) および開集合の性質（定理 17.4 (3)）より，**A^i は A に含まれる X の開集合の中で，包含関係に関して最大のもの**である，といういい方をすることができる．また，**A が X の開集合であるための必要十分条件は $A^i = A$ である．**

例題 19.1　$a, b \in \mathbf{R}$，$a < b$ とする．1 次元ユークリッド空間 $\mathbf{R}$ の部分集合である有界開区間 (a, b) および有界閉区間 $[a, b]$ について，

$$(a, b)^i = [a, b]^i = (a, b) \tag{19.2}$$

であることを示せ．

解　まず，(a, b) は $\mathbf{R}$ の開集合である［⇨ 例 14.4］．よって，例 19.1 より，任意の $x \in (a, b)$ は (a, b) の内点である．したがって，$(a, b)^i = (a, b)$ である．

次に，$x \in [a, b]$ とする．このとき，$a < x < b$ ならば，x は $[a, b]$ の内点である．また，$x = a, b$ ならば，x は $[a, b]$ の内点ではない．よって，$[a, b]^i = (a, b)$ である．

以上より，(19.2) がなりたつ．　◇

内点や内部と対になる概念として，外点や外部というものを考えることがで

---

1) 記号「i」は「内部」を意味する英単語 “interior（インテリア）” の頭文字である．

2) (19.1) の等号は，左辺は右辺に含まれ，右辺は左辺に含まれることからなりたつ．

きる．X を距離空間とし，$A \subset X$ とする．このとき，$(X \setminus A)^i$ の点を A の**外点**という．また，A の外点全体の集合，すなわち，$(X \setminus A)^i$ を A^e と表し，A の**外部**という[3]．X を全体集合［⇨ §3］とすると，A の外点とは A^c の内点のことであり，$A^e = (A^c)^i$ である．また，外部の定義より，A^e は X の開集合である．

例 19.2　例題 19.1 の (a, b) および $[a, b]$ の外点や外部について，

$$(a, b)^e = [a, b]^e = (-\infty, a) \cup (b, +\infty) \tag{19.3}$$

である［⇨ 問 19.3］．◆

さらに，内点でも外点でもない点を考えよう．X を距離空間とし，$A \subset X$ とする．A の内点でも外点でもない点を A の**境界点**という．また，A の境界点全体の集合を ∂A と表し，A の**境界**という．

内部，外部，境界の定義より，X は互いに素な部分集合 A^i，A^e，∂A の和となる．すなわち，直和を表す記号「$\sqcup$」［⇨ 2・1］を用いると，

$$X = A^i \sqcup A^e \sqcup \partial A \tag{19.4}$$

である．特に，A^i および A^e が X の開集合であることより，∂A は X の閉集合となる（✍）．

例 19.3　例題 19.1 の (a, b) および $[a, b]$ について，(19.2)，(19.3)，(19.4) より，

$$\partial(a, b) = \partial[a, b] = \{a, b\} \tag{19.5}$$

である．すなわち，(a, b)，$[a, b]$ の境界は点 a, b からなる．◆

X を距離空間とし，$A \subset X$ とする．このとき，(19.1) により定義された A の内部 A^i は，A に含まれる X の開集合の中で，包含関係に関して最大のものであった［⇨ 注意 19.1］．そこで，内部と対になる概念として，A を含む最小の閉集合を $\overline{A}$ と表し，A の**閉包**という．すなわち，

---

[3] 記号「e」は「外部」を意味する英単語 “exterior（エクステリア）” の頭文字である．

$$\overline{A}=\bigcap\{F\supset A\,|\,F \text{ は } X \text{ の閉集合}\} \tag{19.6}$$

である．$\overline{A}$ の点を A の**触点**という．

注意 19.2 (19.6) より，**A が X の閉集合であるための必要十分条件は $\overline{A}=A$** である．

定理 19.3（重要）

X を距離空間とし，$A\subset X$ とする．X を全体集合とすると，

$$\overline{A}=\left((A^c)^i\right)^c=(A^e)^c \tag{19.7}$$

である．

証明 まず，

$$
\begin{aligned}
(\overline{A})^c &= X\setminus\overline{A} \overset{\because (19.6)}{=} X\setminus\bigcap\{F\supset A\,|\,F \text{ は } X \text{ の閉集合}\}\\
&=\bigcup\{X\setminus F\subset X\setminus A\,|\,F \text{ は } X \text{ の閉集合}\}\\
&\qquad\qquad (\because \text{ ド・モルガンの法則（定理 6.2 (2)）})\\
&=\bigcup\{O\subset X\setminus A\,|\,O \text{ は } X \text{ の開集合}\}\quad (\because \text{ 閉集合の定義（定義 17.2）})\\
&\overset{\because (19.1)}{=} (X\setminus A)^i=(A^c)^i=A^e,
\end{aligned} \tag{19.8}
$$

すなわち，

$$\left(\overline{A}\right)^c=(A^c)^i=A^e \tag{19.9}$$

である．(19.9) の補集合を考えると，(19.7) が得られる． ◇

注意 19.3 (19.4) より，定理 19.3 は

$$\overline{A}=A^i\sqcup\partial A \tag{19.10}$$

と書くこともできる．

例 19.4 例題 19.1 の (a,b) および $[a,b]$ について，

$$\overline{(a,b)} \overset{\because (19.10)}{=} (a,b)^i\sqcup\partial(a,b) \overset{\because (19.2),\,(19.5)}{=} (a,b)\sqcup\{a,b\}=[a,b] \tag{19.11}$$

である．また，$[a, b]$ は $\mathbf{R}$ の閉集合なので，注意 19.2 より，

$$\overline{[a, b]} = [a, b] \tag{19.12}$$

である． ◆

19・4 導集合

最後に，集積点，導集合，孤立点といった概念について述べておこう[4]．X を距離空間とし，$x \in X$，$A \subset X$ とする．x が $A \setminus \{x\}$ の触点，すなわち，$x \in \overline{A \setminus \{x\}}$ のとき［⇨(19.6)］，x を A の**集積点**という．また，A の集積点全体の集合を A^d と表し，A の**導集合**という[5]．さらに，$A \setminus A^d$ の点を A の**孤立点**という．

例 19.5　1次元ユークリッド空間 $\mathbf{R}$ の部分集合 A を

$$A = \left\{ \frac{1}{n} \,\middle|\, n \in \mathbf{N} \right\} \tag{19.13}$$

により定める．点列 $\{\frac{1}{n}\}_{n=1}^{\infty}$ が 0 に収束することに注意すると，定理 15.2 より，

$$\overline{A} = \left\{ \frac{1}{n} \,\middle|\, n \in \mathbf{N} \right\} \cup \{0\} \tag{19.14}$$

となる．よって，A の集積点は 0 のみであり，$A^d = \{0\}$ となる．また，A の任意の点は A の孤立点である． ◆

閉包と導集合に関して，次の定理 19.4 がなりたつ．

定理 19.4

X を距離空間とし，$A \subset X$ とすると，

$$\overline{A} = A \cup A^d \tag{19.15}$$

である．

---

[4] これらの概念はカントールによって考えられた．詳しくは［藤田］を見るとよい．

[5] 記号「d」は「導集合」を意味する英単語 "derived set"（ディライヴド セット）の頭文字である．

証明　まず，$x \in \overline{A}$ とする．$x \notin A$ のとき，$A = A \setminus \{x\}$ なので，

$$x \in \overline{A} = \overline{A \setminus \{x\}}, \tag{19.16}$$

すなわち，$x \in \overline{A \setminus \{x\}}$ である．よって，導集合の定義より，$x \in A^d$ である．したがって，

$$\overline{A} \subset A \cup A^d \tag{19.17}$$

である．

次に，閉包の定義より，$A \subset \overline{A}$ である．また，$x \in A^d$ とすると，導集合，閉包の定義および $A \setminus \{x\} \subset A$ であることより，

$$x \in \overline{A \setminus \{x\}} \subset \overline{A}, \tag{19.18}$$

すなわち，$x \in \overline{A}$ である．よって，$A^d \subset \overline{A}$ である．したがって，

$$A \cup A^d \subset \overline{A} \tag{19.19}$$

である．

以上および定理 1.1 (2) より，(19.15) がなりたつ．◇

§ 19 の問題

確認問題

問 19.1　X を距離空間とし，$x \in X$，$U \subset X$ とする．「x は U の内点」および「U は x の近傍」の定義を書け．　□□□ [⇨ **19・1**]

問 19.2　X を距離空間とし，$A \subset X$ とする．次の (1)〜(3) の定義を書け．
(1) A の内部　(2) A の外点　(3) A の外部　□□□ [⇨ **19・3**]

問 19.3　$a, b \in \mathbf{R}$，$a < b$ とする．1 次元ユークリッド空間 $\mathbf{R}$ の部分集合である有界開区間 (a, b) および有界閉区間 $[a, b]$ について，

$$(a, b)^e = [a, b]^e = (-\infty, a) \cup (b, +\infty)$$

であることを示せ．　□□□ [⇨ **19・3**]

基本問題

問 19.4　X を距離空間とし，$A, B \subset X$ とする．次の (1), (2) を示せ．

(1) $(A \cap B)^i = A^i \cap B^i$　(2) $\overline{A \cup B} = \overline{A} \cup \overline{B}$　□□□ [⇨ **19・3**]

チャレンジ問題

問 19.5　X, Y を距離空間，$f : X \to Y$ を写像とする．

(1) 次の $\boxed{}$ をうめることにより，f が連続ならば，任意の $A \subset X$ に対して，$f(\overline{A}) \subset \overline{f(A)}$ であることを示せ．

　f が連続であると仮定すると，

$$A \overset{\because\text{ 定理 4.1 (9)}}{\subset} f^{-1}\left(f\left(\boxed{①}\right)\right) \subset f^{-1}\left(\overline{f\left(\boxed{①}\right)}\right)$$

$$(\because\ \text{定理 4.1 (5)},\ f\left(\boxed{①}\right) \subset \overline{f\left(\boxed{①}\right)}),$$

すなわち，$A \subset f^{-1}\left(\overline{f\left(\boxed{①}\right)}\right)$ である．ここで，$\overline{f\left(\boxed{①}\right)}$ は Y の $\boxed{②}$ 集合であり，f は $\boxed{③}$ なので，定理 18.3 の (1) ⇔ (3) より，$f^{-1}\left(\overline{f\left(\boxed{①}\right)}\right)$ は X の $\boxed{②}$ 集合である．よって，閉包の定義より，$\boxed{④} \subset f^{-1}\left(\overline{f\left(\boxed{①}\right)}\right)$ である．したがって，

$$f(\overline{A}) \overset{\because\text{ 定理 4.1 (1)}}{\subset} f\left(f^{-1}(\overline{f(A)})\right) \overset{\because\text{ 定理 4.1 (10)}}{\subset} \overline{f(A)},$$

すなわち，$f(\overline{A}) \subset \overline{f(A)}$ である．

(2) (1) の逆がなりたつことを示せ．　□□□ [⇨ **19・3**]

第 5 章のまとめ

距離空間

X：空でない集合，$d: X \times X \to \mathbf{R}$

$$d：\text{距離} \underset{\text{def.}}{\iff} d：\textbf{正値性，対称性，三角不等式}\text{をみたす}$$

- 点列の**収束**，**開集合**，**閉集合**
  - ユークリッド空間の場合と同様に定めることができる
  - 距離空間の間の**連続写像**を定めることができる

  同相写像：全単射連続かつ逆写像も連続

内点や近傍など

X：距離空間，$x \in X$，$U \subset X$

$$x：U \text{ の}\textbf{内点} \underset{\text{def.}}{\iff} {}^{\exists}O \subset X：\text{開集合 s.t. } x \in O \subset U$$

$$U：x \text{ の}\textbf{近傍} \underset{\text{def.}}{\iff} x：U \text{ の内点}$$

- **内部**：内点全体　A の内部は A に含まれる最大の開集合
- **外点**：補集合の内点
- **外部**：外点全体
- **境界点**：内点でも外点でもない点
- **境界**：境界点全体
- **閉包**：A の閉包は A を含む最小の閉集合

連続写像の特徴付け

距離空間の間の写像が連続であることと次の 3 つは互いに同値

- 任意の開集合の逆像は開集合
- 任意の閉集合の逆像は閉集合
- 任意の点の像の近傍の逆像はその点の近傍

位相空間

§20 位相空間の定義

§20 のポイント

- **開集合系**を用いて，一般の集合に対して**位相**を定めることができる．
- 距離空間は**位相空間**の例である．
- 位相空間に対して，点列の**収束**や**閉集合**，**近傍**などの概念を定めることができる．

20・1 位相空間とはなにか——定義と例

距離空間の開集合系のみたす性質［⇨**定理 17.4**］に注目し，一般の集合に対して，位相という構造を考えることができる．

定義 20.1

X を空でない集合，$\mathfrak{O}$ を X の部分集合系［⇨ 例 6.1 ］とする．$\mathfrak{O}$ が次の (1)〜(3) をみたすとき，$\mathfrak{O}$ を X の**位相**という．

(1) $\emptyset, X \in \mathfrak{O}$.

(2) $O_1, O_2 \in \mathfrak{O} \Longrightarrow O_1 \cap O_2 \in \mathfrak{O}$.

(3) $(O_\lambda)_{\lambda \in \Lambda}$ を $\mathfrak{O}$ の元からなる集合族とすると，$\displaystyle\bigcup_{\lambda \in \Lambda} O_\lambda \in \mathfrak{O}$.

このとき，組 $(X, \mathfrak{O})$ または X を**位相空間**という．また，X の元を**点**ともいう．さらに，$\mathfrak{O}$ の元を X の**開集合**という．また，$\mathfrak{O}$ を X の**開集合系**ともいう．X に開集合系を定め，位相空間とみなすことを X に位相を**入れる**という．

まず，次の例題 20.1 について考えよう．

例題 20.1　X を集合とする．次の (1), (2) の場合について，X に入れることのできる位相をすべて求めよ．

(1) X は 1 個の元 p からなる集合 $X = \{p\}$ である．

(2) X は 2 個の元 p, q からなる集合 $X = \{p, q\}$ である．□□□

解　定義 20.1 (1)〜(3) の位相の条件をみたす X の部分集合系を求めればよい．

(1) 求める位相は $\mathfrak{O} = \{\emptyset, \{p\}\}$ のみである．

(2) 求める位相は

$$\begin{aligned} &\mathfrak{O}_1 = \{\emptyset, X\}, && \mathfrak{O}_2 = \{\emptyset, \{p\}, X\}, \\ &\mathfrak{O}_3 = \{\emptyset, \{q\}, X\}, && \mathfrak{O}_4 = \{\emptyset, \{p\}, \{q\}, X\} \end{aligned} \tag{20.1}$$

の 4 通りである．◇

注意 20.1　例題 20.1 (2) の $(X, \mathfrak{O}_2)$ または $(X, \mathfrak{O}_3)$ を**シェルピンスキー空間**ともいう．

なお，有限集合に入れることのできる位相を**有限位相**という．n 個の元からなる有限集合に入れることのできる位相の個数を，n の式で一般的にどのように表すことができるのかは未解決問題である．

位相空間の基本的な例をいくつか挙げよう．

例 20.1　(X, d) を距離空間とする．このとき，定理 17.4 より，d により定まる X の開集合系 $\mathfrak{O}$ は X の位相となる．よって，距離空間は位相空間である．

逆に，位相空間 $(X, \mathfrak{O})$ に対して，X のある距離 d が存在し，d により定まる X の開集合系が $\mathfrak{O}$ と一致する場合がある．このとき，$(X, \mathfrak{O})$ または $\mathfrak{O}$ は d により**距離付け可能**であるという．◆

例 20.2（密着空間）　X を空でない集合とする．このとき，X の部分集合系 $\{\emptyset, X\}$ は X の位相となる．この位相を**密着位相**という．密着位相を考えた位相空間 $(X, \{\emptyset, X\})$ を**密着空間**（または**密着位相空間**）という．例えば，例題 20.1 (2) の $(X, \mathfrak{O}_1)$ は密着空間である．

2 個以上の点を含む密着空間は距離付け可能ではない．実際，X を 2 個の点 p, q を含み，距離 d により距離付け可能な密着空間であると仮定すると，定理 17.1 より，$B\left(p; \frac{1}{2}d(p, q)\right)$ は p を含むが q は含まない X の開集合となり，これは密着空間の開集合が $\emptyset$ と X のみであることに矛盾する．◆

例 20.3（離散空間）　X を空でない集合とする．このとき，X のべき集合 2^X は X の位相となる．この位相を**離散位相**という．離散位相を考えた位相空間 $(X, 2^X)$ を**離散空間**（または**離散位相空間**）という．例えば，例題 20.1 (2) の $(X, \mathfrak{O}_4)$ は離散空間である．また，例 17.2 より，離散空間は離散距離により距離付け可能である．◆

距離空間の空でない部分集合は部分距離空間 [⇨ 例 16.3] となる．このことは位相空間に対して，次の定理 20.1 のように一般化することができる．

定理 20.1（重要）

$(X, \mathfrak{O})$ を位相空間，A を X の空でない部分集合とする．このとき，A の部分集合系 $\mathfrak{O}_A$ を

$$\mathfrak{O}_A = \{O \cap A \mid O \in \mathfrak{O}\} \tag{20.2}$$

により定めると，$\mathfrak{O}_A$ は A の位相となる（**図 20.1**）.

証明 $\mathfrak{O}_A$ が定義 20.1 (1)〜(3) の位相の条件をみたすことを確かめればよい.

位相の条件 (1) $\emptyset = \emptyset \cap A$ であり，定義 20.1 (1) より，$\emptyset \in \mathfrak{O}$ なので，(20.2) より，$\emptyset \in \mathfrak{O}_A$ である．また，$A = X \cap A$ であり，定義 20.1 (1) より，$X \in \mathfrak{O}$ なので，(20.2) より，$A \in \mathfrak{O}_A$ である．よって，$\mathfrak{O}_A$ は定義 20.1 (1) の位相の条件をみたす.

位相の条件 (2), (3) それぞれ例題 20.2，問 20.2 とする. ◇

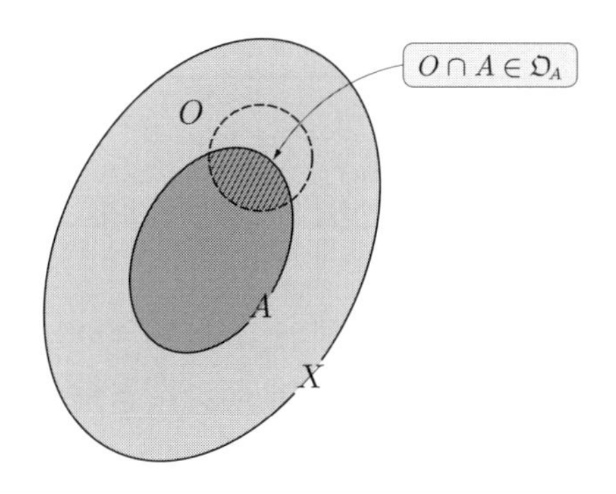

図 20.1 $\mathfrak{O}_A$ の元 $O \cap A$

例題 20.2 定理 20.1 において，$\mathfrak{O}_A$ が定義 20.1 (2) の位相の条件をみたすことを示せ. □□□

解 $O_1, O_2 \in \mathfrak{O}_A$ とする．このとき，(20.2) より，ある $O_1', O_2' \in \mathfrak{O}$ が存在し，$O_1 = O_1' \cap A$，$O_2 = O_2' \cap A$ となる．よって，

$$O_1 \cap O_2 = (O_1' \cap A) \cap (O_2' \cap A) = (O_1' \cap O_2') \cap A \qquad (20.3)$$

である．ここで，$O_1', O_2' \in \mathfrak{O}$ および定義 20.1 (2) より，$O_1' \cap O_2' \in \mathfrak{O}$ である．したがって，(20.2) より，$O_1 \cap O_2 \in \mathfrak{O}_A$ となり，$\mathfrak{O}_A$ は定義 20.1 (2) の位相の

条件をみたす．　◇

定理 20.1 において，$\mathfrak{O}_A$ を A の $\mathfrak{O}$ に関する**相対位相**（そうたい），組 $(A, \mathfrak{O}_A)$ を X の**部分位相空間**または**部分空間**という．

20・2　点列の収束

距離空間の点列の収束は開集合を用いて特徴付けることができた［⇨**定理 17.2**］．このことに注目すると，位相空間に対しても点列の収束を考えることができる．

定義 20.2

$(X, \mathfrak{O})$ を位相空間とする．

(1) 各 $n \in \mathbf{N}$ に対して，$a_n \in X$ が対応しているとき，これを $\{a_n\}_{n=1}^{\infty}$ と表し，X の**点列**という．

(2) $\{a_n\}_{n=1}^{\infty}$ を X の点列とし，$a \in X$ とする．$a \in O$ となる任意の $O \in \mathfrak{O}$ に対して，ある $N \in \mathbf{N}$ が存在し，$n \geq N$（$n \in \mathbf{N}$）ならば，$a_n \in O$ となるとき，$\{a_n\}_{n=1}^{\infty}$ は a に**収束する**という．このとき，$\lim_{n \to \infty} a_n = a$ または $a_n \to a$ $(n \to \infty)$ と表し，a を $\{a_n\}_{n=1}^{\infty}$ の**極限**という．

注意 20.2　距離空間の点列の極限は一意的であった［⇨**定理 16.1**］．**しかし，位相空間の場合はそうであるとは限らない**．例えば，密着空間の任意の点列は任意の点に収束する．

20・3　閉集合

定義 17.2 と同様に，位相空間について閉集合を考えることができる．

定義 20.3

X を位相空間とし，$A \subset X$ とする．$X \setminus A$ が X の開集合のとき，A を X

の**閉集合**という．

さらに，位相空間 X に対して，X の閉集合全体からなる集合系を $\mathfrak{A}$ と表す．$\mathfrak{A}$ を X の**閉集合系**という．定理 17.6 と同様に，次の定理 20.2 がなりたつ[1)]．

定理 20.2（重要）

X を位相空間とすると，次の (1)〜(3) がなりたつ．

(1) $\emptyset, X \in \mathfrak{A}$.

(2) $A_1, A_2 \in \mathfrak{A} \Longrightarrow A_1 \cup A_2 \in \mathfrak{A}$.

(3) $(A_\lambda)_{\lambda \in \Lambda}$ を $\mathfrak{A}$ の元からなる集合族とすると，$\bigcap_{\lambda \in \Lambda} A_\lambda \in \mathfrak{A}$.

20・4 その他の基本的概念

§19 で登場したさまざまな概念は位相空間に対しても考えることができる．まず，内点と近傍を定義しよう．

定義 20.4

X を位相空間とし，$x \in X$，$U \subset X$ とする．

(1) X のある開集合 O が存在し，$x \in O \subset U$ となるとき，x を U の**内点**という．

(2) x が U の内点のとき，U を x の**近傍**という．X の開集合または閉集合となる近傍をそれぞれ**開近傍**，**閉近傍**ともいう．

例 20.4 X を位相空間，O を X の開集合とし，$x \in O$ とする．このとき，x は O の内点である．また，O は x の開近傍である．さらに，A を $O \subset A$ となる X の閉集合とする．このとき，x は A の内点である．また，A は x の閉近

1) 最初に定理 20.2 (1)〜(3) をみたす部分集合系を閉集合系として定義し，その後で開集合系を定義することもできる．

傍である． ◆

次に，内部，外点，外部，境界点，境界を順に定義しよう．X を位相空間とし，$A \subset X$ とする．このとき，A の内点全体の集合を A^i または $\mathring{A}$ と表し，A の**内部**という．内部の定義より，

$$A^i = \bigcup \{O \subset A \,|\, O \text{ は } X \text{ の開集合}\} \tag{20.4}$$

となる．注意 19.1 と同様に，**A^i は A に含まれる X の開集合の中で，包含関係に関して最大のもの**である，といういい方をすることができる．また，**A が X の開集合であるための必要十分条件は $A^i = A$** である．

$(X \setminus A)^i$ の点を A の**外点**という．また，A の外点全体の集合，すなわち，$(X \setminus A)^i$ を A^e と表し，A の**外部**という．X を全体集合とすると，A の外点とは A^c の内点のことであり，$A^e = (A^c)^i$ である．また，外部の定義より，A^e は X の開集合である．

A の内点でも外点でもない点を A の**境界点**という．また，A の境界点全体の集合を ∂A と表し，A の**境界**という．

内部，外部，境界の定義より，X は互いに素な部分集合 $A^i, A^e, \partial A$ の和となる．すなわち，

$$X = A^i \sqcup A^e \sqcup \partial A \tag{20.5}$$

である．特に，A^i および A^e が X の開集合であることより，∂A は X の閉集合となる．

さらに，閉包，触点，集積点，導集合，孤立点を順に定義しよう．X を位相空間とし，$A \subset X$ とする．A を含む最小の閉集合を $\overline{A}$ と表し，A の**閉包**という．すなわち，

$$\overline{A} = \bigcap \{F \supset A \,|\, F \text{ は } X \text{ の閉集合}\} \tag{20.6}$$

である．$\overline{A}$ の点を A の**触点**という．特に，**A が X の閉集合であるための必要十分条件は $\overline{A} = A$** である．定理 19.3 と同様に，X を全体集合とすると，

$$\overline{A} = \left((A^c)^i\right)^c = (A^e)^c \tag{20.7}$$

である．

さらに，$x \in X$ とする．x が $A \setminus \{x\}$ の触点，すなわち，$x \in \overline{A \setminus \{x\}}$ のとき，x を A の**集積点**という．また，A の集積点全体の集合を A^d と表し，A の**導集合**という．さらに，$A \setminus A^d$ の点を A の**孤立点**という．定理 19.4 と同様に，

$$\overline{A} = A \cup A^d \tag{20.8}$$

である．

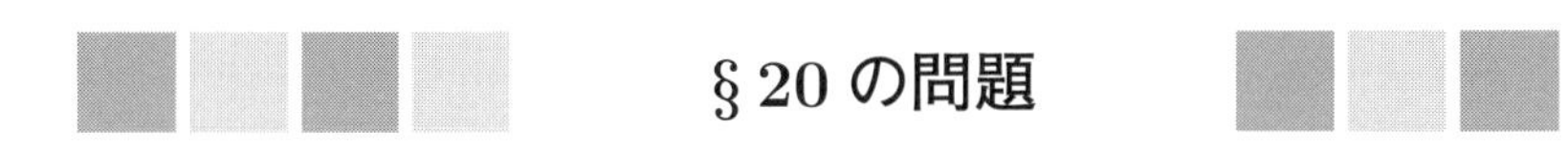

§20の問題

確認問題

問 20.1　X を 3 個の元 p, q, r からなる集合 $X = \{p, q, r\}$ とし，X の部分集合系 $\mathfrak{O}_1 \sim \mathfrak{O}_3$ を

$$\mathfrak{O}_1 = \{\emptyset, \{p\}\}, \quad \mathfrak{O}_2 = \{\emptyset, \{p, q\}, \{q, r\}, X\}, \quad \mathfrak{O}_3 = \{\emptyset, \{p\}, \{q\}, X\}$$

により定める．$\mathfrak{O}_1 \sim \mathfrak{O}_3$ は X の**位相ではない**ことを示せ．

□□□ [⇨ 20・1]

問 20.2　定理 20.1 において，$\mathfrak{O}_A$ が定義 20.1 (3) の位相の条件をみたすことを示せ．

□□□ [⇨ 20・1]

基本問題

問 20.3　$(X, \mathfrak{O})$ を位相空間，A を X の空でない部分集合，B を A の空でない部分集合とする．A の $\mathfrak{O}$ に関する相対位相 $\mathfrak{O}_A$ を考えると，B の $\mathfrak{O}_A$ に関する相対位相は B の $\mathfrak{O}$ に関する相対位相に一致することを示せ．

□□□ [⇨ 20・1]

§21 位相空間の間の連続写像

§21 のポイント

- 位相を用いて，位相空間の間の**連続写像**を定めることができる．
- 位相空間の間の連続写像によって，任意の**開**集合の逆像は**開**集合となる．
- 位相空間の間の連続写像によって，任意の**閉**集合の逆像は**閉**集合となる．
- 位相空間の間の全単射な連続写像で，逆写像も連続なものを**同相写像**という．

21・1 連続写像

距離空間の間の連続写像のみたす性質［⇨**定理 18.3**］に注目し，位相空間の間の写像に対する連続性を定めることができる．

定義 21.1

X, Y を位相空間，$f : X \to Y$ を写像とする．

(1) $a \in X$ とする．$f(a) \in O$ となる Y の任意の開集合 O に対して，$a \in O' \subset f^{-1}(O)$ となる X の開集合 O' が存在するとき，f は a で**連続**であるという．

(2) f が任意の $a \in X$ で連続なとき，f は**連続**であるという．特に，$\mathbf{R}$ や $\mathbf{C}$ への連続写像を**連続関数**ともいう．

注意 21.1　定義 21.1 の (2) において，f の連続性に対する条件は，それと同値な「任意の $a \in X$ に対して，f による $f(a) \in Y$ の任意の近傍の逆像が a の近傍となる」とすることもある（✍）．

位相空間の間の写像の合成を考えると，その連続性に関して，次の定理 21.1 がなりたつ．これは距離空間の場合の定理 18.1 と同様である．

定理 21.1（重要）

X, Y, Z を位相空間，$f : X \to Y$，$g : Y \to Z$ を写像とし，$a \in X$ とする．f が a で連続であり，g が $f(a)$ で連続ならば，$g \circ f$ は a で連続である．特に，f, g が連続ならば，$g \circ f$ は連続である．

証明　O を $(g \circ f)(a) = g(f(a)) \in O$ となる Z の開集合とする．このとき，

$$(g \circ f)^{-1}(O) = f^{-1}(g^{-1}(O)) \tag{21.1}$$

である．ここで，g は $f(a)$ で連続なので，連続性の定義（定義 21.1 (1)）より，$f(a) \in O' \subset g^{-1}(O)$ となる Y の開集合 O' が存在する．さらに，f は a で連続なので，連続性の定義（定義 21.1 (1)）より，$a \in O'' \subset f^{-1}(O')$ となる X の開集合 O'' が存在する．よって，(21.1) および定理 4.1 の (5) より，$a \in O'' \subset (g \circ f)^{-1}(O)$ となる．したがって，連続性の定義（定義 21.1 (1)）より，$g \circ f$ は a で連続である．　◇

また，定理 18.3，問 19.5 と同様に，次の定理 21.2 がなりたつ．

定理 21.2（重要）

X, Y を位相空間，$f : X \to Y$ を写像とすると，次の (1)〜(4) は互いに同値である．

(1) f は連続である．

(2) f による Y の任意の開集合の逆像は X の開集合である．

(3) f による Y の任意の閉集合の逆像は X の閉集合である．

(4) 任意の $A \subset X$ に対して，$f(\overline{A}) \subset \overline{f(A)}$ である．

注意 21.2　定理 21.2 より，位相空間の間の写像に対する連続性の条件は，定義 21.1 で述べたものの代わりに，定理 21.2 (2)〜(4) のどの条件を用いてもよい．

21・2 連続写像の例

連続写像の例について考えよう．

例題 21.1 離散空間［⇨ 例 20.3］から任意の位相空間への任意の写像は連続であることを示せ．□□□

解 $(X, \mathfrak{O}_X)$ を離散空間，$(Y, \mathfrak{O}_Y)$ を位相空間，$f: X \to Y$ を写像とする．ここで，$O \in \mathfrak{O}_Y$ とすると，$f^{-1}(O)$ は X の部分集合なので，離散位相の定義より，$f^{-1}(O) \in \mathfrak{O}_X$ である．よって，定理 21.2 の (1) ⇔ (2) より，f は連続である．すなわち，離散空間から任意の位相空間への任意の写像は連続である．◇

例 21.1 任意の位相空間から密着空間［⇨ 例 20.2］への任意の写像は連続であることを示そう．$(X, \mathfrak{O}_X)$ を位相空間，$(Y, \mathfrak{O}_Y)$ を密着空間，$f: X \to Y$ を写像とする．まず，密着位相の定義より，$\mathfrak{O}_Y = \{\emptyset, Y\}$ である．また，

$$f^{-1}(\emptyset) = \emptyset \overset{\because\ \text{定義 } 20.1\,(1)}{\in} \mathfrak{O}_X, \quad f^{-1}(Y) = X \overset{\because\ \text{定義 } 20.1\,(1)}{\in} \mathfrak{O}_X \tag{21.2}$$

である．よって，定理 21.2 の (1) ⇔ (2) より，f は連続である．すなわち，任意の位相空間から密着空間への任意の写像は連続である．◆

例 21.2 位相空間の間の定値写像［⇨ 例 4.2］は連続である［⇨ 問 21.2］．◆

例 21.3 X を位相空間とする．恒等写像 1_X［⇨ 例 4.4］による X の任意の開集合 O の逆像は O である．よって，定理 21.2 の (1) ⇔ (2) より，1_X は連続である．◆

注意 21.3 例 21.3 において，1_X の定義域と値域で異なる位相を考える場合は，1_X は連続であるとは限らない．

例えば，X を 2 個以上の元を含む集合とし，1_X の定義域については密着位相を考え，値域については離散位相を考えると，1_X は連続ではない．実際，$p \in X$ とすると，$\{p\}$ は離散位相に関して X の開集合であるが, ${1_X}^{-1}(\{p\}) = \{p\}$ は密着位相に関して X の開集合でも閉集合でもないからである．

21・3 同相写像

注意 21.3 に関連して，定義 18.2 と同様に，次の定義 21.2 のように定める．

定義 21.2

X, Y を位相空間とする．

(1) $f: X \to Y$ を写像とする．f が全単射であり，f および f^{-1} が連続なとき，f を**同相写像**という．

(2) X から Y への同相写像が存在するとき，X と Y は**同相**であるという．

同相な位相空間は同相写像を通して，集合の元どうしばかりでなく，定理 21.2 の (1) ⇔ (2) より，開集合系どうしが 1 対 1 に対応する．位相空間を考える際には，同相な位相空間は同一視することが多い [⇨p. 92 脚注 1)]．また，定理 21.2 の (1) ⇔ (2) より，次の定理 21.3 がなりたつ．

定理 21.3

X を空でない集合，$\mathfrak{O}, \mathfrak{O}'$ を X の位相とすると，次の (1), (2) は同値である．

(1) $\mathfrak{O} = \mathfrak{O}'$.

(2) 恒等写像 1_X は $(X, \mathfrak{O})$ から $(X, \mathfrak{O}')$ への同相写像を定める．

21・4 部分空間への写像

部分空間［⇨**定理 20.1** および p. 160］への写像の連続性に関して，次の定理 21.4 がなりたつ．

> **定理 21.4**
>
> X, Y を位相空間，B を Y の部分空間，$f : X \to B$ を写像，$\iota : B \to Y$ を包含写像［⇨ **例 4.4**］とする．このとき，
>
> f が連続 $\Longleftrightarrow$ $\iota \circ f$ が連続　（**図 21.1**）

証明　部分空間の定義（定理 20.1）より，B の開集合は Y の開集合 O を用いて，$O \cap B$ と表され，

$$(\iota \circ f)^{-1}(O) = f^{-1}(\iota^{-1}(O)) = f^{-1}(O \cap B), \tag{21.3}$$

すなわち，

$$(\iota \circ f)^{-1}(O) = f^{-1}(O \cap B) \tag{21.4}$$

である．よって，$\iota \circ f$ による Y の開集合 O の逆像が X の開集合となることと，f による B の開集合 $O \cap B$ の逆像が X の開集合となることは同値である．したがって，定理 21.2 の (1) ⇔ (2) より，f が連続であることと $\iota \circ f$ が連続であることは同値である．　◇

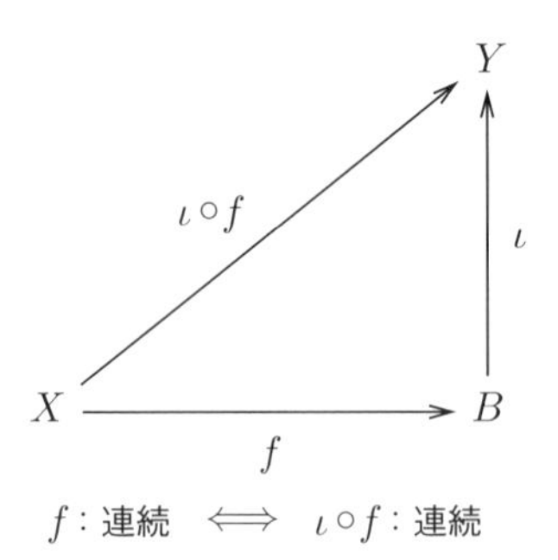

図 21.1　定理 21.4（このような図を**可換図式**という）

例 21.4　定理 21.4 において，X も Y の部分空間 B とし，$f=1_B$ とする．このとき，例 21.3 より，1_B は連続なので，$\iota \circ 1_B=\iota$ は連続となる．すなわち，**部分空間から元の位相空間への包含写像は連続**である．◆

例 21.5　X, Y を位相空間，$f: X \to Y$ を連続写像，A を X の部分空間とする．このとき，f の A への制限 $f|_A$ [⇨ **例 4.5**] は包含写像 $\iota: A \to X$ と f の合成 $f \circ \iota$ に一致する（**図 21.2**）．すなわち，$f|_A=f \circ \iota$ である．ここで，f は連続であり，例 21.4 より，ι は連続なので，定理 21.1 より，$f \circ \iota=f|_A$ は連続である．すなわち，**位相空間の間の連続写像の部分空間への制限は連続**である．◆

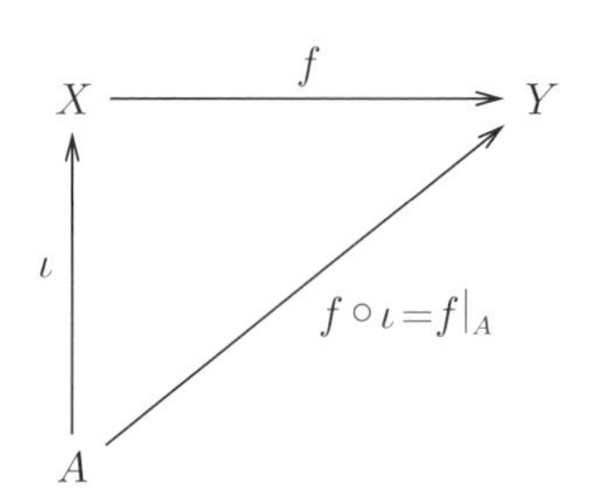

図 21.2　写像 f の定義域 A への制限 $f|_A$

例 21.6　X, Y を位相空間，B を Y の部分空間，$g: X \to Y$ を $g(X) \subset B$ となる連続写像とする．このとき，定理 21.4 において，g の値域を B へ制限した写像を f とすると，$g=\iota \circ f$ である（**図 21.3**）．また，g は連続なので，f は

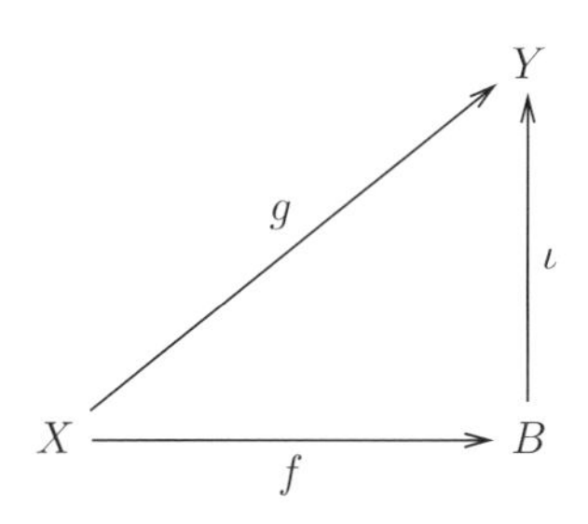

図 21.3　写像 g の値域 B への制限 f

連続である．すなわち，**位相空間の間の連続写像の値域を像を含む部分空間へ制限して得られる写像は連続**である． ◆

§21 の問題

確認問題

問 21.1　X, Y を位相空間，$f: X \to Y$ を写像とする．

(1) $a \in X$ とする．f が a で連続であることの定義を書け．

(2) f が連続であることの定義を書け．　□□□ [⇨ **21・1**]

問 21.2　位相空間の間の定値写像は連続であることを示せ．

□□□ [⇨ **21・2**]

問 21.3　X, Y を位相空間とする．

(1) $f: X \to Y$ を写像とする．f が同相写像であることの定義を書け．

(2) X と Y が同相であることの定義を書け．　□□□ [⇨ **21・3**]

基本問題

問 21.4　X を位相空間とし，X で定義された実数値連続関数全体の集合を $C(X)$ と表す．$f, g \in C(X)$ に対して，実数値関数 $f + g: X \to \mathbf{R}$ を

$$(f+g)(x) = f(x) + g(x) \qquad (x \in X)$$

により定めると，$f + g \in C(X)$ であることを示せ[1]．　□□□ [⇨ **21・1**]

---

[1] さらに，$c \in \mathbf{R}$ とし，実数値関数 $cf, fg: X \to \mathbf{R}$ を $(cf)(x) = cf(x)$, $(fg)(x) = f(x)g(x)$ $(x \in X)$ により定めると，$cf, fg \in C(X)$ となる（✍）．

§22 基本近傍系 **

§22 のポイント

- **基本近傍系**を用いて，連続写像を特徴付けることができる．
- 任意の点が**可算基本近傍系**をもつ位相空間は**第一可算公理**をみたすという．
- 第一可算公理をみたす位相空間から位相空間への写像に対しては，連続性と**点列連続**性は同値となる．

22・1 基本近傍系とはなにか——定義と例

位相空間の点列の収束や位相空間の間の写像に対する連続性などについて考察する場合，考えるべき点における近傍［⇨**定義 19.1** (2)］がすべて必要とされるわけではない．例えば，距離空間の場合は点 a における ε 近傍 $B(a;\varepsilon)$ (17.1) が基本的役割を果たす．§22 では，距離空間の 1 個の点における ε 近傍全体の集合の一般化である，基本近傍系について述べよう．

定義 22.1

X を位相空間とし，$x \in X$ とする．

(1) x の近傍全体の集合を $\mathfrak{U}(x)$（ウー）と表し[1]，x の**近傍系**という[2]．

(2) $\mathfrak{U}^*(x) \subset \mathfrak{U}(x)$ とする．任意の $U \in \mathfrak{U}(x)$ に対して，ある $U^* \in \mathfrak{U}^*(x)$ が存在し，$U^* \subset U$ となるとき，$\mathfrak{U}^*(x)$ を x の**基本近傍系**という．

基本近傍系の例をいくつか挙げよう．

例 22.1 X を位相空間とし，$x \in X$ とする．このとき，$\mathfrak{U}(x)$ は明らかに x の

1) ドイツ文字については，裏見返しを参考にするとよい．

2) 近傍系から開集合系を定めることもできる［⇨［松坂］p. 162 定理 11］．

基本近傍系である. ◆

例 22.2 X を距離空間とし, $a \in X$ とする. このとき,

$$\mathfrak{U}^*(a) = \{B(a;\varepsilon) \mid \varepsilon > 0\} \tag{22.1}$$

とおく. 距離空間の開集合および近傍の定義 (定義 17.1 (2), 定義 19.1 (2)) より, $\mathfrak{U}^*(a)$ は a の基本近傍系となる (**図 22.1**). ◆

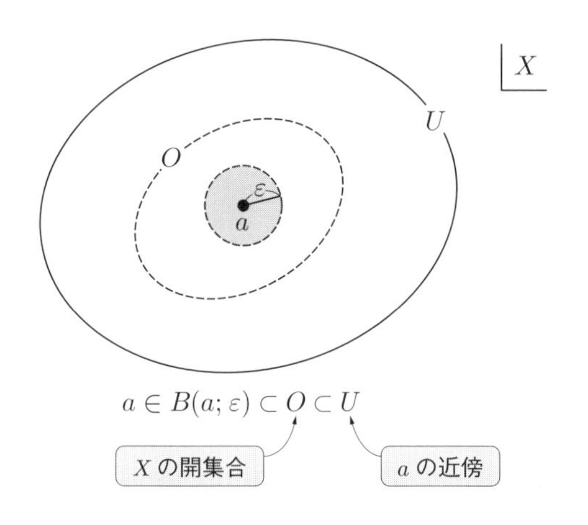

図 22.1　a の ε 近傍全体は a の基本近傍系

例 22.3 X を位相空間とし, $x \in X$ とする. このとき, x の開近傍 [⇨**定義 19.1** (2)] 全体の集合を $\mathfrak{U}^*(x)$ とおく. 位相空間の近傍および開近傍の定義より, $\mathfrak{U}^*(x)$ は x の基本近傍系となる. ◆

注意 22.1 例 22.3 に対して, 閉近傍 [⇨**定義 19.1** (2)] 全体の集合は基本近傍系になることもあれば, **ならないこともある**.

例えば, 例 22.2 において, 開球体の閉包 (19.6) を考え,

$$\mathfrak{U}^{**}(a) = \left\{ \overline{B(a;\varepsilon)} \;\middle|\; \varepsilon > 0 \right\} \tag{22.2}$$

とおく. このとき, $\overline{B(a;\frac{\varepsilon}{2})} \subset B(a;\varepsilon)$ なので, $\mathfrak{U}^{**}(a)$ は a の基本近傍系となる. 特に, a の閉近傍全体の集合は $\mathfrak{U}^{**}(a)$ を含むので, a の基本近傍系となる.

一方，X を 2 個の元 p, q からなる集合，すなわち，$X = \{p, q\}$ とし，

$$\mathfrak{O} = \{\emptyset, \{p\}, X\} \tag{22.3}$$

とおく［⇨ **例題 20.1** (2)］．このとき，

$$\mathfrak{U}(p) = \{\{p\}, X\} \tag{22.4}$$

であるが，$\{p\}$ は X の閉集合ではないので，p の閉近傍は X のみである．よって，$\{p\} \in \mathfrak{U}(p)$ に含まれる p の閉近傍は存在しない．したがって，p の閉近傍全体の集合 $\{X\}$ は p の基本近傍系ではない．

22・2　連続写像の特徴付け

位相空間の間の写像に対する連続性は，基本近傍系を用いて特徴付けることができる．

定理 22.1

X, Y を位相空間，$f : X \to Y$ を写像とする．さらに，各 $a \in X$ に対して，$f(a) \in Y$ の基本近傍系 $\mathfrak{U}^*(f(a))$ があたえられているとする．このとき，次の (1), (2) は同値である．

(1) f は連続である．

(2) 任意の $a \in X$ および $U^* \in \mathfrak{U}^*(f(a))$ に対して，$f^{-1}(U^*) \in \mathfrak{U}(a)$ である．

証明　**(1) ⇒ (2)**　$\mathfrak{U}^*(f(a)) \subset \mathfrak{U}(f(a))$ なので，$U^* \in \mathfrak{U}(f(a))$ である．よって，(1) および注意 21.1 より，$f^{-1}(U^*) \in \mathfrak{U}(a)$ である．

(2) ⇒ (1)　$a \in X$，$U \in \mathfrak{U}(f(a))$ とする．このとき，基本近傍系の定義（定義 22.1 (2)）より，ある $U^* \in \mathfrak{U}^*(f(a))$ が存在し，$U^* \subset U$ となる．よって，定理 4.1 (5) より，$f^{-1}(U^*) \subset f^{-1}(U)$ である．ここで，(2) より，$f^{-1}(U^*) \in \mathfrak{U}(a)$ なので，$f^{-1}(U) \in \mathfrak{U}(a)$ となる．a は任意なので，注意 21.1 より，f は連続である．◇

22・3　写像の連続性と点列の収束

次に，位相空間の間の写像に対する連続性と点列の収束の関係について考えよう．まず，定理 18.2 (1) ⇒ (2) と同様に，次の定理 22.2 がなりたつ[3)]．

定理 22.2（重要）

X, Y を位相空間，$f: X \to Y$ を写像とし，$a \in X$ とする．f が a で連続ならば，a に収束する X の任意の点列 $\{a_n\}_{n=1}^{\infty}$ に対して，Y の点列 $\{f(a_n)\}_{n=1}^{\infty}$ は $f(a)$ に収束する．

定理 22.2 において，X, Y が距離空間の場合は逆もなりたったが，X, Y が一般の位相空間の場合は**逆はなりたつとは限らない**[4)]．そこでまず，次の定義 22.2 のように定めよう．

定義 22.2

X, Y を位相空間，$f: X \to Y$ を写像とし，$a \in X$ とする．a に収束する X の任意の点列 $\{a_n\}_{n=1}^{\infty}$ に対して，Y の点列 $\{f(a_n)\}_{n=1}^{\infty}$ が $f(a)$ に収束するとき，f は a で**点列連続**であるという．

例 22.4　点列連続ではあるが，連続ではない写像の例を挙げよう．X を非可算集合［⇨ 9・3］とし，X の部分集合系 $\mathfrak{O}$ を

$$\mathfrak{O} = \{O \subset X \mid X \setminus O \text{ は高々可算［⇨ 9・2］}\} \cup \{\emptyset\} \tag{22.5}$$

により定める．このとき，$\mathfrak{O}$ は X の位相となる［⇨ 例題 22.1，問 22.2］．$\mathfrak{O}$ を**余可算位相**（**補可算位相**または**可算補集合位相**）という．

$a \in X$ に対して，$\{a_n\}_{n=1}^{\infty}$ を $\mathfrak{O}$ に関して a に収束する X の点列とし，$A \subset X$

---

3) 定理 18.2 (1) ⇒ (2) の証明において，$d_X(x, a) < \delta$ などの部分を開集合に置き換えて議論すればよい（✍）．

4) 定理 18.2 (2) ⇒ (1) の証明において，各 $n \in \mathbf{N}$ に対して，$d_X(a_n, a) < \frac{1}{n}$ を考える部分を単純に開集合に置き換えることができない．

を

$$A = \{a_n \mid n \in \mathbf{N},\ a_n \neq a\} \tag{22.6}$$

により定める．このとき，$a \notin A$ であり，A は高々可算である．よって，$a \in X \setminus A \in \mathfrak{O}$ である．さらに，$\{a_n\}_{n=1}^{\infty}$ は $\mathfrak{O}$ に関して a に収束するので，点列の収束の定義（定義 20.2 (2)）より，ある $N \in \mathbf{N}$ が存在し，$n \geq N$（$n \in \mathbf{N}$）ならば，$a_n \in X \setminus A$ となる．したがって，A の定義式 (22.6) より，$n \geq N$（$n \in \mathbf{N}$）ならば，$a_n = a$ である．このことより，X の離散位相 2^X を考えると，$\{a_n\}_{n=1}^{\infty}$ が $\mathfrak{O}$ に関して $a \in X$ に収束するならば，$\{a_n\}_{n=1}^{\infty}$ は 2^X に関しても a に収束する．すなわち，$(X, \mathfrak{O})$ から $(X, 2^X)$ への恒等写像 1_X は a で点列連続である．

一方，X は非可算集合なので，X の 1 個の点からなる集合は $\mathfrak{O}$ に関する X の開集合ではない．よって，任意の $a \in X$ に対して，$(X, \mathfrak{O})$ から $(X, 2^X)$ への恒等写像 1_X は a で連続ではない．◆

例題 22.1　例 22.4 において，$\mathfrak{O}$ は定義 20.1 (1), (2) の位相の条件をみたすことを示せ．□□□

解　**位相の条件 (1)**　まず，明らかに $\emptyset \in \mathfrak{O}$ である．また，$X \setminus X = \emptyset$ であり，$\emptyset$ は高々可算なので，$X \in \mathfrak{O}$ である．よって，$\mathfrak{O}$ は定義 20.1 (1) の条件をみたす．

位相の条件 (2)　$O_1, O_2 \in \mathfrak{O}$ とする．$O_1 = \emptyset$ または $O_2 = \emptyset$ のとき，$O_1 \cap O_2 = \emptyset$ である．よって，$O_1 \cap O_2 \in \mathfrak{O}$ である．$O_1 \neq \emptyset$ かつ $O_2 \neq \emptyset$ のとき，$X \setminus O_1$，$X \setminus O_2$ は高々可算である．ここで，ド・モルガンの法則（定理 2.6 (2)）より，

$$X \setminus (O_1 \cap O_2) = (X \setminus O_1) \cup (X \setminus O_2) \tag{22.7}$$

なので，問 9.4 (3) より，$X \setminus (O_1 \cap O_2)$ は高々可算である．よって，$O_1 \cap O_2 \in \mathfrak{O}$ である．したがって，$\mathfrak{O}$ は定義 20.1 (2) の条件をみたす．◇

注意 22.2　X を空でない集合とし，X の部分集合系 $\mathfrak{O}$ を

$$\mathfrak{O} = \{O \subset X \mid X \setminus O \text{ は有限集合}\} \cup \{\emptyset\} \tag{22.8}$$

により定める．このとき，例22.4の余可算位相の場合と同様に，$\mathfrak{O}$ は X の位相となる（✍）．$\mathfrak{O}$ を**余有限位相**（**補有限位相**または**有限補集合位相**）という．また，$X = \mathbf{R}, \mathbf{C}$ のときは，$\mathfrak{O}$ を**ザリスキー位相**ともいう．

22・4　可算基本近傍系と第一可算公理

位相空間に対して，可算個の元からなる基本近傍系を**可算基本近傍系**という．距離空間に対しては，各点において可算基本近傍系が存在する．実際，X を距離空間とし，$a \in X$ とするとき，

$$\mathfrak{U}^*(a) = \left\{ B\left(a; \frac{1}{n}\right) \,\middle|\, n \in \mathbf{N} \right\} \tag{22.9}$$

とおくと，$\mathfrak{U}^*(a)$ は a の可算基本近傍系となる．なお，上の $\mathfrak{U}^*(a)$ の元は n が増えていくにつれて包含関係に関して小さくなっていくことにも注意しておこう．この事実は距離空間の間の写像に対する連続性と点列連続性の同値性［⇨ **定理18.2**］と深く関わる．そこで，次の定義22.3のように定める．

定義22.3

X を位相空間とする．X の任意の点が可算基本近傍系をもつとき，X は**第一可算公理**をみたすという．

例22.5　上で述べたことより，距離空間は第一可算公理をみたす．◆

第一可算公理をみたす位相空間に対しては，(22.9) のような可算基本近傍系が存在する．

定理22.3

X を第一可算公理をみたす位相空間とし，$x \in X$ とすると，x のある可算基本近傍系 $(U_n)_{n \in \mathbf{N}}$ が存在し，

$$U_1 \supset U_2 \supset \cdots \supset U_n \supset \cdots \tag{22.10}$$

となる．

証明 X は第一可算公理をみたすので，x の可算基本近傍系 $(V_n)_{n\in\mathbf{N}}$ が存在する．よって，

$$U_n = V_1 \cap V_2 \cap \cdots \cap V_n \qquad (n \in \mathbf{N}) \tag{22.11}$$

とおけばよい． ◇

それでは，定理 22.3 と可算選択公理 [⇨ **例 12.1**] を用いて，次の定理 22.4 を示そう．

定理 22.4（重要）

X を第一可算公理をみたす位相空間，Y を位相空間，$f : X \to Y$ を写像とし，$a \in X$ とする．このとき，

$$f \text{ が } a \text{ で点列連続} \Longrightarrow f \text{ は } a \text{ で連続}$$

証明 対偶を示す．

f が a で連続ではないと仮定する．X は第一可算公理をみたすので，定理 22.3 より，a のある可算基本近傍系 $(U_n)_{n\in\mathbf{N}}$ が存在し，(22.10) がなりたつ．ここで，f は a で連続ではないので，$f(a)$ のある近傍 V が存在し，$f^{-1}(V)$ は a の近傍とはならない．よって，任意の $n \in \mathbf{N}$ に対して，$U_n \not\subset f^{-1}(V)$ である．したがって，可算選択公理 [⇨ **例 12.1**] より，各 $n \in \mathbf{N}$ に対して，$a_n \in U_n$ を $f(a_n) \notin V$ となるように選ぶことができる．(22.10) より，X の点列 $\{a_n\}_{n=1}^{\infty}$ は a に収束するが，Y の点列 $\{f(a_n)\}_{n=1}^{\infty}$ は $f(a)$ に収束しない． ◇

§22 の問題

確認問題

問 22.1　X を位相空間とし，$x \in X$ とする．

(1) x の近傍系の定義を書け．

(2) x の基本近傍系の定義を書け．　□□□ [⇨ 22・1]

問 22.2　例 22.4 において，$\mathfrak{O}$ は定義 20.1 (3) の位相の条件をみたすことを示せ．　□□□ [⇨ 22・3]

問 22.3　次の問に答えよ．

(1) 位相空間の可算基本近傍系の定義を書け．

(2) 位相空間に対する第一可算公理を書け．　□□□ [⇨ 22・4]

基本問題

問 22.4　X を第一可算公理をみたす位相空間とする．

(1) O を X の空でない部分集合とする．次の □ をうめることにより，「任意の $a \in O$ および a に収束する X の任意の点列 $\{a_n\}_{n=1}^{\infty}$ に対して，ある $N \in \mathbf{N}$ が存在し，$n \geq N$（$n \in \mathbf{N}$）ならば，$a_n \in O$ となる」ならば，O は X の開集合であることを示せ［⇨**定理 14.3**］．

　①を示す．O が X の開集合ではないと仮定する．このとき，ある $a \in O$ が存在し，a の任意の近傍 U に対して，U ② O となる．ここで，X は ③ をみたすので，定理 22.3 より，a のある可算基本近傍系 $(U_n)_{n \in \mathbf{N}}$ が存在し，

$$U_1 \supset U_2 \supset \cdots \supset U_n \supset \cdots$$

となる．よって，各 $n \in \mathbf{N}$ に対して，$a_n \in U_n$ を a_n ④ O となるように

選ぶことができる．$(U_n)_{n=1}^{\infty}$ の性質より，X の点列 $\{a_n\}_{n=1}^{\infty}$ は a に収束するが，任意の $n \in \mathbf{N}$ に対して，a_n $\boxed{\text{④}}$ O である．

(2) A を X の空でない部分集合とする．「A の任意の収束する点列 $\{a_n\}_{n=1}^{\infty}$ に対して，$\lim_{n\to\infty} a_n \in A$ となる」ならば，A は X の閉集合であることを示せ［⇨**定理 15.2**］．　□□□［⇨ **22・4**］

§23 位相の生成 **

§23のポイント

- 開集合系の包含関係を用いて，2つの位相を比較することができる．
- 位相の**準基底**は位相を**生成**する．
- 開集合は位相の**基底**の元からなる族の和として表すことができる．
- 高々可算な基底が存在する位相空間は**第二可算公理**をみたすという．

23・1 位相の比較

部分集合系が位相となるためには，定義 20.1 (1)〜(3) の位相の条件をみたさなければならない．しかし，部分集合系を含むような位相を考えることはできる．例えば，離散位相は任意の部分集合を含むため，そのような例となるが，§23 では逆にできるだけ「小さい」位相について考えよう．

まず，2つの位相を比較する言葉をきちんと定めておく．

定義 23.1

X を空でない集合，$\mathfrak{O}_1, \mathfrak{O}_2$ を X の位相とする．$\mathfrak{O}_1 \subset \mathfrak{O}_2$ のとき，$\mathfrak{O}_1$ は $\mathfrak{O}_2$ より**小さい**（**弱い**または**粗い**）という．また，$\mathfrak{O}_2$ は $\mathfrak{O}_1$ より**大きい**（**強い**または**細かい**）という．

例 23.1 X を位相空間とする．このとき，X の密着位相は X のどの位相よりも小さい．一方，X の離散位相は X のどの位相よりも大きい．◆

定理 21.2 の (1) $\Leftrightarrow$ (2) より，次の定理 23.1 がなりたつ．

定理 23.1

X を空でない集合，$\mathfrak{O}_1, \mathfrak{O}_2$ を X の位相とすると，次の (1), (2) は同値である．

(1) $\mathfrak{O}_1$ は $\mathfrak{O}_2$ より小さい．

(2) 恒等写像 1_X は $(X, \mathfrak{O}_2)$ から $(X, \mathfrak{O}_1)$ への連続写像である．

23・2　位相の生成と準基底

X を空でない集合，$\mathfrak{M}$ を X の部分集合系とする[1]．このとき，$\mathfrak{M}$ を含む X の位相全体の中で最も小さいものを $\mathfrak{O}(\mathfrak{M})$ と表し，**$\mathfrak{M}$ により生成される位相**という．また，$\mathfrak{M}$ を $\mathfrak{O}(\mathfrak{M})$ の**準基底**（**部分基底**または**準開基**）という．

$\mathfrak{O}(\mathfrak{M})$ および位相の定義（定義 20.1）より，$\mathfrak{O}(\mathfrak{M})$ に関して，まず，次の定理 23.2 がなりたつ（✍）．

定理 23.2

$\mathfrak{O}(\mathfrak{M}) = \bigcap \{\mathfrak{O} \mid \mathfrak{M} \subset \mathfrak{O},\ \mathfrak{O}$ は X の位相$\}$.

以下では，$\mathfrak{O}(\mathfrak{M})$ をより具体的に表すことを考えていこう．

まず，定義 20.1 (2) の位相の条件に注目し，$\mathfrak{M}$ の有限個の元 $O_1, O_2, \cdots, O_n$ を用いて，

$$O_1 \cap O_2 \cap \cdots \cap O_n \tag{23.1}$$

と表されるもの全体の集合を $\mathfrak{M}_0$ と表す．特に，$n=1$ の場合を考えると，$\mathfrak{M} \subset \mathfrak{M}_0$ である．また，$n=0$ の場合も考え，$\mathfrak{M}$ の 0 個の元の共通部分は X であると約束する．よって，$X \in \mathfrak{M}_0$ である．

次に，定義 20.1 (3) の位相の条件に注目し，$\mathfrak{M}_0$ の元からなる集合族 $(O_\lambda)_{\lambda \in \Lambda}$ を用いて，$\displaystyle\bigcup_{\lambda \in \Lambda} O_\lambda$ と表されるもの全体の集合を $\widetilde{\mathfrak{M}}$ と表す．特に，Λ が 1 個の元からなる場合を考えると，$\mathfrak{M}_0 \subset \widetilde{\mathfrak{M}}$ である．また，$\Lambda = \emptyset$ の場合も考え，$\mathfrak{M}_0$ の 0 個の元の和は $\emptyset$ であると約束する．よって，$\emptyset \in \widetilde{\mathfrak{M}}$ である．このとき，次の定理 23.3 がなりたつ．

[1] ドイツ文字については，裏見返しを参考にするとよい．

定理 23.3（重要）

$\mathfrak{O}(\mathfrak{M}) = \widetilde{\mathfrak{M}}$.

証明　まず，$\widetilde{\mathfrak{M}}$ は X の位相である [⇨ 例題 23.1, 問 23.2].

次に，$\mathfrak{M} \subset \mathfrak{M}_0$ および $\mathfrak{M}_0 \subset \widetilde{\mathfrak{M}}$ より，$\mathfrak{M} \subset \widetilde{\mathfrak{M}}$ である．ここで，$\mathfrak{O}$ を $\mathfrak{M}$ を含む X の任意の位相とする．このとき，$\mathfrak{M}_0$ の定義および定義 20.1 (2) の位相の条件より，$\mathfrak{M}_0 \subset \mathfrak{O}$ となる．さらに，$\widetilde{\mathfrak{M}}$ の定義および定義 20.1 (3) の位相の条件より，$\widetilde{\mathfrak{M}} \subset \mathfrak{O}$ となる．

よって，$\mathfrak{O}(\mathfrak{M})$ が $\mathfrak{M}$ を含む X の位相全体の中で最も小さいものであることより，$\mathfrak{O}(\mathfrak{M}) = \widetilde{\mathfrak{M}}$ である．◇

例題 23.1　定理 23.3 において，$\widetilde{\mathfrak{M}}$ は定義 20.1 (1), (3) の位相の条件をみたすことを示せ．□□□

解　**位相の条件 (1)**　$X \in \mathfrak{M}_0$ および $\mathfrak{M}_0 \subset \widetilde{\mathfrak{M}}$ より，$X \in \widetilde{\mathfrak{M}}$ である．また，$\emptyset \in \widetilde{\mathfrak{M}}$ である．よって，$\widetilde{\mathfrak{M}}$ は定義 20.1 (1) の位相の条件をみたす．

位相の条件 (3)　$\widetilde{\mathfrak{M}}$ の定義より，$\widetilde{\mathfrak{M}}$ は定義 20.1 (3) の位相の条件をみたす．◇

23・3　位相の基底

$\mathfrak{M}_0$ から $\mathfrak{O}(\mathfrak{M})$ を構成したことをもとに，次の定義 23.2 のように定める．

定義 23.2

$(X, \mathfrak{O})$ を位相空間とし，$\overset{ベー}{\mathfrak{B}} \subset \mathfrak{O}$ とする[2)]．任意の $O \in \mathfrak{O}$ が $\mathfrak{B}$ の元からなる部分集合族 $(O_\lambda)_{\lambda \in \Lambda}$ を用いて，$O = \bigcup_{\lambda \in \Lambda} O_\lambda$ と表されるとき，$\mathfrak{B}$ を

2) ドイツ文字については，裏見返しを参考にするとよい．

$\mathfrak{O}$ の**基底**（または**開基**）という．

注意 23.1　$(X, \mathfrak{O})$ を位相空間，$\mathfrak{B}$ を $\mathfrak{O}$ の基底とする．このとき，$\mathfrak{O} = \mathfrak{O}(\mathfrak{B})$ となるので，$\mathfrak{B}$ は $\mathfrak{O}$ の準基底でもある．

例 23.2　$\mathfrak{M}_0$ は $\mathfrak{O}(\mathfrak{M})$ の基底である．◆

例 23.3　(X, d) を距離空間とし，X の部分集合系 $\mathfrak{B}$ を

$$\mathfrak{B} = \{B(x; \varepsilon) \mid x \in X,\ \varepsilon > 0\} \tag{23.2}$$

により定める．距離空間の開集合の定義（定義 17.1 (2)）より，$\mathfrak{B}$ は d により定まる位相の基底となる（✍）．◆

例 23.4　$\mathfrak{O}$ を 1 次元ユークリッド空間 $\mathbf{R}$ の位相とする．例 23.3 より，有界開区間全体の集合は $\mathfrak{O}$ の基底である．

これに対して，無限開区間全体の集合を $\mathfrak{M}$ としよう．このとき，$\mathfrak{M}$ は $\mathfrak{O}$ の基底ではない．しかし，任意の有界開区間は 2 つの無限開区間の共通部分として表すことができる（✍）．よって，$\mathfrak{M}$ は $\mathfrak{O}$ の準基底である．◆

部分集合系がある位相の基底となるための必要十分条件は，次の定理 23.4 のように述べることができる[3]．

定理 23.4

X を空でない集合，$\mathfrak{B}$ を X の部分集合系とする．$\mathfrak{B}$ が X のある位相の基底となるための必要十分条件は次の (1), (2) がなりたつことである．

(1) 任意の $x \in X$ に対して，ある $O \in \mathfrak{B}$ が存在し，$x \in O$ となる．

(2) $O_1, O_2 \in \mathfrak{B}$，$O_1 \cap O_2 \neq \emptyset$ ならば，任意の $x \in O_1 \cap O_2$ に対して，ある $O \in \mathfrak{B}$ が存在し，$x \in O \subset O_1 \cap O_2$ となる．

[3] 詳しくは，例えば，［内田］p. 79 定理 17.1 を見よ．

23・4 第二可算公理

位相の基底に関連して，第二可算公理について述べよう．

定義 23.3

$(X, \mathfrak{O})$ を位相空間とする．$\mathfrak{O}$ の高々可算な基底が存在するとき，X は**第二可算公理**をみたすという．

第二可算公理をみたす位相空間の例を挙げるための準備をしておこう．

定義 23.4

X を位相空間とする．

(1) $A \subset X$ とする．$\overline{A} = X$ [⇨(20.6)] となるとき，A は X において**稠密**であるという．

(2) X が稠密かつ高々可算な部分集合をもつとき，X は**可分**であるという．

例 23.5　まず，1次元ユークリッド空間 $\mathbf{R}$ の部分集合 $\mathbf{Q}$ が $\mathbf{R}$ において稠密であることを背理法により示す．$\mathbf{Q}$ が $\mathbf{R}$ において稠密ではないと仮定する．このとき，$\overline{\mathbf{Q}} \subsetneq \mathbf{R}$ なので，定理 19.3 より，$x \in (\mathbf{R} \setminus \mathbf{Q})^i$ が存在する．さらに，$(\mathbf{R} \setminus \mathbf{Q})^i$ は $\mathbf{R}$ の開集合なので，ある有界開区間 (a, b) が存在し，

$$x \in (a, b) \subset (\mathbf{R} \setminus \mathbf{Q})^i \tag{23.3}$$

となる．ここで，任意の有界開区間はある有理数を含むので，これは矛盾である．よって，$\overline{\mathbf{Q}} = \mathbf{R}$，すなわち，$\mathbf{Q}$ は $\mathbf{R}$ において稠密である．

また，$\mathbf{Q}$ は可算である [⇨ 例 9.5]．よって，$\mathbf{Q}$ は $\mathbf{R}$ の稠密な可算部分集合である．すなわち，$\mathbf{R}$ は可分である．

さらに，距離空間 $\mathbf{R}$ の n 個の直積[4)]として得られる $\mathbf{R}^n$ も可分である．実際，$\mathbf{Q}$ の n 個の直積 $\mathbf{Q}^n$ が $\mathbf{R}^n$ の稠密な可算部分集合となる．◆

---

4)　例 16.4 より，有限個の距離空間の直積は距離空間となる．

$\mathbf{R}^n$ は第二可算公理をみたす．より一般に，次の定理 23.5 として述べよう．

定理 23.5（重要）

可分な距離空間は第二可算公理をみたす．

証明　(X, d) を可分な距離空間とする．

まず，X は可分なので，稠密で高々可算な X の部分集合 A が存在する．このとき，

$$\mathfrak{B} = \{B(x; \varepsilon) \mid x \in A,\ \varepsilon > 0,\ \varepsilon \in \mathbf{Q}\} \tag{23.4}$$

とおく．A は高々可算であり，$\mathbf{Q}$ は可算なので，$\mathfrak{B}$ は高々可算である［⇨ **例 9.3**］（**図 23.1**）．

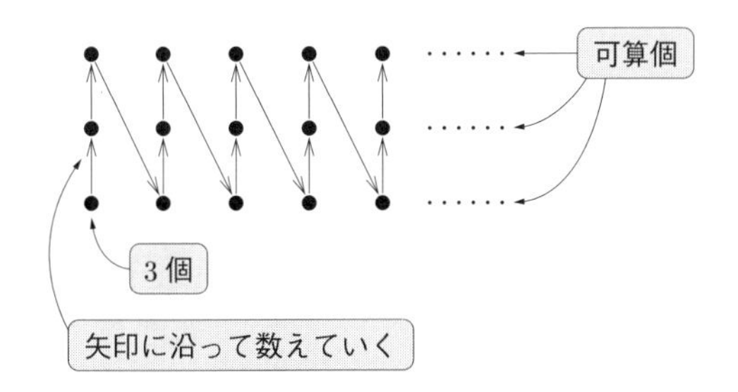

図 23.1　3 個の元からなる有限集合と可算集合の直積の数え方

次に，$\mathfrak{B}$ が X の位相の基底となることを示す．O を X の開集合とし，$x \in O$ とする．このとき，距離空間の開集合の定義（定義 17.1 (2)）より，ある $\varepsilon > 0$ が存在し，$B(x; \varepsilon) \subset O$ となる．ここで，$B\left(x; \frac{\varepsilon}{3}\right) \cap A = \emptyset$ であると仮定すると，$B\left(x; \frac{\varepsilon}{3}\right) \subset (X \setminus A)^i$ となり，A が X において稠密であることに矛盾する．よって，$y \in B\left(x; \frac{\varepsilon}{3}\right) \cap A$ が存在する．$r \in \mathbf{Q}$ を $\frac{1}{3}\varepsilon < r < \frac{2}{3}\varepsilon$ となるように選んでおくと，

$$d(x, y) < \frac{1}{3}\varepsilon < r \tag{23.5}$$

なので，$x \in B(y; r)$ である．また，$z \in B(y; r)$ とすると，

$$d(x,z) \overset{\because \text{三角不等式}}{\le} d(x,y)+d(y,z) < \frac{1}{3}\varepsilon + r < \frac{1}{3}\varepsilon + \frac{2}{3}\varepsilon = \varepsilon \qquad (23.6)$$

なので，$B(y;r) \subset B(x;\varepsilon)$ である．したがって，$x \in B(y;r) \subset O$ となるので，O はこのような $B(y;r)$ の和として表すことができる．$B(y;r) \in \mathfrak{B}$ なので，$\mathfrak{B}$ は X の位相の基底である． ◇

§ 23 の問題

確認問題

問 23.1　X を空でない集合，$\mathfrak{M}$ を X の部分集合系とする．$\mathfrak{M}$ により生成される位相の定義を書け．　□□□ [⇨ **23・2**]

問 23.2　定理 23.3 において，$\mathfrak{O}$ は定義 20.1 (2) の位相の条件をみたすことを示せ．　□□□ [⇨ **23・2**]

問 23.3　$(X, \mathfrak{O})$ を位相空間とし，$\mathfrak{B} \subset \mathfrak{O}$ とする．$\mathfrak{B}$ が $\mathfrak{O}$ の基底であることの定義を書け．　□□□ [⇨ **23・3**]

問 23.4　位相空間に対する第二可算公理を書け．　□□□ [⇨ **23・4**]

基本問題

問 23.5　$(X, \mathfrak{O}_X)$，$(Y, \mathfrak{O}_Y)$ を位相空間，$f: X \to Y$ を写像，$\mathfrak{M}$ を $\mathfrak{O}_Y$ の準基底とする．f が連続であることと任意の $O \in \mathfrak{M}$ に対して，$f^{-1}(O) \in \mathfrak{O}_X$ となることは同値であることを示せ．　□□□ [⇨ **23・2**]

問 23.6　$\mathfrak{B}_u$ を左半開区間全体の集合とする．

(1) 次の □ をうめることにより，$\mathfrak{B}_u$ は $\mathbf{R}$ のある位相の基底となることを示せ．

まず，任意の $x \in \mathbf{R}$ に対して，x を含む $\boxed{①}$ 区間が存在する．また，2つの $\boxed{①}$ 区間の共通部分は $\boxed{②}$ ならば，$\boxed{①}$ 区間である．よって，定理 23.4 より，$\mathfrak{B}_u$ は $\mathbf{R}$ のある位相の基底となる．

(2) (1) により定まる $\mathbf{R}$ の位相を $\mathfrak{O}_u$ と表す．$\mathfrak{O}_u$ を**上限位相**，$(\mathbf{R}, \mathfrak{O}_u)$ を**ゾルゲンフライ直線**という[5]．次の $\boxed{}$ をうめることにより，左半開区間は $(\mathbf{R}, \mathfrak{O}_u)$ の開集合でも閉集合でもあることを示せ．

左半開区間を $(a, b]$ と表しておく．ただし，$a, b \in \mathbf{R}$，$a < b$ である．まず，基底の定義（定義 23.2）より，$(a, b]$ は $(\mathbf{R}, \mathfrak{O}_u)$ の $\boxed{①}$ 集合である．次に，$n \in \mathbf{N}$ とすると，$(a - n, a]$ および $(b, b + n]$ は $(\mathbf{R}, \mathfrak{O}_u)$ の $\boxed{①}$ 集合である．ここで，

$$(-\infty, a] \cup (b, +\infty) = \left(\bigcup_{n=1}^{\infty} (a - n, a] \right) \cup \left(\bigcup_{n=1}^{\infty} \boxed{②} \right)$$

である．よって，基底の定義（定義 23.2）より，$(-\infty, a] \cup (b, +\infty)$ は $(\mathbf{R}, \mathfrak{O}_u)$ の $\boxed{①}$ 集合である．さらに，

$$(a, b] = \mathbf{R} \setminus \left((-\infty, a] \cup \boxed{③} \right)$$

である．したがって，閉集合の定義（定義 20.3）より，$(a, b]$ は $(\mathbf{R}, \mathfrak{O}_u)$ の $\boxed{④}$ 集合である．以上より，左半開区間は $(\mathbf{R}, \mathfrak{O}_u)$ の開集合でも閉集合でもある．

(3) 有界開区間は $(\mathbf{R}, \mathfrak{O}_u)$ の開集合であることを示せ．

(4) $\mathfrak{B}_l$ を右半開区間全体の集合とすると，(1) と同様に，$\mathfrak{B}_l$ は $\mathbf{R}$ のある位相の基底となる．$\mathfrak{O}_l$ を $\mathfrak{B}_l$ を基底とする $\mathbf{R}$ の位相とすると，(2), (3) と同様に，右半開区間は $(\mathbf{R}, \mathfrak{O}_l)$ の開集合でも閉集合でもあり，有界開区間は $(\mathbf{R}, \mathfrak{O}_l)$ の開集合である．$\mathfrak{O}_l$ を**下限位相**という．$(\mathbf{R}, \mathfrak{O}_l)$ もゾルゲンフライ直線と

---

[5] ゾルゲンフライ直線は第一可算公理をみたし可分であるが，第二可算公理をみたさない．例えば，［矢野］p. 70 例 2.9 を見よ．特に，定理 23.5 より，ゾルゲンフライ直線は距離付け可能ではない．

いう．$\mathfrak{O}_u$ および $\mathfrak{O}_l$ より大きい $\mathbf{R}$ の位相は離散位相であることを示せ．

□□□ [⇨ **23・3**]

§24 誘導位相 **

§24 のポイント

- 1 つの集合から位相空間族への写像族を用いて，新たな位相空間を作ることができる．
- 位相空間族から 1 つの集合への写像族を用いて，新たな位相空間を作ることができる．
- 上記 2 つの方法により定められる位相を**誘導位相**という．

24・1 位相空間族への写像族による誘導位相

1 つの集合から位相空間族への写像族，あるいは位相空間族から 1 つの集合への写像族[1)]を用いて，新たな位相空間を作ることができる．

まず，1 つの集合から位相空間族への写像族があたえられているとする．このとき，定義域の位相で，各写像が連続となるものを考えよう．例えば，離散位相はそのような位相の例となるが，24・1 では逆にできるだけ小さい位相 [⇨ 23・1] について考えよう．

定義 24.1

X を空でない集合，$((X_\lambda, \mathfrak{O}_\lambda))_{\lambda\in\Lambda}$ を位相空間族とし，各 $\lambda \in \Lambda$ に対して，写像 $f_\lambda : X \to X_\lambda$ があたえられているとする．このとき，X の部分集合系

$$\{f_\lambda^{-1}(O_\lambda) \mid \lambda \in \Lambda,\ O_\lambda \in \mathfrak{O}_\lambda\} \tag{24.1}$$

により生成される X の位相を $(f_\lambda)_{\lambda\in\Lambda}$ による**誘導位相**という．

定義 24.1 において，各 f_λ が連続となるためには少なくとも f_λ による $(X_\lambda, \mathfrak{O}_\lambda)$

1) 添字集合があたえられており，各添字に対して，位相空間や写像が対応している，ということである [⇨ 6・2].

の開集合の逆像は X の開集合でなければならないので［⇨**定理 21.2** (2)］，$(f_\lambda)_{\lambda\in\Lambda}$ による誘導位相は各 f_λ が連続となる X の位相の中で最も小さい．

例 24.1（相対位相）　$(X, \mathfrak{O})$ を位相空間，A を X の空でない部分集合，$\iota : A \to X$ を包含写像［⇨ **例 4.4**］とする．このとき，$O \in \mathfrak{O}$ とすると，

$$\iota^{-1}(O) = O \cap A \tag{24.2}$$

である．よって，$\iota^{-1}(\mathfrak{O})$ により生成される A の位相は A の $\mathfrak{O}$ に関する相対位相［⇨**定理 20.1** および p. 160］に他ならない．すなわち，**包含写像による部分集合の誘導位相は相対位相に一致する．** ◆

例 24.2（積位相）　$(X, \mathfrak{O}_X)$，$(Y, \mathfrak{O}_Y)$ を位相空間，$p_X : X \times Y \to X$，$p_Y : X \times Y \to Y$ を射影［⇨**定義 12.2**］，すなわち，

$$p_X(x, y) = x, \quad p_Y(x, y) = y \quad ((x, y) \in X \times Y) \tag{24.3}$$

により定められる写像とする．このとき，$\{p_X, p_Y\}$ による $X \times Y$ の誘導位相を $(X, \mathfrak{O}_X)$ と $(Y, \mathfrak{O}_Y)$ の**積位相**（または**直積位相**）という．また，積位相を考えた位相空間 $X \times Y$ を**積空間**（**直積空間**または**直積位相空間**）という． ◆

積位相の基底［⇨**定義 23.2**］としては，次の定理 24.1 に述べるものを選ぶことができる．

定理 24.1（重要）

$(X, \mathfrak{O}_X)$，$(Y, \mathfrak{O}_Y)$ を位相空間とし，$X \times Y$ の部分集合系 $\mathfrak{O}_X \times \mathfrak{O}_Y$ を

$$\mathfrak{O}_X \times \mathfrak{O}_Y = \{O_X \times O_Y \mid O_X \in \mathfrak{O}_X,\ O_Y \in \mathfrak{O}_Y\} \tag{24.4}$$

により定める．このとき，$\mathfrak{O}_X \times \mathfrak{O}_Y$ は $(X, \mathfrak{O}_X)$ と $(Y, \mathfrak{O}_Y)$ の積位相の基底である．

証明　$X \times Y$ の部分集合系

$$\{{p_X}^{-1}(O_X), {p_Y}^{-1}(O_Y) \mid O_X \in \mathfrak{O}_X,\ O_Y \in \mathfrak{O}_Y\} \tag{24.5}$$

を考える．定理 4.1 (7)，および開集合の性質（定義 20.1 (2)）より，(24.5) の有限個

の元の共通部分は，ある $O_X \in \mathfrak{O}_X$, $O_Y \in \mathfrak{O}_Y$ を用いて，${p_X}^{-1}(O_X) \cap {p_Y}^{-1}(O_Y)$ と表すことができる．ここで，

$$
{p_X}^{-1}(O_X) \cap {p_Y}^{-1}(O_Y) = (O_X \times Y) \cap (X \times O_Y) = O_X \times O_Y \qquad (24.6)
$$

である（✍）．よって，$\mathfrak{O}_X \times \mathfrak{O}_Y$ は $(X, \mathfrak{O}_X)$ と $(Y, \mathfrak{O}_Y)$ の積位相の基底である．

◇

定理 24.1 において，$\mathfrak{O}_X \times \mathfrak{O}_Y$ の元 $O_X \times O_Y$ を $X \times Y$ の**基本開集合**（または**初等開集合**）という（**図 24.1**）．

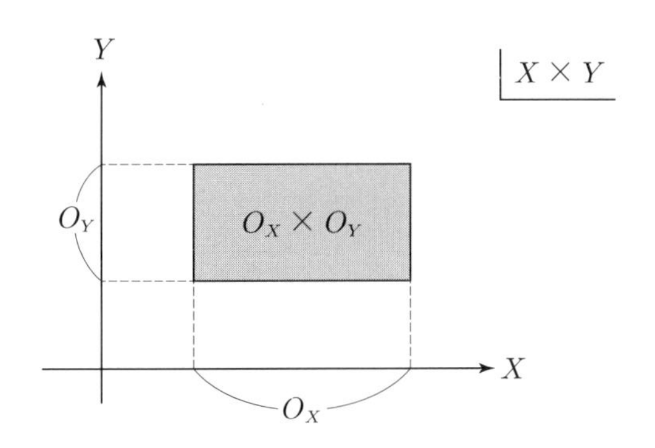

図 24.1 基本開集合 $O_X \times O_Y$

例題 24.1 (X, d_X), (Y, d_Y) を距離空間とし，$\mathfrak{O}_X$, $\mathfrak{O}_Y$ をそれぞれ d_X, d_Y により定まる X, Y の位相とする．また，直積距離空間 $(X \times Y, d')$ を考え［⇨ **例 16.4**］，$\mathfrak{O}_{d'}$ を d' により定まる $X \times Y$ の位相とする．さらに，$\mathfrak{O}_{X \times Y}$ を $(X, \mathfrak{O}_X)$ と $(Y, \mathfrak{O}_Y)$ の積位相とする．このとき，$\mathfrak{O}_{d'} \subset \mathfrak{O}_{X \times Y}$ であることを示せ．□□□ ✍

解 $(x, y) \in X \times Y$, $\varepsilon > 0$ に対して，$(x', y') \in B_{X \times Y}((x, y); \varepsilon)$ とする．ただし，$B_{X \times Y}((x, y); \varepsilon)$ は d' に関する (x, y) の ε 近傍である．このとき，$\varepsilon' > 0$ を

$$
\varepsilon' = \frac{1}{2}\bigl(\varepsilon - d'((x, y), (x', y'))\bigr) \qquad (24.7)
$$

により定めることができる．ここで，$B_X(x';\varepsilon'), B_Y(y';\varepsilon')$ をそれぞれ d_X, d_Y に関する x', y' の ε' 近傍とし，$x'' \in B_X(x';\varepsilon'), y'' \in B_Y(y';\varepsilon')$ とすると，

$$\begin{aligned} d'((x,y),(x'',y'')) &\overset{\because\ \text{三角不等式}}{\leq} d'((x,y),(x',y'))+d'((x',y'),(x'',y'')) \\ &\overset{\because\ (16.6)}{=} d'((x,y),(x',y')) + d_X(x',x'') + d_Y(y',y'') \\ &< d'((x,y),(x',y')) + \varepsilon' + \varepsilon' \overset{\because\ (24.7)}{=} \varepsilon \end{aligned} \tag{24.8}$$

となる．すなわち，$d'((x,y),(x'',y''))<\varepsilon$ となるので，$(x'',y'')\in B_{X\times Y}((x,y);\varepsilon)$ である．よって，

$$B_X(x';\varepsilon') \times B_Y(y';\varepsilon') \subset B_{X\times Y}((x,y);\varepsilon) \tag{24.9}$$

となるので，定理 24.1 より，$B_{X\times Y}((x,y);\varepsilon) \in \mathfrak{O}_{X\times Y}$ である．さらに，例 23.3 より，$B_{X\times Y}((x,y);\varepsilon)$ と表される $X\times Y$ の部分集合全体は $\mathfrak{O}_{d'}$ の基底となるので，開集合の性質（定義 20.1 (3)）より，$\mathfrak{O}_{d'} \subset \mathfrak{O}_{X\times Y}$ である．◇

注意 24.1　例題 24.1 において，問 24.3 とあわせると，$\mathfrak{O}_{d'} = \mathfrak{O}_{X\times Y}$ となる．

例 24.2 は次の定義 24.2 のように一般化することができる．ただし，選択公理（公理 12.1）を認める．

定義 24.2

$((X_\lambda, \mathfrak{O}_\lambda))_{\lambda\in\Lambda}$ を位相空間族とし，$X = \prod_{\lambda\in\Lambda} X_\lambda$ とおく[2)]．また，各 $\lambda\in\Lambda$ に対して，$p_\lambda : X \to X_\lambda$ を射影とする．このとき，$(p_\lambda)_{\lambda\in\Lambda}$ による X の誘導位相を $((X_\lambda, \mathfrak{O}_\lambda))_{\lambda\in\Lambda}$ の**積位相**（または**直積位相**）という．また，積位相を考えた位相空間 X を**積空間**（**直積空間**または**直積位相空間**）という．

定義 24.2 において，積位相の基底 $\mathfrak{B}$ としては

$$\mathfrak{B} = \left\{ \prod_{\lambda\in\Lambda} O_\lambda \;\middle|\; O_\lambda \in \mathfrak{O}_\lambda \text{ であり，有限個の } \lambda \text{ を除いて } O_\lambda = X_\lambda \right\} \tag{24.10}$$

を選ぶことができる．証明は定理 24.1 と同様である．また，$\mathfrak{B}$ の元を X の**基本開集合**（または**初等開集合**）という．

---

2)　選択公理（公理 12.1）より，$X \neq \emptyset$ である．

24・2　位相空間族からの写像族による誘導位相

次に，位相空間族から 1 つの集合への写像族があたえられているとする．このとき，値域の位相で，各写像が連続となるものを考えよう．例えば，密着位相はそのような位相の例となるが，24・2 では逆にできるだけ大きい位相［⇨ 23・1］について考えよう．

X を空でない集合，$((X_\lambda, \mathfrak{O}_\lambda))_{\lambda\in\Lambda}$ を位相空間族とし，各 $\lambda \in \Lambda$ に対して，写像 $f_\lambda : X_\lambda \to X$ があたえられているとする．このとき，X の部分集合系 $\mathfrak{O}$ を

$$\mathfrak{O} = \{O \subset X \mid 任意の\ \lambda \in \Lambda\ に対して，f_\lambda^{-1}(O) \in \mathfrak{O}_\lambda\} \tag{24.11}$$

により定める．定理 4.1 (7)，定理 6.3 (3) および開集合の性質（定義 20.1 (2), (3)）より，$\mathfrak{O}$ は X の位相となる（✍）．また，$\mathfrak{O}$ の定義式 (24.11) より，$\mathfrak{O}$ は各 f_λ が連続となる X の位相の中で最も大きい．$\mathfrak{O}$ を $(f_\lambda)_{\lambda\in\Lambda}$ による**誘導位相**という．

例 24.3（直和位相）　$((X_\lambda, \mathfrak{O}_\lambda))_{\lambda\in\Lambda}$ を位相空間族とし，$(X_\lambda)_{\lambda\in\Lambda}$ の直和 $\coprod_{\lambda\in\Lambda} X_\lambda$ を X とおく［⇨ 2・1］[3]．また，各 $\lambda \in \Lambda$ に対して，写像 $\iota_\lambda : X_\lambda \to X$ を

$$\iota_\lambda(x) = x \qquad (x \in X_\lambda) \tag{24.12}$$

により定める．このとき，$\mathfrak{O}$ を $(\iota_\lambda)_{\lambda\in\Lambda}$ による X の誘導位相とする．すなわち，

$$\begin{aligned} \mathfrak{O} &= \{O \subset X \mid 任意の\ \lambda \in \Lambda\ に対して，\iota_\lambda^{-1}(O) \in \mathfrak{O}_\lambda\} \\ &= \left\{ \coprod_{\lambda\in\Lambda} O_\lambda \,\middle|\, 任意の\ \lambda \in \Lambda\ に対して，O_\lambda \in \mathfrak{O}_\lambda \right\} \end{aligned} \tag{24.13}$$

である．$\mathfrak{O}$ を $((X_\lambda, \mathfrak{O}_\lambda))_{\lambda\in\Lambda}$ の**直和位相**という．◆

位相空間に同値関係［⇨**定義 7.3**］を定め，商集合［⇨ 8・2］を考えるといった場面は，例えば，位相幾何学を始めとする幾何学においてよく現れる．こ

---

3) すなわち，各 X_λ は互いに素である．

のとき，商集合は次の例 24.4 のように位相空間となる．

例 24.4（商位相）　$(X, \mathfrak{O})$ を位相空間，$\sim$ を X 上の同値関係，$\pi : X \to X/\sim$ を自然な射影とする．このとき，$X/\sim$ の π による誘導位相を**商位相**という．また，商位相を考えた位相空間 $X/\sim$ を**商空間**（または**商位相空間**）という．◆

§24 の問題

確認問題

問 24.1　X を空でない集合，$((X_\lambda, \mathfrak{O}_\lambda))_{\lambda \in \Lambda}$ を位相空間族とし，各 $\lambda \in \Lambda$ に対して，写像 $f_\lambda : X \to X_\lambda$ があたえられているとする．$(f_\lambda)_{\lambda \in \Lambda}$ による誘導位相の定義を書け．

□□□ [⇨ **24・1**]

問 24.2　X, Y を位相空間とする．積空間 $X \times Y$ の基本開集合の定義を書け．

□□□ [⇨ **24・1**]

問 24.3　(X, d_X)，(Y, d_Y) を距離空間とし，$\mathfrak{O}_X$, $\mathfrak{O}_Y$ をそれぞれ d_X, d_Y により定まる X, Y の位相とする．また，直積距離空間 $(X \times Y, d')$ を考え，$\mathfrak{O}_{d'}$ を d' により定まる $X \times Y$ の位相とする．さらに，$\mathfrak{O}_{X \times Y}$ を $(X, \mathfrak{O}_X)$ と $(Y, \mathfrak{O}_Y)$ の積位相とする．このとき，$\mathfrak{O}_{X \times Y} \subset \mathfrak{O}_{d'}$ であることを示せ．

□□□ [⇨ **24・1**]

問 24.4　X を空でない集合，$((X_\lambda, \mathfrak{O}_\lambda))_{\lambda \in \Lambda}$ を位相空間族とし，各 $\lambda \in \Lambda$ に対して，写像 $f_\lambda : X_\lambda \to X$ があたえられているとする．$(f_\lambda)_{\lambda \in \Lambda}$ による誘導位相を内包的記法を用いて表せ．

□□□ [⇨ **24・2**]

基本問題

問 24.5　位相空間族 $((X_\lambda, \mathfrak{O}_\lambda))_{\lambda\in\Lambda}$ に対して，$X = \prod_{\lambda\in\Lambda} X_\lambda$ とおき，$((X_\lambda, \mathfrak{O}_\lambda))_{\lambda\in\Lambda}$ の積位相を考える．また，$\lambda \in \Lambda$ に対して，$p_\lambda : X \to X_\lambda$ を射影とする．さらに，$(Y, \mathfrak{O}_Y)$ を位相空間，$f : Y \to X$ を写像とする．次の $\boxed{}$ をうめることにより，f が連続であることと，任意の $\lambda \in \Lambda$ に対して $p_\lambda \circ f$ が連続であることは同値であることを示せ．

まず，f が連続であると仮定する．積位相の定義（定義 24.2）より，任意の λ に対して，p_λ は $\boxed{①}$ である．よって，定理 21.1 より，$p_\lambda \circ f$ は連続である．

次に，任意の $\lambda \in \Lambda$ に対して，$p_\lambda \circ f$ が連続であると仮定する．$O \in \mathfrak{O}_\lambda$ とすると，仮定および定理 21.2 の (1) ⇔ (2) より，

$$f^{-1}(p_\lambda^{-1}(O)) = \left(\boxed{②} \right)^{-1}(O) \in \mathfrak{O}_Y,$$

すなわち，$f^{-1}(p_\lambda^{-1}(O)) \in \mathfrak{O}_Y$ である．ここで，積位相の定義（定義 24.2）より，$\boxed{③}$ は $((X_\lambda, \mathfrak{O}_\lambda))_{\lambda\in\Lambda}$ の積位相の準基底である．よって，問 23.5 より，f は連続である．

したがって，f が連続であることと，任意の $\lambda \in \Lambda$ に対して $p_\lambda \circ f$ が連続であることは同値である．

□□□ [⇨ 24・1]

問 24.6　次の問に答えよ．

(1) 同値関係がみたす 3 つの条件を書け．

(2) $(X, \mathfrak{O}_X)$ を位相空間，$\sim$ を X 上の同値関係とし，商空間 $X/\sim$ を考える．また，$\pi : X \to X/\sim$ を自然な射影とする．さらに，$(Y, \mathfrak{O}_Y)$ を位相空間，$f : X/\sim \to Y$ を写像とする．f が連続であることと $f \circ \pi$ が連続であることは同値であることを示せ．　□□□ [⇨ 24・2]

第6章のまとめ

位相空間

X：空でない集合，$\mathfrak{O}$：X の部分集合系

$\mathfrak{O}$：**位相**

$$\Updownarrow \text{def.}$$

$$(1)\ \emptyset, X \in \mathfrak{O} \qquad (2)\ O_1, O_2 \in \mathfrak{O} \ \Rightarrow\ O_1 \cap O_2 \in \mathfrak{O}$$

$$(3)\ (O_\lambda)_{\lambda\in\Lambda}：\mathfrak{O} \text{ の元からなる集合族} \Rightarrow \bigcup_{\lambda\in\Lambda} O_\lambda \in \mathfrak{O}$$

◦ $\mathfrak{O}$ の元を**開集合**という．開集合を用いることにより

- 位相空間の間の**連続写像**を定めることができる
- 点列の**収束**や**閉集合**を定めることができる

基本近傍系

X：位相空間，$x \in X$，$\mathfrak{U}(x)$：x の近傍全体（**近傍系**）

$\mathfrak{U}^*(x)$：x の**基本近傍系**

$$\Updownarrow \text{def.}$$

$${}^\forall U \in \mathfrak{U}(x),\ {}^\exists U^* \in \mathfrak{U}^*(x) \text{ s.t. } U^* \subset U$$

◦ **第一可算公理**：任意の点が可算基本近傍系をもつ

位相の生成

準基底や**基底**から位相を定めることができる

◦ **第二可算公理**：高々可算な基底が存在する

誘導位相

1つの集合から位相空間族への写像族，あるいは位相空間族から1つの集合への写像族を用いて定められる位相

連結性とコンパクト性

§25 弧状連結空間と連結空間

§25 のポイント

- 任意の 2 個の点を結ぶ**道**が存在する位相空間は**弧状連結**であるという.
- **連結**空間の開集合かつ閉集合となる部分集合はそれ自身と空集合のみである.
- 弧状連結性，連結性は連続写像によって不変である.

25・1 弧状連結空間

§25 では位相空間のつながり具合を表す，弧状連結性と連結性について述べよう．まず，弧状連結性から始める．

定義 25.1

X を位相空間とする.

(1) 連続写像 $\gamma : [0,1] \to X$ を X の**道**（**弧**または X 内の**曲線**）という[1].

---

1) $[0,1]$ の位相は 1 次元ユークリッド空間 $\mathbf{R}$ の部分空間としての相対位相［⇨**定理 20.1** および p. 160］を考えている.

このとき，$\gamma(0)$, $\gamma(1)$ をそれぞれ γ の**始点**，**終点**という．

(2) $x, y \in X$ とする．x を始点，y を終点とする X の道 γ を **x と y を結ぶ道**という．

(3) X の任意の2個の点を結ぶ道が存在するとき，X は**弧状連結**であるという．弧状連結な位相空間を**弧状連結空間**という．

(4) A を X の空でない部分集合とする．A が相対位相に関して弧状連結なとき，A は**弧状連結**であるという．

注意 25.1　定義 25.1 において，位相空間の2個の点を道で結ぶことができるという関係は同値関係［⇨**定義 7.3**］となる（**図 25.1**）．

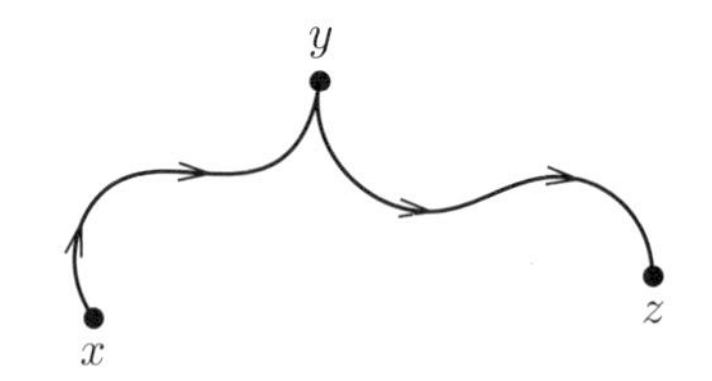

図 25.1　道で結ぶことができるという関係

例 25.1　X を密着空間［⇨**例 20.2**］とし，$x, y \in X$ とする．このとき，

$$\gamma(t) = \begin{cases} x & (t = 0), \\ y & (t \in (0, 1]) \end{cases} \tag{25.1}$$

とおくと，例 21.1 より，γ は x と y を結ぶ X の道となる．よって，X は弧状連結である．すなわち，密着空間は弧状連結である．◆

例 25.2（凸集合）　n 次元ユークリッド空間 $\mathbf{R}^n$ を考え，$\boldsymbol{x}, \boldsymbol{y} \in \mathbf{R}^n$ とする．このとき，$\boldsymbol{x}$ と $\boldsymbol{y}$ を結ぶ $\mathbf{R}^n$ の道 γ を

$$\gamma(t) = (1 - t)\boldsymbol{x} + t\boldsymbol{y} \qquad (t \in [0, 1]) \tag{25.2}$$

により定めることができる．γ を**線分**という．

ここで，A を $\mathbf{R}^n$ の空でない部分集合とする．任意の $\boldsymbol{x}, \boldsymbol{y} \in A$ に対して，像が A に含まれるような $\boldsymbol{x}$ と $\boldsymbol{y}$ を結ぶ線分が存在するとき，A は**凸**であるという（**図 25.2**）．例えば，$\mathbf{R}^n$ 自身は凸である．また，$\boldsymbol{a} \in \mathbf{R}^n$，$\varepsilon > 0$ とすると，$\boldsymbol{a}$ の ε 近傍 $B(\boldsymbol{a}; \varepsilon)$ は凸である（✍）．凸性の定義より，$\mathbf{R}^n$ の凸な部分集合は弧状連結である．◆

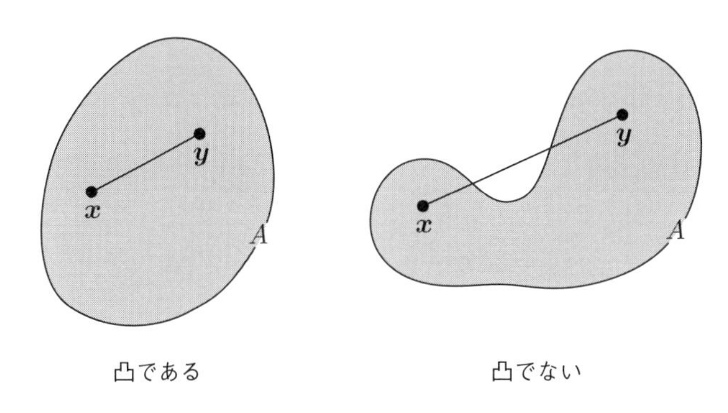

図 25.2　$\mathbf{R}^2$ の部分集合の場合

次の定理 25.1 に示すように，弧状連結性は連続写像によって不変である[2]．

定理 25.1（重要）

X, Y を位相空間，$f: X \to Y$ を連続写像とする．

$$X \text{ が弧状連結} \Longrightarrow f(X) \text{ は弧状連結}$$

証明　$f(x), f(y) \in f(X)$（$x, y \in X$）とする．X は弧状連結なので，x と y を結ぶ X の道 γ が存在する．このとき，定理 21.1 および例 21.6 より，$f \circ \gamma$ は $f(x)$ と $f(y)$ を結ぶ $f(X)$ の道となる．よって，$f(X)$ は弧状連結である．◇

注意 25.2　定理 25.1 より，弧状連結性は同相な［⇨**定義 21.2** (2)］位相空間に対して不変な性質となる．すなわち，2 つの位相空間が互いに同相なとき，一

---

[2] このことを弧状連結性は連続写像によって**遺伝する**ともいう．

方が弧状連結ならば，もう一方も弧状連結であり，一方が弧状連結ではないならば，もう一方も弧状連結ではない．位相空間に対するこのような性質を**位相的性質**という．

25・2　連結空間

次に，連結性について述べよう．

定義 25.2

$(X, \mathfrak{O})$ を位相空間とする．

(1) X が空でない2つの開集合の直和として表されないとき，すなわち，

$$X = U \cup V, \quad U \cap V = \emptyset \qquad (U, V \in \mathfrak{O}) \tag{25.3}$$

ならば，「$U = \emptyset$, $V = X$」または「$U = X$, $V = \emptyset$」となるとき，X は**連結**であるという．連結な位相空間を**連結空間**という．

(2) A を X の空でない部分集合とする．A が相対位相に関して連結なとき，A は**連結**であるという．

注意 25.3　定義25.2および閉集合の定義（定義20.3）より，位相空間 X が連結であることと X の開集合かつ閉集合となる部分集合が $\emptyset$ と X のみであることは同値である．

例題 25.1　密着空間は連結であることを示せ．　□□□

証明　X を密着空間とする．このとき，X の部分集合で開集合かつ閉集合となるものは $\emptyset$ と X のみである．よって，注意25.3より，X は連結である．すなわち，密着空間は連結である．　◇

1次元ユークリッド空間 $\mathbf{R}$ の連結部分集合については，微分積分でも扱われ

るが，次の定理 25.2 がなりたつ[3]．

定理 25.2（重要）

$\mathbf{R}$ の連結部分集合は区間に限る．

例 25.3　X を 2 個以上の点を含む離散空間とする．X が弧状連結ではないことを背理法により示そう．X が弧状連結であると仮定する．$x, y \in X$ を異なる 2 個の点とすると，x と y を結ぶ X の道 $\gamma: [0,1] \to X$ が存在する．ここで，γ は連続であり，$\{x\}$ は X の開集合かつ閉集合なので，定理 21.2 の (1) $\Leftrightarrow$ (2)，(1) $\Leftrightarrow$ (3) より，$\gamma^{-1}(\{x\})$ は $[0,1]$ の開集合かつ閉集合である．よって，$0 \in \gamma^{-1}(\{x\})$ であることと定理 25.2 より，$\gamma^{-1}(\{x\}) = [0,1]$ である．これは $\gamma(1) = y$ であることに矛盾する．したがって，X は弧状連結ではない．◆

以下では，$\{p, q\}$ を 2 個の点 p, q からなる離散空間とする．このとき，位相空間の連結性は次の定理 25.3 のように特徴付けることができる．

定理 25.3

X を位相空間とすると，次の (1), (2) は同値である．

(1) X は連結である．

(2) X から $\{p, q\}$ への連続写像は定値写像［⇨ **例 4.2**］に限る．

証明　(1) $\Rightarrow$ (2)　$f: X \to \{p, q\}$ を連続写像とする．このとき，

$$X = f^{-1}(\{p\}) \cup f^{-1}(\{q\}), \qquad f^{-1}(\{p\}) \cap f^{-1}(\{q\}) = \emptyset \tag{25.4}$$

である．ここで，$\{p, q\}$ は離散空間であり，f は連続なので，定理 21.2 の (1) $\Leftrightarrow$ (2) より，$f^{-1}(\{p\})$, $f^{-1}(\{q\})$ は X の開集合である．よって，X の連結性より，「$f^{-1}(\{p\}) = \emptyset$, $f^{-1}(\{q\}) = X$」または「$f^{-1}(\{p\}) = X$, $f^{-1}(\{q\}) = \emptyset$」である．すなわち，$f$ は q にのみ，または p にのみ値をとる定値写像である．したがって，

[3] 例えば，［杉浦］p. 79 問題 4）を見よ．

(2) がなりたつ．

(2) ⇒ (1)　対偶を示す．X が連結ではないと仮定する．このとき，連結性の定義（定義 25.2 (1)）より，X の空でない開集合 U, V が存在し，

$$X = U \cup V, \quad U \cap V = \emptyset \quad (U, V \in \mathfrak{O}) \tag{25.5}$$

となる．ここで，写像 $f : X \to \{p, q\}$ を

$$f(x) = \begin{cases} p & (x \in U), \\ q & (x \in V) \end{cases} \tag{25.6}$$

により定める．このとき，f は連続となるが，定値写像ではない．　◇

次の定理 25.4 に示すように，連結性は連続写像によって不変である．特に，連結性は位相的性質である．

定理 25.4（重要）

X, Y を位相空間，$f : X \to Y$ を連続写像とする．

$$X \text{ が連結} \Longrightarrow f(X) \text{ は連結}$$

証明　$g : f(X) \to \{p, q\}$ を連続写像とする．f は連続なので，定理 21.1 より，$g \circ f : X \to \{p, q\}$ は連続である．よって，X が連結であることと定理 25.3 より，$g \circ f$ は定値写像である．したがって，g は定値写像となるので，定理 25.3 より，$f(X)$ は連結である．　◇

§ 25 の問題

確認問題

問 25.1　2 個以上の点を含む離散空間は**連結ではない**ことを示せ．

□□□ 〔⇨ 25・2〕

基本問題

問 25.2　X を位相空間とし，$A, B \subset X$ とする．次の [　] をうめることにより，A が連結であり，$A \subset B \subset \overline{A}$ [⇨(20.6)] がなりたつならば，B は連結であることを示せ．特に，**連結部分集合の閉包は連結**である．

[①] により示す．B が連結ではないと仮定する．このとき，定理 25.3 より，[②] 写像でない連続写像 $f: B \to \{p, q\}$ が存在する．f は連続であり，A は B の [③] 空間なので，例 21.5 より，f の A への [④] $f|_A : A \to \{p, q\}$ は連続である．さらに，A は連結なので，定理 25.3 より，$f|_A$ は [②] 写像である．よって，$f|_A$ は p に値をとる，すなわち，$A \subset f^{-1}(\{p\})$ としてよい [⇨**定理 11.3** の証明の脚注]．さらに，f は [②] 写像ではないので，ある $x \in B$ が存在し，$f(x) = q$ となる．このとき，$A \cap f^{-1}(\{q\}) =$ [⑤] である．ここで，$\{q\}$ は $\{p, q\}$ の [⑥] 集合なので，定理 21.2 の (1) ⇔ (2) より，$f^{-1}(\{q\})$ は B の [⑥] 集合となる．すなわち，相対位相の定義（定理 20.1 および p. 160）より，X のある開集合 O が存在し，$f^{-1}(\{q\}) = O \cap B$ となる．よって，$x \in O$，$A \cap O =$ [⑤] となるので，x は A の [⑦] 点 [⇨ **20・4**] である．一方，$x \in B$，$B \subset \overline{A}$ より，$x \in \overline{A}$ となるので，x は A の [⑦] 点ではない．これは矛盾である．したがって，B は連結である．

□□□ [⇨ **25・2**]

チャレンジ問題

問 25.3　次の問に答えよ．

(1) $(X, \mathfrak{O})$ を位相空間，$(A_\lambda)_{\lambda \in \Lambda}$ を X の連結部分集合からなる集合族とし，$A = \bigcup_{\lambda \in \Lambda} A_\lambda$ とおく．任意の $\lambda, \mu \in \Lambda$ に対して，$A_\lambda \cap A_\mu \neq \emptyset$ ならば，A は連結であることを示せ．

(2) **弧状連結空間は連結**であることを示せ．

□□□ [⇨ **25・2**]

§ 26 連結成分

§ 26 のポイント

- 位相空間の**連結成分**は連結部分集合全体の和である.
- 連結成分は閉集合である.
- **局所連結**空間は任意の点が連結な近傍からなる基本近傍系をもつ.
- 局所連結空間の連結成分は開集合かつ閉集合である.

26・1 連結成分の定義

位相空間の上に次のような二項関係［⇨**定義 7.1**］を考えよう．X を位相空間とする．$x, y \in X$ に対して，x と y を含む X の連結部分集合が存在するとき，$x \sim y$ と表す．このとき，$\sim$ は X 上の同値関係となる［⇨**例題 26.1**，**問 26.1**］.

例題 26.1　$\sim$ は反射律および対称律をみたすことを示せ.

解　$x, y \in X$ とする.

反射律　$\{x\}$ は連結であり，$x \in \{x\}$ である．よって，$x \sim x$ である．したがって，$\sim$ は反射律をみたす.

対称律　$x \sim y$ とする．このとき，X のある連結部分集合 A が存在し，$x, y \in A$ となる．すなわち，A は連結であり，$y, x \in A$ である．よって，$y \sim x$ である．したがって，$\sim$ は対称律をみたす.　◇

そこで，次の定義 26.1 のように定める.

定義 26.1

X を位相空間とし，$x \in X$ とする．X 上の同値関係 $\sim$ による x の同値類［⇨(8.1)］を x の**連結成分**（または**成分**）という．

26・2 連結成分の性質

位相空間の連結成分に関して，次の定理 26.1 がなりたつ．

定理 26.1（重要）

X を位相空間とし，$x \in X$ とすると，次の (1), (2) がなりたつ．

(1) x の連結成分は x を含む X の連結部分集合全体の和である．

(2) x の連結成分は X の閉集合である．

証明　x の連結成分を $C(x)$ と表す．

(1) x を含む X の連結部分集合全体の和を M と表す．

まず，$y \in C(x)$ とする．このとき，$\sim$ の定義より，X のある連結部分集合 A が存在し，$x, y \in A$ となる．M の定義より，$A \subset M$ なので，$y \in M$ である．よって，$C(x) \subset M$ である．

次に，$y \in M$ とする．このとき，M の定義より，$x \in A$ となる X のある連結部分集合 A が存在し，$y \in A$ である．よって，$\sim$ の定義より，$y \sim x$ である．したがって，$y \in C(x)$ となるので，$M \subset C(x)$ である．

以上および定理 1.1 (2) より，$C(x) = M$ となり，(1) がなりたつ．

(2) $C(x)$ は連結なので，$\overline{C(x)}$ は連結である［⇨ **問 25.2**］．よって，(1) より，$\overline{C(x)} \subset C(x)$ である．一方，閉包の定義 (20.6) より，$C(x) \subset \overline{C(x)}$ である．したがって，定理 1.1 (2) より $\overline{C(x)} = C(x)$ となるので，$C(x)$ は X の閉集合である．　◇

注意 26.1　定理 26.1 (1) において，問 25.3 (1) より，**x の連結成分は包含関係に関して，x を含む X の最大の連結部分集合**である，といういい方をすることができる．また，連結空間とは1個の連結成分からなる位相空間に他ならない．

なお，道で結ぶことができるという同値関係 [⇨ **注意 25.1**] による同値類を**弧状連結成分**という．X を位相空間とし，$x \in X$ とすると，x の弧状連結成分は x と道で結ぶことができる X の点全体の集合に一致する．

次の例 26.1 に示すように，**連結成分は開集合であるとは限らない．**

例 26.1 1次元ユークリッド空間 $\mathbf{R}$ の部分空間 X を

$$X = \{0\} \cup \left\{ \frac{1}{n} \,\middle|\, n \in \mathbf{N} \right\} \tag{26.1}$$

により定める．X の連結部分集合は1個の点のみからなることを示そう．A を X の連結部分集合とする．まず，$\frac{1}{n} \in A$ となる $n \in \mathbf{N}$ が存在するとき，$\{\frac{1}{n}\}$ は A の閉集合である．一方，X の定義式 (26.1) より，$\frac{1}{n}$ の $\mathbf{R}$ におけるある近傍 U が存在し，

$$A \cap U = \left\{ \frac{1}{n} \right\} \tag{26.2}$$

となる．よって，X が $\mathbf{R}$ の部分空間であることより，$\{\frac{1}{n}\}$ は A の開集合である．したがって，A の連結性および注意 25.3 より，$A = \{\frac{1}{n}\}$ である．次に，$\frac{1}{n} \in A$ となる $n \in \mathbf{N}$ が存在しないとき，A が空ではないことより，$A = \{0\}$ である．したがって，X の連結部分集合は1個の点のみからなる．

特に，$0 \in X$ の連結成分は $\{0\}$ である．ここで，O を 0 を含む $\mathbf{R}$ の開集合とすると，ある $n \in \mathbf{N}$ が存在し，$\frac{1}{n} \in O$ となる．よって，$\{0\}$ は X の開集合ではない． ◆

なお，例 26.1 の X のように，すべての連結部分集合が1個の点のみからなる位相空間は**完全不連結**であるという．例えば，離散空間は完全不連結である．

26・3 局所連結空間

次の定義 26.2 に述べる局所連結性は，連結成分が開集合となるための十分条件をあたえる[1]．

定義 26.2

任意の点が連結な近傍からなる基本近傍系 [⇨**定義 22.1** (2)] をもつ位相空間は**局所連結**であるという．局所連結な位相空間を**局所連結空間**という．

定義 26.2 より，局所連結性は位相的性質である．

例 26.2 $\boldsymbol{a} \in \mathbf{R}^n$, $\varepsilon > 0$ とする．例 25.2 において，$B(\boldsymbol{a}; \varepsilon)$ は弧状連結であった．さらに，弧状連結空間は連結である [⇨**問 25.3** (2)]．よって，$B(\boldsymbol{a}; \varepsilon)$ は連結である．ここで，

$$\mathfrak{U}^*(\boldsymbol{a}) = \{B(\boldsymbol{a}; \varepsilon) \mid \varepsilon > 0\} \tag{26.3}$$

とおくと，$\mathfrak{U}^*(\boldsymbol{a})$ は $\boldsymbol{a}$ の基本近傍系である [⇨**例 22.2**]．したがって，定義 26.2 より，$\mathbf{R}^n$ は局所連結である． ◆

例 26.3 連結ではあるが，弧状連結でも局所連結でもない位相空間の例を挙げよう．2 次元ユークリッド空間 $\mathbf{R}^2$ の部分空間 A, B を

$$A = \{(x, 0) \mid 0 < x \leq 1\} \cup \bigcup_{n=1}^{\infty} \left\{ \left(\frac{1}{n}, y \right) \middle| \, 0 < y \leq 1 \right\}, \tag{26.4}$$

$$B = A \cup \{(0, y) \mid 0 < y \leq 1\} \tag{26.5}$$

により定める (**図 26.1**)．

B が連結であることを示そう．まず，A は定義式 (26.4) より，弧状連結なので連結である [⇨**問 25.3** (2)]．次に，$0 < y \leq 1$ に対して，A の点列 $\{a_n\}_{n=1}^{\infty}$ を

---

[1] 局所弧状連結性という位相的性質を考えることもできる．任意の点が弧状連結な近傍からなる基本近傍系をもつ位相空間は**局所弧状連結**であるという．局所弧状連結な位相空間を**局所弧状連結空間**という．

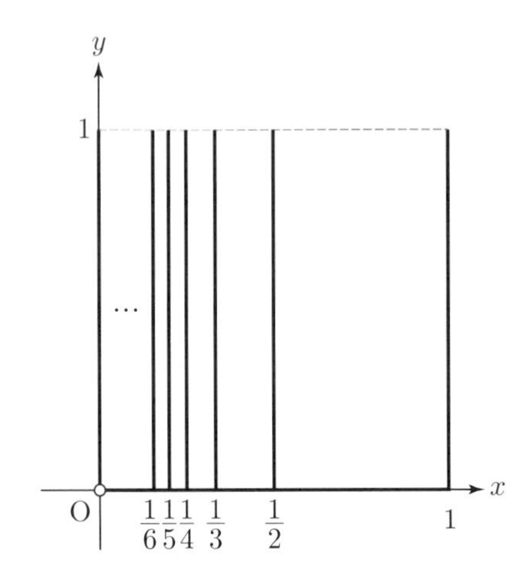

図 26.1　B（太線部分）は連結だが弧状連結でも局所連結でもない

$$a_n = \left(\frac{1}{n}, y\right) \qquad (n \in \mathbf{N}) \tag{26.6}$$

により定める．このとき，$\{a_n\}_{n=1}^{\infty}$ は $(0, y)$ に収束する．また，$A \subset \overline{A}$ なので，$\{a_n\}_{n=1}^{\infty}$ は $\overline{A}$ の点列である．$\overline{A}$ は $\mathbf{R}^2$ の閉集合なので，$(0, y) \in \overline{A}$ である［⇨**定理 17.5**］．よって，$B \subset \overline{A}$ である．一方，$A \subset B$ である．したがって，A が連結であることと $A \subset B \subset \overline{A}$ がなりたつことより，B は連結である［⇨**問 25.2**］．

B が弧状連結ではないことを背理法により示そう．B が弧状連結であると仮定する．このとき，$(0, 1)$ と $(1, 0)$ を結ぶ B の道 γ が存在する．また，写像 $p, q : \mathbf{R}^2 \to \mathbf{R}$ を

$$p(x, y) = x, \quad q(x, y) = y \quad ((x, y) \in \mathbf{R}^2) \tag{26.7}$$

により定める．p, q は連続なので，p, q の B への制限 $p|_B, q|_B : B \to \mathbf{R}$ は連続である［⇨**例 21.5**］．さらに，γ は連続なので，$p|_B \circ \gamma, q|_B \circ \gamma$ は連続である［⇨**定理 21.1**］．ここで，$K = (p|_B \circ \gamma)^{-1}(\{0\})$ とおく．$\{0\}$ は $\mathbf{R}$ の閉集合であり，$p|_B \circ \gamma$ は連続なので，K は $[0, 1]$ の閉集合である［⇨**定理 21.2**］．さらに，$[0, 1]$ は有界閉区間なので，K は $\mathbf{R}$ の有界閉集合となる．よって，$(q|_B \circ \gamma)(K)$ の最小元 $m \in (0, 1]$ が存在する．次に，

$$C = \gamma^{-1}(\{(0, y) \mid m \leq y \leq 1\}) \tag{26.8}$$

とおく．$\{(0, y) \mid m \leq y \leq 1\}$ は $\mathbf{R}^2$ の閉集合であり，γ は連続なので，C は $[0, 1]$ の閉集合である［⇨**定理 21.2**］．また，$t_0 \in C$ とすると，γ は連続なので，ある $\delta > 0$ が存在し，

$$I = (t_0 - \delta, t_0 + \delta) \cap [0, 1] \tag{26.9}$$

とおくと，$t \in I$ ならば，$d(\gamma(t), \gamma(t_0)) < m$ となり，$t_0 \in C$ より，

$$\gamma(t) \notin \{(x, 0) \mid 0 < x \leq 1\} \tag{26.10}$$

である．よって，

$$(p|_B \circ \gamma)(I) \subset \{0\} \cup \left\{ \frac{1}{n} \;\middle|\; n \in \mathbf{N} \right\} \tag{26.11}$$

である．I は区間なので，連結である［⇨**定理 25.2**］．したがって，$(p|_B \circ \gamma)(I)$ は連結である［⇨**定理 25.4**］．一方，(26.11) 右辺の集合は例 26.1 より，完全不連結であり，$(p|_B \circ \gamma)(t_0) = 0$ なので，$(p|_B \circ \gamma)(I) = \{0\}$ である．すなわち，$I \subset C$ となるので，C は $[0, 1]$ の開集合である．以上および注意 25.3 より，$C = [0, 1]$ である．一方，$\gamma(1) = (1, 0)$ なので，これは矛盾である．すなわち，B は弧状連結ではない．

B は局所連結ではない．実際，$(0, 1) \in B$ の近傍 U を

$$U = B \cap \{(x, y) \mid x \in \mathbf{R},\ y > 0\} \tag{26.12}$$

により定めると，$V \subset U$ となる $(0, 1)$ の近傍 V は無限個の連結成分をもってしまう．◆

局所連結空間は次の定理 26.2 のように特徴付けることができる．

定理 26.2（重要）

X を位相空間とすると，次の (1)〜(3) は互いに同値である．

(1) X は局所連結である．

(2) X の開集合となる部分空間の連結成分はすべて X の開集合である．

(3) X の連結開集合全体は X の位相の基底である．

証明 (1) ⇒ (2)，(2) ⇒ (3)，(3) ⇒ (1) の順に示す．

(1) ⇒ (2) O を X の開集合となる部分空間とし，$x \in O$ とする．O における x の連結成分を $C_O(x)$ と表す．$y \in C_O(x)$ とする．O は X の開集合なので，O は X における y の近傍である．よって，(1) より，y のある連結な近傍 V が存在し，$V \subset O$ となる．このとき，定理 26.1 (1) より，$V \subset C_O(x)$ である．したがって，y は $C_O(x)$ の内点である．y は任意なので，$C_O(x)$ は X の開集合である．すなわち，(2) がなりたつ．

(2) ⇒ (3) O を X の開集合とする．上と同じ記号を用いると，

$$O = \bigcup_{x \in O} C_O(x) \tag{26.13}$$

であり，(2) より，各 $C_O(x)$ は X の開集合である．よって，基底の定義（定義 23.2）より，(3) がなりたつ．

(3) ⇒ (1) $x \in X$ とし，U を x の近傍とする．このとき，U^i [⇨(20.4)] は x を含む X の開集合である．よって，(3) より，$x \in V \subset U$ となる X のある連結開集合 V が存在する．したがって，(1) がなりたつ．◇

注意 26.2 定理 26.1 (2)，定理 26.2 (2) より，特に，**局所連結空間の連結成分は開集合かつ閉集合**である．

§26 の問題

確認問題

問 26.1 p. 204 で定めた位相空間 X 上の二項関係 $\sim$ は推移律をみたすことを示せ．

□□□ [⇨ 26・1]

問 26.2 位相空間が局所連結であることの定義を書け．

□□□ [⇨ 26・3]

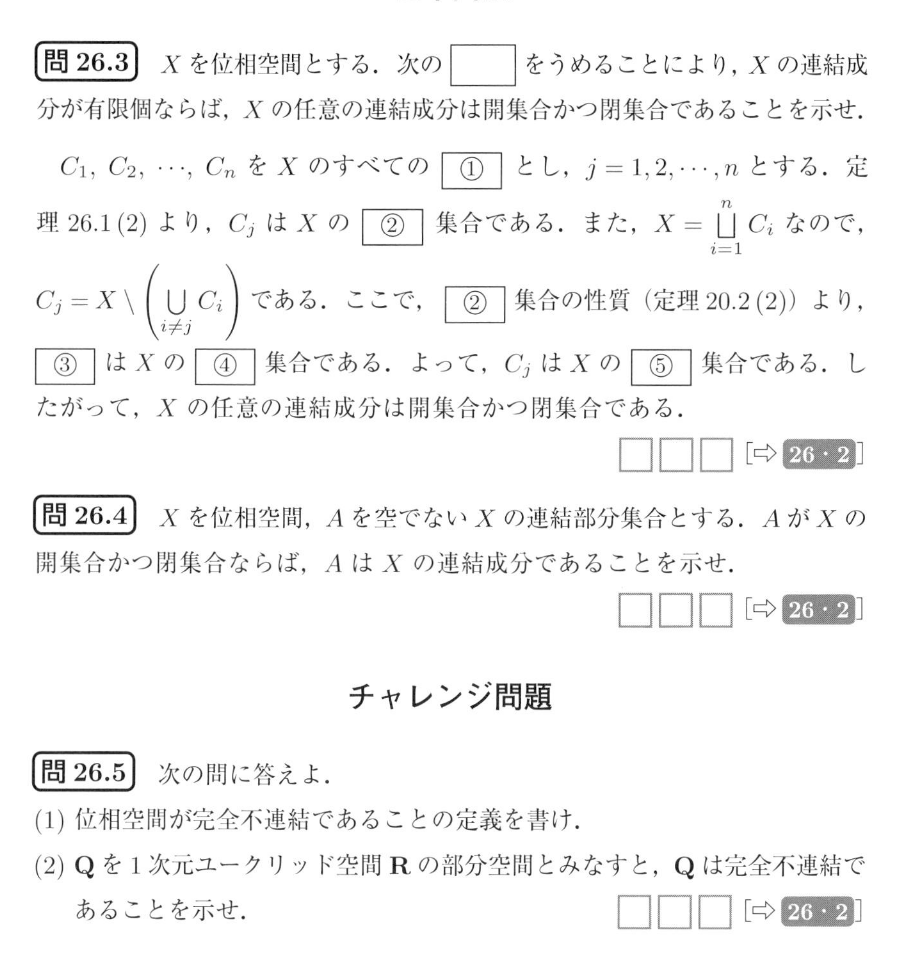

基本問題

問 26.3　X を位相空間とする．次の $\boxed{}$ をうめることにより，X の連結成分が有限個ならば，X の任意の連結成分は開集合かつ閉集合であることを示せ．

C_1, C_2, $\cdots$, C_n を X のすべての $\boxed{①}$ とし，$j = 1, 2, \cdots, n$ とする．定理 26.1 (2) より，C_j は X の $\boxed{②}$ 集合である．また，$X = \coprod_{i=1}^{n} C_i$ なので，$C_j = X \setminus \left(\bigcup_{i \neq j} C_i \right)$ である．ここで，$\boxed{②}$ 集合の性質（定理 20.2 (2)）より，$\boxed{③}$ は X の $\boxed{④}$ 集合である．よって，C_j は X の $\boxed{⑤}$ 集合である．したがって，X の任意の連結成分は開集合かつ閉集合である．

□□□ [⇨ **26・2**]

問 26.4　X を位相空間，A を空でない X の連結部分集合とする．A が X の開集合かつ閉集合ならば，A は X の連結成分であることを示せ．

□□□ [⇨ **26・2**]

チャレンジ問題

問 26.5　次の問に答えよ．

(1) 位相空間が完全不連結であることの定義を書け．

(2) $\mathbf{Q}$ を 1 次元ユークリッド空間 $\mathbf{R}$ の部分空間とみなすと，$\mathbf{Q}$ は完全不連結であることを示せ．

□□□ [⇨ **26・2**]

§27 コンパクト空間

§27のポイント

- 任意の**開被覆**が**有限部分被覆**をもつ位相空間は**コンパクト**であるという.
- 有界閉区間はコンパクトである（**ハイネ−ボレルの被覆定理**）.
- コンパクト性は連続写像によって不変である.
- 距離空間のコンパクト部分集合は有界閉集合である.
- コンパクト空間で定義された実数値連続関数は最大値および最小値をもつ.

27・1 コンパクト性とはなにか——定義と例

「有界閉区間で定義された実数値連続関数は最大値および最小値をもつ」という微分積分でまなぶ事実[1]は，有界閉区間のコンパクト性に基づいている．まず，位相空間のコンパクト性に関する言葉について用意しておこう．

定義 27.1

X を位相空間，$(U_\lambda)_{\lambda\in\Lambda}$ を X の部分集合族とする．

(1) $X = \bigcup_{\lambda\in\Lambda} U_\lambda$ となるとき，$(U_\lambda)_{\lambda\in\Lambda}$ を X の**被覆**という．特に，各 U_λ が X の開集合のとき，$(U_\lambda)_{\lambda\in\Lambda}$ を X の**開被覆**という．また，Λ が有限集合のとき，$(U_\lambda)_{\lambda\in\Lambda}$ を X の**有限被覆**という．

(2) $\mathrm{M}\subset\Lambda$ とする．$(U_\lambda)_{\lambda\in\Lambda}$ および $(U_\mu)_{\mu\in\mathrm{M}}$ が X の被覆となるとき，$(U_\mu)_{\mu\in\mathrm{M}}$ を $(U_\lambda)_{\lambda\in\Lambda}$ の**部分被覆**という．

(3) X の任意の開被覆が有限部分被覆[2]をもつとき，X は**コンパクト**であるという．コンパクトな位相空間を**コンパクト空間**という．

---

[1] この事実を**ワイエルシュトラスの定理**ともいう．

[2] 有限部分被覆とは有限被覆かつ部分被覆となる被覆を意味する．

(4) A を X の空でない部分集合とする．A が相対位相に関してコンパクトなとき，A は**コンパクト**であるという．

27・1 の最初に述べた事実は定理 27.5 として一般化することができるが，コンパクト性の使い方を見るために，まず，次の定理 27.1 を示しておこう．

定理 27.1

コンパクト空間で定義された実数値連続関数は有界［⇨ **問 16.1**］である．

証明 X をコンパクト空間，$f: X \to \mathbf{R}$ を実数値連続関数とする．f は連続なので，定理 21.2 の (1) ⇔ (2) より，任意の $n \in \mathbf{N}$ に対して，f による有界開区間 $(-n, n)$ の逆像 $f^{-1}((-n, n))$ は X の開集合である．さらに，

$$X = \bigcup_{n=1}^{\infty} f^{-1}((-n, n)) \tag{27.1}$$

となるので，X の部分集合族 $\left(f^{-1}((-n, n))\right)_{n \in \mathbf{N}}$ は X の開被覆である．ここで，X はコンパクトなので，$\left(f^{-1}((-n, n))\right)_{n \in \mathbf{N}}$ の有限部分被覆が存在する．さらに，$n < m$（$m, n \in \mathbf{N}$）のとき，

$$f^{-1}((-n, n)) \subset f^{-1}((-m, m)) \tag{27.2}$$

であることに注意すると，ある $N \in \mathbf{N}$ が存在し，$X = f^{-1}((-N, N))$ となる．よって，$f(X) \subset (-N, N)$，すなわち，任意の $x \in X$ に対して，$|f(x)| < N$ である．したがって，f は有界である．すなわち，コンパクト空間で定義された実数値連続関数は有界である． ◇

例題 27.1 密着空間や有限個の点からなる位相空間はコンパクトであることを示せ． □□□

解　密着空間や有限個の点からなる位相空間の開集合は有限個である．よって，これらの位相空間の任意の開被覆はそれ自身が有限部分被覆となる．したがって，これらの位相空間はコンパクトである．◇

有界閉区間がコンパクトであること[3)]は次のハイネ–ボレルの被覆定理として知られている．

定理 27.2（ハイネ–ボレルの被覆定理）（重要）

有界閉区間はコンパクトである．

証明　1個の点のみからなる有界閉区間がコンパクトであることは明らかである．

$a, b \in \mathbf{R}$，$a < b$ とし，$[a, b]$ がコンパクトであることを背理法により示す．

$[a, b]$ がコンパクトではないと仮定する．このとき，$[a, b]$ のある開被覆 $(U_\lambda)_{\lambda \in \Lambda}$ が存在し，$(U_\lambda)_{\lambda \in \Lambda}$ は有限部分被覆をもたない．よって，$\left[a, \frac{a+b}{2}\right]$，$\left[\frac{a+b}{2}, b\right]$ のうちの少なくとも一方は有限個の $(U_\lambda)_{\lambda \in \Lambda}$ の元によって被覆することはできない．そのような有界閉区間を1つ選んでおき，$[a_1, b_1]$ とする．同様に，$\left[a_1, \frac{a_1+b_1}{2}\right]$，$\left[\frac{a_1+b_1}{2}, b_1\right]$ のうちの少なくとも一方は有限個の $(U_\lambda)_{\lambda \in \Lambda}$ の元によって被覆することはできない．そのような有界閉区間を1つ選んでおき，$[a_2, b_2]$ とする．以下同様に，この操作を繰り返し，$n \in \mathbf{N}$ に対して，$\left[a_n, \frac{a_n+b_n}{2}\right]$，$\left[\frac{a_n+b_n}{2}, b_n\right]$ のうちの有限個の $(U_\lambda)_{\lambda \in \Lambda}$ の元によって被覆することができないものを1つ選んでおき，$[a_{n+1}, b_{n+1}]$ とする．

このとき，有界閉区間の列 $\{[a_n, b_n]\}_{n \in \mathbf{N}}$ は

$$[a_{n+1}, b_{n+1}] \subset [a_n, b_n] \qquad (n \in \mathbf{N}) \tag{27.3}$$

をみたし，

$$\lim_{n \to \infty} (b_n - a_n) = \lim_{n \to \infty} \frac{1}{2^n}(b - a) = 0 \tag{27.4}$$

---

3) 有界閉区間を1次元ユークリッド空間 $\mathbf{R}$ の部分空間として考えている．

である．したがって，区間縮小法[4]より，$\bigcap_{n=1}^{\infty}[a_n, b_n]$ は 1 個の点のみからなる．この点を c とおく．

ここで，$c \in [a,b]$ なので，ある $\lambda_0 \in \Lambda$ が存在し，$c \in U_{\lambda_0}$ である．また，U_{λ_0} は $[a,b]$ の開集合なので，相対位相の定義（定理 20.1 および p. 160）より，ある有界開区間 I が存在し，

$$c \in [a,b] \cap I \subset U_{\lambda_0} \tag{27.5}$$

となる．さらに，

$$\lim_{n\to\infty} a_n = \lim_{n\to\infty} b_n = c \tag{27.6}$$

なので，ある $N \in \mathbf{N}$ が存在し，$n \geq N (n \in \mathbf{N})$ ならば，

$$[a_n, b_n] \subset [a,b] \cap I \tag{27.7}$$

となる．したがって，$n \geq N (n \in \mathbf{N})$ ならば，$[a_n, b_n] \subset U_{\lambda_0}$ となり，これは $[a_n, b_n]$ の選び方に矛盾する．以上より，$[a,b]$ はコンパクトである．　◇

27・2　コンパクト空間の性質

次の定理 27.3 に示すように，コンパクト性は連続写像によって不変である．特に，コンパクト性は位相的性質である．

定理 27.3（重要）

X, Y を位相空間，$f : X \to Y$ を連続写像とする．

$$X \text{ がコンパクト} \Longrightarrow f(X) \text{ はコンパクト}$$

証明　$(U_\lambda)_{\lambda\in\Lambda}$ を $f(X)$ の開被覆とする．f は連続なので，定理 21.2 の (1) ⇔ (2) より，$(f^{-1}(U_\lambda))_{\lambda\in\Lambda}$ は X の開被覆となる．ここで，X はコンパクトなので，$(f^{-1}(U_\lambda))_{\lambda\in\Lambda}$ の有限部分被覆が存在する．すなわち，ある $\lambda_1, \lambda_2, \cdots, \lambda_n \in \Lambda$ が存在し，

---

4)　例えば，［杉浦］p. 20 定理 3.3 を見よ．

$$X = \bigcup_{i=1}^{n} f^{-1}(U_{\lambda_i}) \tag{27.8}$$

となる．よって，f の値域を $f(X)$ へ制限したものは全射であることに注意すると，

$$f(X) \overset{\because (27.8)}{=} f\left(\bigcup_{i=1}^{n} f^{-1}(U_{\lambda_i})\right) \overset{\because \text{定理 } 6.3\,(1)}{=} \bigcup_{i=1}^{n} f(f^{-1}(U_{\lambda_i}))$$
$$\overset{\because \text{定理 } 5.1\,(4)}{=} \bigcup_{i=1}^{n} U_{\lambda_i}, \tag{27.9}$$

すなわち，

$$f(X) = \bigcup_{i=1}^{n} U_{\lambda_i} \tag{27.10}$$

となり，$(U_{\lambda_i})_{i=1}^{n}$ は $(U_\lambda)_{\lambda\in\Lambda}$ の有限部分被覆である．したがって，$f(X)$ はコンパクトである．◇

距離空間のコンパクト部分集合に関する基本的性質を述べるため，いくつか言葉を定めよう．

定義 27.2

(X, d) を距離空間とし，A を X の空でない部分集合とする．$\mathbf{R}$ の部分集合

$$\{d(x, y) \mid x, y \in A\} \tag{27.11}$$

の上限が存在するとき，その値を $\delta(A)$ と表し，A の**直径**という．このとき，A は**有界**であるという．

距離空間のコンパクト部分集合に関して，次の定理 27.4 がなりたつ．

定理 27.4（重要）

距離空間のコンパクト部分集合は有界閉集合である．

証明　(X, d) を距離空間，A を X のコンパクト部分集合とする．

まず，A は有界であることを示す．$x_0 \in X$ を固定しておく．相対位相の定義

(定理 20.1 および p. 160) より, $(B(x_0;n)\cap A)_{n\in\mathbf{N}}$ は A の開被覆である. ここで, A はコンパクトなので, $(B(x_0;n)\cap A)_{n\in\mathbf{N}}$ の有限部分被覆が存在する. さらに, $n<m$ ($m,n\in\mathbf{N}$) のとき, $B(x_0;n)\subset B(x_0;m)$ であることに注意すると, ある $N\in\mathbf{N}$ が存在し, $A\subset B(x_0;N)$ となる. よって, $x,y\in A$ とすると,

$$d(x,y)\overset{\because\,\text{三角不等式}}{\leq} d(x,x_0)+d(x_0,y)<N+N=2N, \tag{27.12}$$

すなわち, $d(x,y)<2N$ である. したがって, $\delta(A)\leq 2N$ となり, A は有界である.

次に, A は閉集合であることを示す. $x\in X\setminus A$ とする. このとき, $\left(A\setminus\overline{B\left(x;\frac{1}{n}\right)}\right)_{n\in\mathbf{N}}$ は A の開被覆となる[5]. ここで, A はコンパクトなので, 上と同様の議論により, ある $M\in\mathbf{N}$ が存在し,

$$A=A\setminus\overline{B\left(x;\frac{1}{M}\right)} \tag{27.13}$$

となる (**図 27.1**). よって,

$$A\cap B\left(x;\frac{1}{M}\right)=\emptyset \tag{27.14}$$

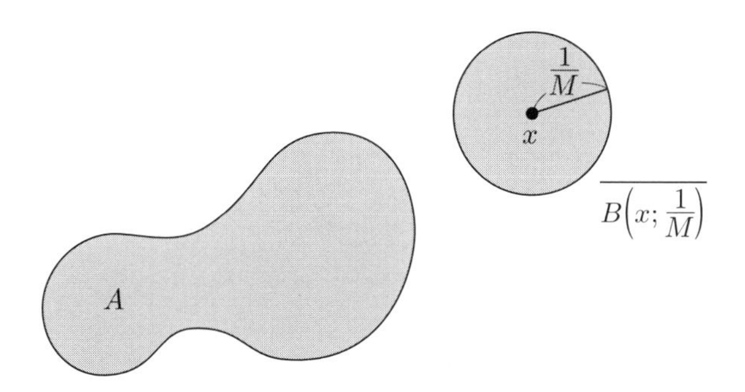

図 27.1 (27.13) のイメージ

5) どの $\overline{B\left(x;\frac{1}{n}\right)}$ にも含まれてしまう A の点があったとすると, それは x になってしまい矛盾する.

となるので，$x \in (X \setminus A)^i$ である．すなわち，$x \in X \setminus \overline{A}$ である［⇨**定理 19.3**］．したがって，$X \setminus A \subset X \setminus \overline{A}$ となり，$\overline{A} \subset A$ である．一方，$A \subset \overline{A}$ である．以上および定理 1.1 (2) より，$\overline{A} = A$ となるので，A は X の閉集合である［⇨ 注意 19.2 ］．
◇

それでは，次の定理 27.5 を示そう．

定理 27.5（重要）

コンパクト空間で定義された実数値連続関数は最大値および最小値をもつ．

証明 X をコンパクト空間，$f : X \to \mathbf{R}$ を実数値連続関数とする．定理 27.3 より，$f(X)$ は $\mathbf{R}$ のコンパクト部分集合である．さらに，定理 27.4 より，$f(X)$ は $\mathbf{R}$ の有界閉集合である．$f(X)$ の有界性およびワイエルシュトラスの定理（定理 7.1）より，$\sup f(X)$ および $\inf f(X)$ が存在する．さらに，$f(X)$ が閉集合であることと定理 15.2 より，$\sup f(X), \inf f(X) \in f(X)$ である．すなわち，ある $a, b \in X$ が存在し，

$$f(a) = \sup f(X), \qquad f(b) = \inf f(X) \tag{27.15}$$

となる．よって，f は $x = a$ において最大値 $f(a)$ をとり，$x = b$ において最小値 $f(b)$ をとる．したがって，コンパクト空間で定義された実数値連続関数は最大値および最小値をもつ．
◇

ハイネ–ボレルの被覆定理（定理 27.2）と定理 27.5 より，特に，有界閉区間で定義された実数値連続関数は最大値および最小値をもつ．

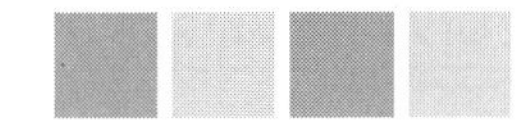

§27の問題

確認問題

問 27.1　次の問に答えよ．

(1) 位相空間がコンパクトであることの定義を書け．

(2) 離散空間はコンパクトであるかどうかを調べよ．　□□□ [⇨ 27・1]

問 27.2　ハイネ－ボレルの被覆定理を書け．　□□□ [⇨ 27・1]

基本問題

問 27.3　X を空でない集合，$\mathfrak{O}$ を X の余有限位相とする．

(1) $\mathfrak{O}$ の定義を書け．

(2) 次の $\boxed{}$ をうめることにより，$(X, \mathfrak{O})$ はコンパクトであることを示せ．

$(U_\lambda)_{\lambda \in \Lambda}$ を X の $\boxed{①}$ 被覆とする．まず，$X \neq \emptyset$ なので，ある $\lambda_0 \in \Lambda$ が存在し，$U_{\lambda_0} \neq \boxed{②}$ である．このとき，(1) より，$X \setminus U_{\lambda_0}$ は $\boxed{③}$ 集合である．$X \setminus U_{\lambda_0} = \emptyset$ のとき，$X = U_{\lambda_0}$ となるので，(U_{λ_0}) は X の $\boxed{④}$ 部分被覆である．$X \setminus U_{\lambda_0} \neq \emptyset$ のとき，

$$X \setminus U_{\lambda_0} = \{x_1, x_2, \cdots, x_n\}$$

と表しておく．このとき，$(U_\lambda)_{\lambda \in \Lambda}$ は X の被覆であることより，ある $\lambda_1, \lambda_2, \cdots, \lambda_n \in \Lambda$ が存在し，各 $i = 1, 2, \cdots, n$ に対して，$x_i \in U_{\lambda_i}$ である．よって，$(U_{\lambda_i})_{i=\boxed{⑤}}^{n}$ は $(U_\lambda)_{\lambda \in \Lambda}$ の $\boxed{④}$ 部分被覆である．したがって，X はコンパクトである．すなわち，余有限位相をもつ位相空間はコンパクトである．

□□□ [⇨ 27・1]

問 27.4　**コンパクト空間の空でない閉集合はコンパクト**であることを示せ.

□□□ [⇨ **27・1**]

問 27.5　有界開区間と有界閉区間は**同相ではない**ことを示せ.

□□□ [⇨ **27・2**]

§28 チコノフの定理 **

§28 のポイント

- コンパクト空間族の積空間はコンパクトである（**チコノフの定理**）.
- **有限交叉性**（こうさ）の概念を用いて，位相空間のコンパクト性を特徴付けることができる.
- チコノフの定理は選択公理と同値である.

28・1 チコノフの定理の証明

位相空間族の積空間［⇨**定義 24.2**］のコンパクト性について考えよう．まず，積空間から直積因子への射影は連続なので，積空間がコンパクトならば，定理 27.3 より，各直積因子はコンパクトである．逆がなりたつことは次のチコノフの定理として知られている.

定理 28.1（チコノフの定理）（重要）

コンパクト空間族の積空間はコンパクトである.

証明 コンパクト空間族が有限個からなる場合のみ示す[1)]．積空間の個数に関する数学的帰納法を用いることにより，2 個のコンパクト空間の積空間がコンパクトであることを示せばよい.

X, Y をコンパクト空間，$(O_\lambda)_{\lambda\in\Lambda}$ を $X\times Y$ の開被覆とする．$\lambda\in\Lambda$ とすると，定理 24.1 より，X の開集合からなる集合族 $(U_\mu)_{\mu\in\mathrm{M}_\lambda}$ および Y の開集合からなる集合族 $(V_\mu)_{\mu\in\mathrm{M}_\lambda}$ が存在し，

$$O_\lambda=\bigcup_{\mu\in\mathrm{M}_\lambda}(U_\mu\times V_\mu) \tag{28.1}$$

1) 一般の場合は，［内田］p. 117 定理 23.3 を見よ.

となる．ここで，$\mathrm{M} = \bigsqcup_{\lambda \in \Lambda} \mathrm{M}_\lambda$ とおくと，$(U_\mu \times V_\mu)_{\mu \in \mathrm{M}}$ は $X \times Y$ の開被覆である．よって，$(U_\mu \times V_\mu)_{\mu \in \mathrm{M}}$ が有限部分被覆をもつことを示せばよい．

$x \in X$ とする．このとき，$\mu \in \mathrm{M}$ に対して，

$$(\{x\} \times Y) \cap (U_\mu \times V_\mu) = (U_\mu \cap \{x\}) \times V_\mu \tag{28.2}$$

となるので，$((U_\mu \cap \{x\}) \times V_\mu)_{\mu \in \mathrm{M}}$ は $X \times Y$ の部分空間 $\{x\} \times Y$ の開被覆である．ここで，写像 $\iota_x : Y \to \{x\} \times Y$ を

$$\iota_x(y) = (x, y) \qquad (y \in Y) \tag{28.3}$$

により定めると，ι_x は同相写像となる．Y はコンパクトなので，定理 27.3 より，$\{x\} \times Y$ はコンパクトである．よって，$((U_\mu \cap \{x\}) \times V_\mu)_{\mu \in \mathrm{M}}$ のある有限部分被覆 $((U_{x,i} \cap \{x\}) \times V_{x,i})_{i=1}^{n_x}$ が存在し，各 $i = 1, 2, \cdots, n_x$ に対して，

$$U_{x,i} \cap \{x\} \neq \emptyset \tag{28.4}$$

となる．

さらに，$U'_x = \bigcap_{i=1}^{n_x} U_{x,i}$ とおくと，$(U'_x)_{x \in X}$ は X の開被覆である．ここで，X はコンパクトなので，$(U'_x)_{x \in X}$ の有限部分被覆 $(U'_{x_j})_{j=1}^{n}$ が存在する．したがって，$(x, y) \in X \times Y$ とすると，(x, y) はある $U_{x_j,i} \times V_{x_j,i}$ の点となるので，$U_{x_j,i} \times V_{x_j,i}$ 全体からなる集合族は $(U_\mu \times V_\mu)_{\mu \in \mathrm{M}}$ の有限部分被覆である．以上より，$X \times Y$ はコンパクトである．◇

28・2　有限交叉性

有限交叉性とよばれる概念を次の定義 28.1 のように定め，チコノフの定理について，さらに述べていこう．

定義 28.1

X を空でない集合，$\mathfrak{A}$ を X の部分集合系とする．$\mathfrak{A}$ の任意の有限個の元 $A_1, A_2, \cdots, A_n$ に対して，$\bigcap_{i=1}^{n} A_i \neq \emptyset$ となるとき，$\mathfrak{A}$ は**有限交叉性**（こうさ）をもつという．

位相空間のコンパクト性は有限交叉性の概念を用いて，次の定理 28.2 のように特徴付けることができる．

定理 28.2（重要）

X を位相空間とすると，次の (1), (2) は同値である．

(1) X はコンパクトである．

(2) $\mathfrak{A}$ を X の閉集合からなる任意の集合系とする．

$$\mathfrak{A}\text{ が有限交叉性をもつ} \Longrightarrow \bigcap_{A\in\mathfrak{A}} A \neq \emptyset$$

証明 (1) ⇒ (2)　対偶を示せばよい [⇨ 例題 28.1].

(2) ⇒ (1)　問 28.1 とする．◇

例題 28.1　定理 28.2 において，X がコンパクトであり，$\mathfrak{A}$ を X の閉集合からなる集合系とする．$\displaystyle\bigcap_{A\in\mathfrak{A}} A=\emptyset$ ならば，$\mathfrak{A}$ は有限交叉性をもたないことを示せ．□□□

解　まず，

$$X = X\setminus\emptyset = X\setminus\left(\bigcap_{A\in\mathfrak{A}} A\right) = \bigcup_{A\in\mathfrak{A}}(X\setminus A) \tag{28.5}$$

（∵ ド・モルガンの法則（定理 6.2 (2))），

すなわち，

$$X=\bigcup_{A\in\mathfrak{A}}(X\setminus A) \tag{28.6}$$

である．さらに，$\mathfrak{A}$ の元は X の閉集合なので，$(X\setminus A)_{A\in\mathfrak{A}}$ は X の開被覆である．ここで，X はコンパクトなので，$(X\setminus A)_{A\in\mathfrak{A}}$ の有限部分被覆が存在する．すなわち，ある $A_1, A_2, \cdots, A_n\in\mathfrak{A}$ が存在し，

$$X = \bigcup_{i=1}^{n} (X \setminus A_i) \tag{28.7}$$

となる．よって，

$$\begin{aligned} \emptyset = X \setminus X = X \setminus \left(\bigcup_{i=1}^{n} (X \setminus A_i) \right) &= \bigcap_{i=1}^{n} (X \setminus (X \setminus A_i)) \\ (\because \text{ド・モルガンの法則（定理 6.2 (1)）}) &= \bigcap_{i=1}^{n} A_i, \end{aligned} \tag{28.8}$$

すなわち，$\bigcap_{i=1}^{n} A_i = \emptyset$ となり，$\mathfrak{A}$ は有限交叉性をもたない．◇

28・3　チコノフの定理と選択公理

チコノフの定理（定理 28.1）は選択公理（公理 12.1）と関係が深い．まず，一般の場合にチコノフの定理を証明するには，選択公理と，それと同値なツォルンの補題（定理 12.3）を用いる．そして，実は次の定理 28.3 がなりたつ（**図 28.1**）．

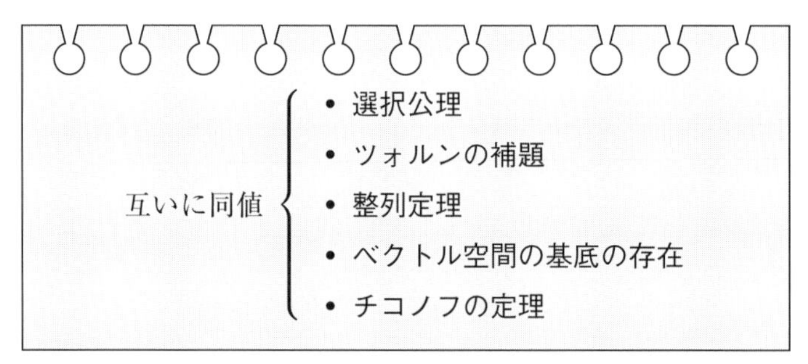

図 28.1　選択公理と同値な命題

定理 28.3（重要）

チコノフの定理と選択公理は同値である．

証明 チコノフの定理から選択公理を導く部分のみ示す[2)].

$(X_\lambda)_{\lambda\in\Lambda}$ を空でない集合からなる集合族とする．どの X_λ の元でもない ω を選んでおき，

$$Y_\lambda = X_\lambda \cup \{\omega\}, \qquad Y = \prod_{\lambda\in\Lambda} Y_\lambda \tag{28.9}$$

とおく．このとき，$\lambda\in\Lambda$ に対して，ω を λ 成分とする $(Y_\lambda)_{\lambda\in\Lambda}$ の選択関数 [⇨ **定義 12.2**] を定めることができるので，$Y\neq\emptyset$ である．

各 $\lambda\in\Lambda$ に対して，Y_λ の部分集合族 $\mathfrak{O}_\lambda$ を

$$\mathfrak{O}_\lambda = \{O\subset Y_\lambda \mid Y_\lambda\setminus O \text{ は有限集合 }\}\cup\{\emptyset\}\cup\{\{\omega\}\} \tag{28.10}$$

により定める．このとき，余可算位相[⇨ **例 22.4**]あるいは余有限位相[⇨ **注意 22.2**]の場合と同様に，$\mathfrak{O}_\lambda$ は Y_λ の位相となる（✍）．

$(Y_\lambda,\mathfrak{O}_\lambda)$ がコンパクトであることを示す．$\mathfrak{A}$ を Y_λ の閉集合からなる集合系とし，さらに，$\mathfrak{A}$ は有限交叉性をもつとする．このとき，$\bigcap_{A\in\mathfrak{A}} A\neq\emptyset$ となることを背理法により示す．$\bigcap_{A\in\mathfrak{A}} A=\emptyset$ であると仮定する．$A\in\mathfrak{A}$ とすると，A は Y_λ の閉集合なので，$\mathfrak{O}_\lambda$ の定義式 (28.10) より，A は有限集合であるか，または $A=X_\lambda, Y_\lambda$ である．$\mathfrak{A}$ の任意の元が X_λ または Y_λ のとき，$X_\lambda\neq\emptyset$ なので，ある $x_\lambda\in X_\lambda$ が存在する．このとき，$x_\lambda\in\bigcap_{A\in\mathfrak{A}} A$ となり，これは矛盾である．有限集合 $A\in\mathfrak{A}$ が存在するとき，$\mathfrak{A}$ は有限交叉性をもつとしているので，$A\neq\emptyset$ である．このとき，

$$A=\{a_1,a_2,\cdots,a_n\} \tag{28.11}$$

と表しておくと，$\bigcap_{A\in\mathfrak{A}} A=\emptyset$ であることより，ある $A_1,A_2,\cdots,A_n\in\mathfrak{A}$ が存在し，各 $i=1,2,\cdots,n$ に対して，$a_i\notin A_i$ となる．よって，

$$A\cap\bigcap_{i=1}^{n} A_i=\emptyset \tag{28.12}$$

となり，$\mathfrak{A}$ が有限交叉性をもつことに矛盾する．したがって，$\bigcap_{A\in\mathfrak{A}} A\neq\emptyset$ とな

---

2) 逆については，例えば，[内田] p. 118 を見よ．

るので，定理 28.2 より，$(Y_\lambda, \mathfrak{O}_\lambda)$ はコンパクトである．

各 Y_λ がコンパクトであることとチコノフの定理より，積空間 Y はコンパクトである．$p_\lambda : Y \to Y_\lambda$ を射影とし，$B_\lambda = p_\lambda^{-1}(X_\lambda)$ とおく．X_λ は Y_λ の閉集合であり，p_λ は連続なので，定理 21.2 の (1) $\Leftrightarrow$ (3) より，B_λ は Y の閉集合である．ここで，$\lambda_1, \lambda_2, \cdots, \lambda_m \in \Lambda$ とし，各 $i = 1, 2, \cdots, m$ に対して，$x_{\lambda_i} \in X_{\lambda_i}$ を選んでおく．このとき，

$$f(\lambda) = \begin{cases} x_{\lambda_i} & (\lambda = \lambda_i,\ i = 1, 2, \cdots, m), \\ \omega & (\lambda \neq \lambda_1, \lambda_2, \cdots, \lambda_m) \end{cases} \tag{28.13}$$

とおくと，$f \in \bigcap_{i=1}^{m} B_{\lambda_i}$ となる．よって，$(B_\lambda)_{\lambda \in \Lambda}$ は有限交叉性をもつ．したがって，Y がコンパクトであることと定理 28.2 より，$\bigcap_{\lambda \in \Lambda} B_\lambda \neq \emptyset$ である．一方，B_λ の定義より，$\bigcap_{\lambda \in \Lambda} B_\lambda = \prod_\lambda X_\lambda$ である．以上より，$\prod_\lambda X_\lambda \neq \emptyset$ となり，選択公理がなりたつ．　◇

§28 の問題

確認問題

問 28.1　定理 28.2 において，(2) $\Rightarrow$ (1) を示せ．　□□□ [⇨ **28・2**]

基本問題

問 28.2　次の問に答えよ．

(1) チコノフの定理を書け．

(2) n 次元ユークリッド空間 $\mathbf{R}^n$ の有界閉集合はコンパクトであること[3]をチコノフの定理を用いて示せ．　□□□ [⇨ **28・1**]

---

3) この事実も**ハイネ－ボレルの被覆定理**という．

第 7 章のまとめ

弧状連結性

- 任意の 2 個の点を結ぶ**道**が存在する
- 連続写像によって不変

連結性

- 空でない 2 つの開集合の直和として表されない
- 連続写像によって不変
- 弧状連結空間は連結
- **連結成分**：同じ連結部分集合に含まれるという同値関係による同値類
  - 連結部分集合全体の和
  - 閉集合となる

局所連結性

- 任意の点が連結な近傍からなる基本近傍系をもつ
- 局所連結空間の連結成分は開集合かつ閉集合

コンパクト性

- 任意の**開被覆**が**有限部分被覆**をもつ
- 連続写像によって不変
- 距離空間のコンパクト部分集合は有界閉集合
- コンパクト空間で定義された実数値連続関数は最大値および最小値をもつ

チコノフの定理

- コンパクト空間族の積空間はコンパクト
- 選択公理と同値

距離空間 (その2)

§29 完備距離空間

§29 のポイント

- **コーシー列**が収束する距離空間は**完備**であるという．
- 完備距離空間に対して，**縮小写像の原理**や**ベールのカテゴリー定理**がなりたつ．

29・1 コーシー列と完備性

距離空間に対するコンパクト性は点列コンパクト性，全有界性，完備性といった概念によって特徴付けることができる．また，完備距離空間はそれ自身，重要な位相空間である．§29 ではコンパクト距離空間の特徴付けのための準備も兼ねて，完備距離空間について述べよう．

微分積分でもまなぶように，n 次元ユークリッド空間 $\mathbf{R}^n$ は完備である．すなわち，$\mathbf{R}^n$ の任意のコーシー列は収束する．このような性質は一般の距離空間に対しても考えることができる．

定義 29.1

(X, d) を距離空間とする．

(1) $\{a_n\}_{n=1}^{\infty}$ を X の点列とする．任意の $\varepsilon > 0$ に対して，ある $N \in \mathbf{N}$ が存在し，$m, n \geq N$（$m, n \in \mathbf{N}$）ならば，$d(a_m, a_n) < \varepsilon$ となるとき，$\{a_n\}_{n=1}^{\infty}$ を**コーシー列**（または**基本列**）という．

(2) X の任意のコーシー列が収束するとき，X は**完備**であるという．

(3) A を X の空でない部分集合とする．A が X の部分距離空間［⇨ **例 16.3**］として完備なとき，A は**完備**であるという．

コーシー列に関して，次の定理 29.1 がなりたつ．

定理 29.1（重要）

距離空間の収束する点列はコーシー列である．

証明　(X, d) を距離空間とし，$a \in X$ とする．また，$\{a_n\}_{n=1}^{\infty}$ を a に収束する X の点列とする．このとき，点列の収束の定義（定義 16.2 (2)）より，任意の $\varepsilon > 0$ に対して，ある $N \in \mathbf{N}$ が存在し，$n \geq N$（$n \in \mathbf{N}$）ならば，$d(a_n, a) < \frac{\varepsilon}{2}$ となる．よって，$m, n \geq N$（$m, n \in \mathbf{N}$）ならば，

$$d(a_m, a_n) \overset{\because \text{三角不等式}}{\leq} d(a_m, a) + d(a, a_n) < \frac{\varepsilon}{2} + \frac{\varepsilon}{2} = \varepsilon, \tag{29.1}$$

すなわち，$d(a_m, a_n) < \varepsilon$ となり，$\{a_n\}_{n=1}^{\infty}$ はコーシー列である．したがって，距離空間の収束する点列はコーシー列である．◇

注意 29.1　定義 29.1 (3) において，A が完備ならば，定理 17.5，定理 29.1 より，A は X の閉集合である．特に，A が X の閉集合でないならば，A の点には収束しない A のコーシー列が存在する．

また，完備性は位相的性質ではない．例えば，

$$f(x) = \tan \frac{\pi}{2} x \qquad (x \in (-1, 1)) \tag{29.2}$$

とおくと，f は同相写像［⇨**定義 18.2** (1)］$f : (-1, 1) \to \mathbf{R}$ を定める．しかし，

$\mathbf{R}$ が完備であるのに対して，上で述べたことより，$(-1,1)$ は完備ではない．

例 29.1　X をコンパクト空間とし，X で定義された実数値連続関数全体の集合を $C(X)$ と表す．このとき，$f, g \in C(X)$ とすると，定理 27.5 より，$d(f,g) \in \mathbf{R}$ を

$$d(f,g) = \max\{|f(x) - g(x)| \mid x \in X\} \tag{29.3}$$

により定めることができる．組 $(C(X), d)$ は距離空間となる（✍）．さらに，次の (1)〜(3) の手順により，$C(X)$ は完備となる．

(1) $\{f_n\}_{n=1}^{\infty}$ を $C(X)$ のコーシー列とし，$x \in X$ とする．このとき，実数列 $\{f_n(x)\}_{n=1}^{\infty}$ は収束する［⇨ **例題 29.1** (1)］．

(2) (1) より，$f(x) = \lim_{n\to\infty} f_n(x)$ とおき，実数値関数 $f : X \to \mathbf{R}$ を定めることができる．このとき，$f \in C(X)$ である［⇨ **例題 29.1** (2)］．

(3) $\{f_n\}_{n=1}^{\infty}$ は f に収束する［⇨ **問 29.1**］．

なお，関数からなる点列 $\{f_n\}_{n=1}^{\infty}$ を**関数列**ともいう．◆

例題 29.1　次の問に答えよ．

(1) 例 29.1 において，手順 (1) を示せ．

(2) 例 29.1 において，手順 (2) を示せ．

解　(1) $\varepsilon > 0$ とすると，$\{f_n\}_{n=1}^{\infty}$ は $C(X)$ のコーシー列なので，ある $N \in \mathbf{N}$ が存在し，$m, n \geq N$ $(m, n \in \mathbf{N})$ ならば，$d(f_m, f_n) < \frac{\varepsilon}{3}$ である．よって，$x \in X$, $m, n \geq N$ $(m, n \in \mathbf{N})$ ならば，

$$|f_m(x) - f_n(x)| \overset{\because (29.3)}{\leq} d(f_m, f_n) < \frac{\varepsilon}{3}, \tag{29.4}$$

すなわち，

$$|f_m(x) - f_n(x)| < \frac{\varepsilon}{3} \tag{29.5}$$

となり，$\{f_n(x)\}_{n=1}^{\infty}$ は $\mathbf{R}$ のコーシー列である．$\mathbf{R}$ は完備なので，$\{f_n(x)\}_{n=1}^{\infty}$ は収束する．

(2) (29.5) において，$n = N$，$m \to \infty$ とすると，

$$|f(x) - f_N(x)| \leq \frac{\varepsilon}{3} \tag{29.6}$$

である．$a \in X$ とすると，f_N は連続なので，$a \in O$ となる X のある開集合 O が存在し，$x \in O$ ならば，

$$|f_N(x) - f_N(a)| < \frac{\varepsilon}{3} \tag{29.7}$$

となる．(29.6), (29.7) より，$x \in O$ ならば，

$$\begin{aligned} |f(x) - f(a)| &\overset{\because\ 三角不等式}{\leq} |f(x) - f_N(x)| + |f_N(x) - f_N(a)| + |f_N(a) - f(a)| \\ &< \frac{\varepsilon}{3} + \frac{\varepsilon}{3} + \frac{\varepsilon}{3} = \varepsilon, \end{aligned} \tag{29.8}$$

すなわち，$|f(x) - f(a)| < \varepsilon$ となるので，f は a で連続である．a は任意なので，$f \in C(X)$ である．◇

29・2 縮小写像の原理

29・2，29・3 では，それぞれ完備距離空間に関する重要な定理である縮小写像の原理とベールのカテゴリー定理を示そう[1]．

定義 29.2

(X, d) を距離空間，$f : X \to X$ を写像とする．

(1) $0 < c < 1$ をみたすある定数 c が存在し，任意の $x, y \in X$ に対して，

[1] 縮小写像の原理は，微分積分では陰関数定理や逆写像定理，微分方程式論においては常微分方程式の解の存在と一意性定理を証明する際に用いられる．また，ベールのカテゴリー定理は，関数解析学における基本的な定理である一様有界性の原理や開写像定理を示す際に用いられる．

$$d(f(x), f(y)) \leq cd(x, y) \tag{29.9}$$

となるとき，f を X の**縮小写像**という（**図 29.1**）．

(2) $a \in X$ とする．$f(a) = a$ となるとき，a を f の**不動点**という．

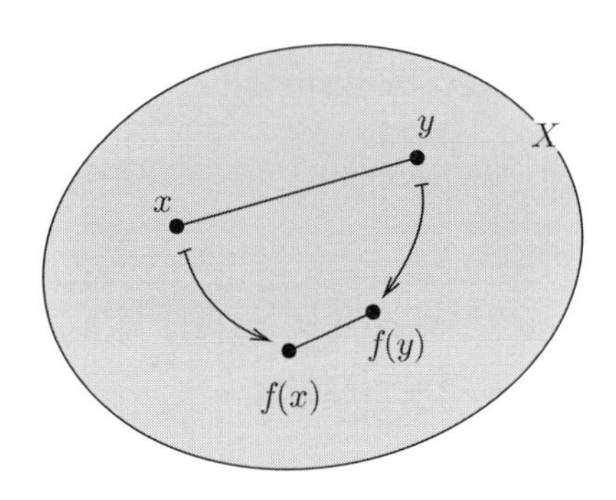

図 29.1　縮小写像

注意 29.2　(29.9) より，縮小写像は連続となる（✍）．

それでは，縮小写像の原理を述べよう．

定理 29.2（縮小写像の原理）（重要）

完備距離空間の縮小写像は不動点を一意的にもつ．

証明　(X, d) を完備距離空間，$f : X \to X$ を縮小写像とする．

不動点の存在　f は縮小写像なので，$0 < c < 1$ をみたすある定数 c が存在し，任意の $x, y \in X$ に対して，(29.9) がなりたつ．また，$a_1 \in X$ を選んでおき，X の点列 $\{a_n\}_{n=1}^{\infty}$ を

$$a_n = f(a_{n-1}) \qquad (n = 2, 3, 4, \cdots) \tag{29.10}$$

により定める．$n \in \mathbf{N}$ とすると，

$$d(a_n, a_{n+1}) \overset{\because (29.10)}{=} d(f(a_{n-1}), f(a_n)) \overset{\because (29.9)}{\leq} cd(a_{n-1}, a_n) \leq \cdots$$
$$\leq c^{n-1} d(a_1, a_2), \tag{29.11}$$

すなわち，

$$d(a_n, a_{n+1}) \leq c^{n-1} d(a_1, a_2) \tag{29.12}$$

である．さらに，$m \in \mathbf{N}$ とすると，

$$\begin{aligned}
&d(a_n, a_{n+m}) \\
&\overset{\because \text{三角不等式}}{\leq} d(a_n, a_{n+1}) + d(a_{n+1}, a_{n+2}) + \cdots + d(a_{n+m-1}, a_{n+m}) \\
&\overset{\because (29.12)}{\leq} (c^{n-1} + c^n + \cdots + c^{n+m-2}) d(a_1, a_2) \\
&= \frac{c^{n-1}(1-c^m)}{1-c} d(a_1, a_2) \overset{\because 0<c<1}{\leq} \frac{c^{n-1}}{1-c} d(a_1, a_2) \\
&\qquad \overset{\because 0<c<1}{\to} 0 \quad (n \to \infty)
\end{aligned} \tag{29.13}$$

となるので，$\{a_n\}_{n=1}^{\infty}$ はコーシー列となる．ここで，X は完備なので，ある $a \in X$ が存在し，$\{a_n\}_{n=1}^{\infty}$ は a に収束する．さらに，

$$\begin{aligned}
f(a) &= f\left(\lim_{n\to\infty} a_n\right) = \lim_{n\to\infty} f(a_n) \quad (\because \text{定理 18.2 および注意 29.2}) \\
&\overset{\because (29.10)}{=} \lim_{n\to\infty} a_{n+1} = a,
\end{aligned} \tag{29.14}$$

すなわち，$f(a) = a$ となる．したがって，a は f の不動点である．

不動点の一意性　$a, b \in X$ を f の不動点とする．このとき，

$$d(a, b) = d(f(a), f(b)) \overset{\because (29.9)}{\leq} c\,d(a, b), \tag{29.15}$$

すなわち，

$$(1-c) d(a, b) \leq 0 \tag{29.16}$$

となる．$0 < c < 1$ なので，$d(a, b) = 0$ となり，距離の正値性（定義 16.1 (1)）より，$a = b$ である． ◇

29・3 ベールのカテゴリー定理

次に，ベールのカテゴリー定理を述べよう．

定理 29.3（ベールのカテゴリー定理）（重要）

(X, d) を完備距離空間，$(O_n)_{n\in\mathbf{N}}$ を X の稠密な［⇨**定義 23.4**(1)］開集合からなる集合族とすると，$\bigcap_{n=1}^{\infty} O_n$ は X において稠密である．

証明　まず，A を X の稠密部分集合とすると，定理 19.3 より，$(X \setminus A)^i = \emptyset$ となるので，任意の $x \in X$ および任意の $\varepsilon > 0$ に対して，

$$B(x; \varepsilon) \cap A \neq \emptyset \tag{29.17}$$

である．特に，O_1 は X において稠密なので，

$$B(x; \varepsilon) \cap O_1 \neq \emptyset \tag{29.18}$$

である．さらに，O_1 は X の開集合なので，ある $a_1 \in X$ およびある $\varepsilon_1 > 0$ が存在し，

$$\overline{B(a_1; \varepsilon_1)} \subset B(x; \varepsilon) \cap O_1, \qquad \varepsilon_1 \leq \frac{\varepsilon}{2} \tag{29.19}$$

となる．以下同様に，この操作を繰り返すと，X の点列 $\{a_n\}_{n=1}^{\infty}$ および実数列 $\{\varepsilon_n\}_{n=1}^{\infty}$ が存在し，

$$\overline{B(a_{n+1}; \varepsilon_{n+1})} \subset B(a_n; \varepsilon_n) \cap O_{n+1}, \quad 0 < \varepsilon_n \leq \frac{\varepsilon}{2^n} \quad (n \in \mathbf{N}) \tag{29.20}$$

となる．ここで，$n, m \in \mathbf{N}$ とすると，$a_{n+m} \in B(a_n; \varepsilon_n)$ なので，

$$d(a_n, a_{n+m}) < \varepsilon_n \leq \frac{\varepsilon}{2^n} \to 0 \qquad (n \to \infty) \tag{29.21}$$

である．よって，$\{a_n\}_{n=1}^{\infty}$ は X のコーシー列となる．さらに，X は完備なので，ある $a \in X$ が存在し，$\{a_n\}_{n=1}^{\infty}$ は a に収束する．このとき，

$$a \in \overline{B(a_n; \varepsilon_n)} \subset B(x; \varepsilon) \cap \bigcap_{i=1}^{n} O_i \tag{29.22}$$

である．n は任意なので，

$$a \in B(x; \varepsilon) \cap \bigcap_{n=1}^{\infty} O_n \tag{29.23}$$

である．したがって，$\bigcap_{n=1}^{\infty} O_n$ は X において稠密である．◇

§29の問題

確認問題

問 29.1 例 29.1 において，手順 (3) を示せ．□□□ [⇨ 29・1]

問 29.2 縮小写像の原理を書け．□□□ [⇨ 29・2]

問 29.3 ベールのカテゴリー定理を書け．□□□ [⇨ 29・3]

基本問題

問 29.4 閉区間 $[0,1]$ で定義された実数値連続関数全体の集合を $C[0,1]$ と表す．このとき，$f, g \in C[0,1]$ とすると，$d(f,g) \in \mathbf{R}$ を

$$d(f,g) = \int_0^1 |f(x) - g(x)|\, dx$$

により定めることができる．さらに，絶対値および積分の性質より，組 $(C[0,1], d)$ は距離空間となる．

$C[0,1]$ の点列 $\{f_n\}_{n=1}^{\infty}$ を

$$f_n(x) = \begin{cases} 0 & (0 \leq x \leq \frac{1}{2}), \\ (n+1)\left(x - \frac{1}{2}\right) & (\frac{1}{2} < x \leq \frac{1}{2} + \frac{1}{n+1}), \\ 1 & (\frac{1}{2} + \frac{1}{n+1} < x \leq 1) \end{cases}$$

により定める．$\{f_n\}_{n=1}^{\infty}$ はコーシー列であることを示せ．なお，$\{f_n\}_{n=1}^{\infty}$ は収束しないことがわかる．特に，$(C[0,1], d)$ は完備ではない．

□□□ [⇨ 29・1]

問 29.5 X を距離空間，$\{a_n\}_{n=1}^{\infty}$ を X のコーシー列とし，$a \in X$ とする．$\{a_n\}_{n=1}^{\infty}$ のある部分列が a に収束するならば，$\{a_n\}_{n=1}^{\infty}$ は a に収束することを示せ．□□□ [⇨ 29・1]

§ 30 コンパクト距離空間

§ 30 のポイント

- **全有界**距離空間は第二可算公理をみたす．
- 全有界距離空間の点列はコーシー列を部分列にもつ．
- 距離空間に対して，「コンパクトであること」，「**点列コンパクト**であること」，「全有界かつ完備であること」は互いに同値である．

30・1 点列コンパクト性と全有界性

§ 30 では § 29 の始めに触れたコンパクト距離空間の特徴付けについて述べよう．まず，位相空間に対する点列コンパクト性と距離空間に対する全有界性を次の定義 30.1 のように定める．

定義 30.1

(1) X を位相空間とする．X の任意の点列が収束する部分列をもつとき，X は**点列コンパクト**であるという．

(2) X を距離空間とする．任意の $\varepsilon > 0$ に対して，ε 近傍［⇨**定義 17.1** (1)］からなる X の有限被覆［⇨**定義 27.1** (1)］が存在するとき，X は**全有界**であるという．

全有界な距離空間に関して，次の定理 30.1 がなりたつ．

定理 30.1（重要）

(X, d) を全有界距離空間とすると，次の (1), (2) がなりたつ．

(1) X は第二可算公理［⇨**定義 23.3**］をみたす．

(2) X の任意の点列はコーシー列［⇨**定義 29.1** (1)］を部分列にもつ．

証明 (1) 定理 23.5 より，X が可分［⇨**定義 23.4** (2)］であることを示せばよい．

X は全有界なので，各 $n \in \mathbf{N}$ に対して，X のある有限部分集合 A_n が存在し，

$$X = \bigcup_{a \in A_n} B\left(a; \frac{1}{n}\right) \tag{30.1}$$

となる．ここで，$A = \bigcup_{n=1}^{\infty} A_n$ とおくと，A は高々可算となる (✍)．また，$x \in X$，$\varepsilon > 0$ とする．このとき，ある $n \in \mathbf{N}$ が存在し，$\frac{1}{n} < \varepsilon$ となる．さらに，(30.1) より，ある $a \in A_n$ が存在し，$x \in B\left(a; \frac{1}{n}\right)$ となる．よって，$a \in B(x;\varepsilon)$ となる．したがって，

$$a \in B(x;\varepsilon) \cap A \tag{30.2}$$

となるので，A は X において稠密である．以上より，X は可分である．

(2) $\{x_m\}_{m=1}^{\infty}$ を X の点列とする．

まず，(30.1) において，$n = 2$ とすると，ある $a_1 \in A_2$ が存在し，

$$N_1 = \left\{ m \in \mathbf{N} \,\middle|\, x_m \in B\left(a_1; \frac{1}{2}\right) \right\} \tag{30.3}$$

とおくと，N_1 は無限集合となる（**図 30.1**）．ここで，$\{x_m\}_{m=1}^{\infty}$ の部分列 $\left\{x_m^{(1)}\right\}_{m=1}^{\infty}$ を

$$\left\{ x_m^{(1)} \,\middle|\, m \in \mathbf{N} \right\} = \{ x_m \mid m \in N_1 \} \tag{30.4}$$

となるように定める．次に，(30.1) において，$n = 4$ とすると，ある $a_2 \in A_4$ が存在し，

$$N_2 = \left\{ m \in \mathbf{N} \,\middle|\, x_m^{(1)} \in B\left(a_2; \frac{1}{4}\right) \right\} \tag{30.5}$$

とおくと，N_2 は無限集合となる．ここで，$\left\{x_m^{(1)}\right\}_{m=1}^{\infty}$ の部分列 $\left\{x_m^{(2)}\right\}_{m=1}^{\infty}$ を

$$\left\{ x_m^{(2)} \,\middle|\, m \in \mathbf{N} \right\} = \left\{ x_m^{(1)} \,\middle|\, m \in N_2 \right\} \tag{30.6}$$

となるように定める．以下同様に，この操作を繰り返し，$k = 2, 3, 4, \cdots$ に対して，$\left\{x_m^{(k-1)}\right\}_{m=1}^{\infty}$ まで定められたとき，(30.1) において，$n = 2k$ とすると，

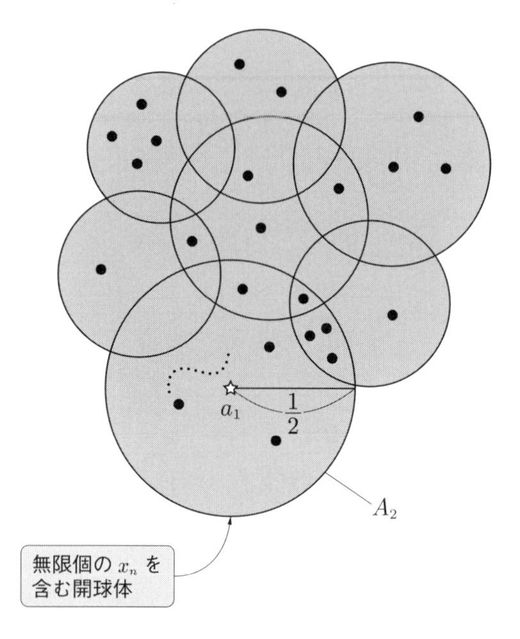

図 30.1　中心 $a_1 \in A_2$ の選び方

ある $a_k \in A_{2k}$ が存在し，

$$N_k = \left\{ m \in \mathbf{N} \;\middle|\; x_m^{(k-1)} \in B\left(a_k; \frac{1}{2k}\right) \right\} \tag{30.7}$$

とおくと，N_k は無限集合となる．ここで，$\left\{x_m^{(k-1)}\right\}_{m=1}^{\infty}$ の部分列 $\left\{x_m^{(k)}\right\}_{m=1}^{\infty}$ を

$$\left\{ x_m^{(k)} \;\middle|\; m \in \mathbf{N} \right\} = \left\{ x_m^{(k-1)} \;\middle|\; m \in N_k \right\} \tag{30.8}$$

となるように定める．

このとき，$l, m \in \mathbf{N}$ とすると，三角不等式より，$d\left(x_l^{(k)}, x_m^{(k)}\right) < \frac{1}{k}$ となる（✍）．よって，$\{x_m\}_{m=1}^{\infty}$ の部分列 $\left\{x_k^{(k)}\right\}_{k=1}^{\infty}$ を考えると，$l, m \geq k$ $(l, m \in \mathbf{N})$ ならば，$d\left(x_l^{(l)}, x_m^{(m)}\right) < \frac{1}{k}$ である．したがって，$\left\{x_k^{(k)}\right\}_{k=1}^{\infty}$ はコーシー列となる．以上より，(2) がなりたつ．◇

30・2 コンパクト距離空間の特徴付け

それでは，次の定理 30.2 を示そう．

定理 30.2（重要）

(X, d) を距離空間とすると，次の (1)〜(3) は互いに同値である．

(1) X はコンパクトである．

(2) X は点列コンパクトである．

(3) X は全有界かつ完備である．

証明 (1) ⇒ (2)，(2) ⇒ (3)，(3) ⇒ (1) の順に示す．

(1) ⇒ (2) $\{a_n\}_{n=1}^{\infty}$ を X の点列とする．$n \in \mathbf{N}$ に対して，$A_n \subset X$ を

$$A_n = \{a_n, a_{n+1}, a_{n+2}, \cdots\} \tag{30.9}$$

により定める．このとき，集合族 $\left(\overline{A_n}\right)_{n \in \mathbf{N}}$ は X の閉集合からなり，有限交叉性 [⇨**定義 28.1**] をもつ．よって，(1) および定理 28.2 より，ある $a \in \bigcap_{n=1}^{\infty} \overline{A_n}$ が存在する．$k \in \mathbf{N}$ とすると，$a \in \overline{A_k}$ なので，ある $a_{n_k} \in A_k$ が存在し，$d(a_{n_k}, a) < \frac{1}{k}$ となる（✍）．さらに，n_k を $\{a_{n_k}\}_{k=1}^{\infty}$ が $\{a_n\}_{n=1}^{\infty}$ の部分列となるように選ぶことができる．このとき，$\{a_{n_k}\}_{k=1}^{\infty}$ は a に収束する．よって，(2) がなりたつ．

(2) ⇒ (3) まず，X が全有界ではないならば，X は点列コンパクトではない [⇨**例題 30.1**]．よって，対偶を考えると，(2) より，X は全有界となる．また，(2) より，X は完備となる [⇨**問 30.1**]．したがって，(3) がなりたつ．

(3) ⇒ (1) $(O_\lambda)_{\lambda \in \Lambda}$ を X の開被覆とする．X は全有界なので，定理 30.1 (1) より，高々可算個の元からなる X の位相の基底 $\mathfrak{B}$ が存在する．このとき，$\lambda \in \Lambda$ に対して，$U \subset O_\lambda$ となる $U \in \mathfrak{B}$ 全体の集合は高々可算である．このような U 全体を改めて $(U_n)_{n \in \mathbf{N}}$ と表すと，$(U_n)_{n \in \mathbf{N}}$ は X の開被覆となる．

ここで，ある $n \in \mathbf{N}$ が存在し，

$$X = \bigcup_{i=1}^{n} U_i \tag{30.10}$$

となることを背理法により示す．(30.10) をみたす $n \in \mathbf{N}$ が存在しないと仮定する．このとき，X のある点列 $\{a_n\}_{n=1}^{\infty}$ が存在し，任意の $n \in \mathbf{N}$ に対して，$a_n \notin \bigcup_{i=1}^{n} U_i$ となる．X は全有界なので，定理 30.1 (2) より，$\{a_n\}_{n=1}^{\infty}$ のある部分列 $\{a_{n_k}\}_{k=1}^{\infty}$ が存在し，$\{a_{n_k}\}_{k=1}^{\infty}$ はコーシー列となる．さらに，X は完備なので，ある $a \in X$ が存在し，$\{a_{n_k}\}_{k=1}^{\infty}$ は a に収束する．$(U_n)_{n\in\mathbf{N}}$ は X の開被覆なので，ある $N \in \mathbf{N}$ が存在し，$a \in U_N$ となる．また，ある $K \in \mathbf{N}$ が存在し，$k \geq K$（$k \in \mathbf{N}$）ならば，$a_{n_k} \in U_N$ となる．一方，$K' = \max\{N, K\}$ とおくと，$a_{n_{K'}} \notin \bigcup_{i=1}^{n_{K'}} U_i$ となるので，$a_{n_{K'}} \notin U_N$ である．これは矛盾である．よって，(30.10) をみたす $n \in \mathbf{N}$ が存在する．

$(U_n)_{n\in\mathbf{N}}$ の定義より，各 $i = 1, 2, \cdots, n$ に対して，$U_i \subset O_{\lambda_i}$ となる $\lambda_i \in \Lambda$ が存在するので，(30.10) より，$(O_{\lambda_i})_{i=1}^{n}$ は $(O_\lambda)_{\lambda\in\Lambda}$ の有限部分被覆である．したがって，(1) がなりたつ．◇

例題 30.1　全有界ではない距離空間は点列コンパクトではないことを示せ．

□□□

解　(X, d) を全有界ではない距離空間とする．このとき，ある $\varepsilon > 0$ が存在し，ε 近傍からなる X の有限被覆は存在しない．よって，$a_1 \in X$ を選んでおくと，ある $a_2 \in X \setminus B(a_1; \varepsilon)$ が存在する．さらに，ある

$$a_3 \in X \setminus (B(a_1; \varepsilon) \cup B(a_2; \varepsilon)) \tag{30.11}$$

が存在する．以下同様に，この操作を繰り返すと，$n = 2, 3, 4, \cdots$ に対して，$a_1, a_2, \cdots, a_{n-1}$ まで定められたとき，ある

$$a_n \in X \setminus \left(\bigcup_{i=1}^{n-1} B(a_i; \varepsilon) \right) \tag{30.12}$$

が存在する．このとき，$m \neq n$（$m, n \in \mathbf{N}$）ならば，$d(a_m, a_n) \geq \varepsilon$ となるの

で，$\{a_n\}_{n=1}^{\infty}$ は収束する部分列をもたない．したがって，X は点列コンパクトではない．すなわち，全有界ではない距離空間は点列コンパクトではない．◇

注意 30.1 例題 30.1 の証明より，任意の点列がコーシー列を部分列にもつ距離空間は全有界である（✍）．

§30の問題

確認問題

問 30.1 次の □ をうめることにより，点列コンパクトな距離空間は完備であることを示せ．

X を点列コンパクトな距離空間とし，$\{x_n\}_{n=1}^{\infty}$ を X の ① 列とする．X は点列コンパクトなので，ある $x \in X$ が存在し，$\{x_n\}_{n=1}^{\infty}$ は x に ② する ③ 列をもつ．このとき，$\{x_n\}_{n=1}^{\infty}$ は x に ② する［⇨ **問 29.5**］．よって，X は完備である．

□□□［⇨ **30・2**］

基本問題

問 30.2 (X, d) を距離空間とする．

(1) $A_1, A_2, \ldots, A_n$ を X の有界部分集合とする［⇨**定義 27.2**］．次の □ をうめることにより，$\bigcup_{i=1}^{n} A_i$ は有界であることを示せ．

各 $i = 1, 2, \cdots, n$ に対して，$a_i \in A_i$ を選んでおく．A_i は有界なので，ある $\varepsilon_i > 0$ が存在し，$A_i \subset B(a_i; \varepsilon_i)$ となる．ここで，$x \in A_i$，$y \in A_j$（$i, j = 1, 2, \cdots, n$）とすると，

$$d(x, y) \overset{\because \text{三角不等式}}{\leq} d(x, a_i) + d(a_i, a_j) + \boxed{①}$$

$$< \boxed{\ ②\ } + d(a_i, a_j) + \varepsilon_j$$
$$\leq 2\max\{\varepsilon_i \,|\, 1 \leq i \leq n\} + \max\{d(a_i, a_j) \,|\, 1 \leq i, j \leq n\}$$

である．よって，

$$\delta\left(\boxed{\ ③\ } \right) \leq 2\max\{\varepsilon_i \,|\, 1 \leq i \leq n\} + \max\{d(a_i, a_j) \,|\, 1 \leq i, j \leq n\}$$

となる．したがって，$\displaystyle\bigcup_{i=1}^{n} A_i$ は有界である．

(2) X が全有界ならば，X は有界であることを示せ．

□□□ [⇨ **30・1**]

問 30.3　定理 30.2 を用いて，n 次元ユークリッド空間 $\mathbf{R}^n$ の有界閉集合はコンパクトである [⇨ **問 28.2** (2)] ことを示せ．　□□□ [⇨ **30・2**]

問 30.4　集合 l^2 を

$$l^2 = \left\{ \{x_n\}_{n=1}^{\infty} \;\middle|\; \{x_n\}_{n=1}^{\infty} \text{ は } \sum_{n=1}^{\infty} |x_n|^2 < +\infty \text{ となる実数列} \right\}$$

により定める[1]．$\boldsymbol{x} = \{x_n\}_{n=1}^{\infty}, \boldsymbol{y} = \{y_n\}_{n=1}^{\infty} \in l^2$，$c \in \mathbf{R}$ に対して，

$$\boldsymbol{x} + \boldsymbol{y} = \{x_n + y_n\}_{n=1}^{\infty}, \qquad c\boldsymbol{x} = \{cx_n\}_{n=1}^{\infty}$$

とおくと，$\boldsymbol{x} + \boldsymbol{y}, c\boldsymbol{x} \in l^2$ となり，l^2 は $\mathbf{R}$ 上のベクトル空間となる．また，l^2 は

$$\langle \boldsymbol{x}, \boldsymbol{y} \rangle = \sum_{n=1}^{\infty} x_n y_n$$

により定められる内積に関して，内積空間となり，l^2 のノルム $\|\ \| : l^2 \to \mathbf{R}$ および距離 $d : l^2 \times l^2 \to \mathbf{R}$ を

$$\|\boldsymbol{x}\| = \sqrt{\langle \boldsymbol{x}, \boldsymbol{x} \rangle}, \qquad d(\boldsymbol{x}, \boldsymbol{y}) = \|\boldsymbol{x} - \boldsymbol{y}\|$$

により定めることができる．さらに，組 (l^2, d) は完備距離空間となる．(l^2, d) を**ヒルベルト空間**という．(l^2, d) の有界閉集合は**コンパクトであるとは限らない**ことを示せ．　□□□ [⇨ **30・2**]

---

[1] 以下については，詳しくは，例えば，[内田] p.57 問 13.2, p. 141 問 26.3 を見よ．

§31 距離空間の完備化 **

§31 のポイント

- 距離空間の**完備化**とは，像が稠密となる完備距離空間への等長写像を構成することである．
- 距離空間は完備化することができる．

31・1 完備化の定義

距離空間は必ずしも完備ではないため，コーシー列がいつでも収束するとは限らない．しかし，距離空間を完備距離空間へ“埋め込む”ことによって，そのコーシー列を完備距離空間の点列とみなして，収束させることができる．

定義 31.1

$X, \tilde{X}$ を距離空間，$\iota: X \to \tilde{X}$ を写像とする．次の (1)〜(3) がなりたつとき，組 $(\tilde{X}, \iota)$ または $\tilde{X}$ を X の**完備化**（または**完備拡大**）という．

(1) $\tilde{X}$ は完備である．

(2) ι は等長写像［⇨ **例 18.2**］である．

(3) $\iota(X)$ は $\tilde{X}$ において稠密［⇨**定義 23.4** (1)］である．

注意 31.1 定義 31.1 (2) において，ι の値域を $\tilde{X}$ の部分距離空間 $\iota(X)$ へ制限して得られる X から $\iota(X)$ への写像は同相写像となる．このような ι を**埋め込み**（または**中への同相写像**）という．

例 31.1 微分積分でまなぶように，$\mathbf{Q}$ はユークリッド距離 (13.11) に関して完備ではないが，$\mathbf{Q}$ を完備化して得られる距離空間が $\mathbf{R}$ である． ◆

31・2 完備距離空間および等長写像の構成

距離空間の完備化を具体的に構成しよう．まず，(X,d) を距離空間とし，X のコーシー列全体の集合を C_X と表す．$\mathbf{R}$ の完備性を用いることにより，次の定理 31.1 を示すことができる．

定理 31.1

$\{x_n\}_{n=1}^\infty, \{y_n\}_{n=1}^\infty \in C_X$ とすると，実数列 $\{d(x_n,y_n)\}_{n=1}^\infty$ は収束する．

証明　$m,n \in \mathbf{N}$ とすると，

$$d(x_m,y_m) \overset{\because\ \text{三角不等式}}{\leq} d(x_m,x_n)+d(x_n,y_n)+d(y_n,y_m), \tag{31.1}$$

すなわち，

$$d(x_m,y_m)-d(x_n,y_n) \leq d(x_m,x_n)+d(y_n,y_m) \tag{31.2}$$

である．同様に，

$$d(x_n,y_n)-d(x_m,y_m) \leq d(x_n,x_m)+d(y_m,y_n) \tag{31.3}$$

である．距離の対称性（定義 16.1 (2)）および (31.2)，(31.3) より，

$$|d(x_n,y_n)-d(x_m,y_m)| \leq d(x_m,x_n)+d(y_n,y_m) \tag{31.4}$$

である．ここで，$\{x_n\}_{n=1}^\infty$，$\{y_n\}_{n=1}^\infty$ がコーシー列であることより，任意の $\varepsilon>0$ に対して，ある $N \in \mathbf{N}$ が存在し，$m,n \geq N$（$m,n \in \mathbf{N}$）ならば，

$$d(x_m,x_n), d(y_n,y_m) < \frac{\varepsilon}{2} \tag{31.5}$$

となる．このとき，(31.4) より，

$$|d(x_n,y_n)-d(x_m,y_m)| < \varepsilon \tag{31.6}$$

となる．よって，$\{d(x_n,y_n)\}_{n=1}^\infty$ は $\mathbf{R}$ のコーシー列である．したがって，$\mathbf{R}$ の完備性より，$\{d(x_n,y_n)\}_{n=1}^\infty$ は収束する．◇

次に，$\{x_n\}_{n=1}^\infty, \{y_n\}_{n=1}^\infty \in C_X$ に対して，

$$\lim_{n\to\infty} d(x_n,y_n)=0 \tag{31.7}$$

となるとき，$\{x_n\}_{n=1}^\infty \sim \{y_n\}_{n=1}^\infty$ と表す．このとき，$\sim$ は C_X 上の同値関係となる［⇨ **例題 31.1**，問 31.1］．

例題 31.1　$\sim$ は反射律および対称律をみたすことを示せ．

□□□

解　**反射律**　$\{x_n\}_{n=1}^\infty \in C_X$ とする．このとき，

$$\lim_{n\to\infty} d(x_n, x_n) \overset{\because\ \text{定義 } 16.1\,(1)}{=} \lim_{n\to\infty} 0 = 0, \tag{31.8}$$

すなわち，

$$\lim_{n\to\infty} d(x_n, x_n) = 0 \tag{31.9}$$

である．よって，$\{x_n\}_{n=1}^\infty \sim \{x_n\}_{n=1}^\infty$ である．したがって，$\sim$ は反射律をみたす．

対称律　$\{x_n\}_{n=1}^\infty, \{y_n\}_{n=1}^\infty \in C_X$，$\{x_n\}_{n=1}^\infty \sim \{y_n\}_{n=1}^\infty$ とする．このとき，

$$\lim_{n\to\infty} d(x_n, y_n) = 0 \tag{31.10}$$

である．よって，

$$\lim_{n\to\infty} d(y_n, x_n) \overset{\because\ \text{定義 } 16.1\,(2)}{=} \lim_{n\to\infty} d(x_n, y_n) = 0, \tag{31.11}$$

すなわち，

$$\lim_{n\to\infty} d(y_n, x_n) = 0 \tag{31.12}$$

である．よって，$\{y_n\}_{n=1}^\infty \sim \{x_n\}_{n=1}^\infty$ である．したがって，$\sim$ は対称律をみたす．　◇

また，次の定理 31.2 がなりたつ．

定理 31.2

$\{x_n\}_{n=1}^\infty, \{y_n\}_{n=1}^\infty, \{x'_n\}_{n=1}^\infty, \{y'_n\}_{n=1}^\infty \in C_X$ とする．$\{x_n\}_{n=1}^\infty \sim \{x'_n\}_{n=1}^\infty$，

$\{y_n\}_{n=1}^{\infty} \sim \{y'_n\}_{n=1}^{\infty}$ ならば，

$$\lim_{n\to\infty} d(x_n, y_n) = \lim_{n\to\infty} d(x'_n, y'_n) \tag{31.13}$$

である．

証明　$n \in \mathbf{N}$ とすると，

$$d(x_n, y_n) \overset{\because \text{三角不等式}}{\leq} d(x_n, x'_n) + d(x'_n, y'_n) + d(y'_n, y_n) \tag{31.14}$$

である．$\{x_n\}_{n=1}^{\infty} \sim \{x'_n\}_{n=1}^{\infty}$，$\{y_n\}_{n=1}^{\infty} \sim \{y'_n\}_{n=1}^{\infty}$ なので，$n \to \infty$ とすると，

$$\lim_{n\to\infty} d(x_n, y_n) \leq \lim_{n\to\infty} d(x'_n, y'_n) \tag{31.15}$$

である．同様に，

$$\lim_{n\to\infty} d(x'_n, y'_n) \leq \lim_{n\to\infty} d(x_n, y_n) \tag{31.16}$$

である．(31.15), (31.16) より，(31.13) がなりたつ．　◇

ここで，C_X の $\sim$ による商集合を $\tilde{X}$ と表す．また，$\sim$ による $\{x_n\}_{n=1}^{\infty} \in C_X$ の同値類を $[\{x_n\}_{n=1}^{\infty}]$ と表し，実数値関数 $\tilde{d}\colon \tilde{X} \times \tilde{X} \to \mathbf{R}$ を

$$\tilde{d}([\{x_n\}_{n=1}^{\infty}], [\{y_n\}_{n=1}^{\infty}]) = \lim_{n\to\infty} d(x_n, y_n), \tag{31.17}$$

$$\left([\{x_n\}_{n=1}^{\infty}], [\{y_n\}_{n=1}^{\infty}] \in \tilde{X}\right) \tag{31.18}$$

により定める．定理 31.2 より，(31.17) 左辺の値は代表元 $\{x_n\}_{n=1}^{\infty}$，$\{y_n\}_{n=1}^{\infty}$ の選び方に依存しない．よって，$\tilde{d}$ の定義は well-defined である [⇨ **8・3**]．このとき，次の定理 31.3 がなりたつ（✍）．

定理 31.3

$\tilde{d}$ は $\tilde{X}$ の距離となる．

さらに，$x \in X$ に対して，X の点列 $\{x_n\}_{n=1}^{\infty}$ を

$$x_n = x \qquad (n \in \mathbf{N}) \tag{31.19}$$

により定める．このとき，明らかに $\{x_n\}_{n=1}^{\infty}$ は X のコーシー列である．そこで，

$$\iota(x) = [\{x_n\}_{n=1}^{\infty}] \tag{31.20}$$

とおくことにより，写像 $\iota\colon X \to \tilde{X}$ を定めることができる．

31・3 完備化の条件の証明

以下，組 $(\tilde{X}, \tilde{d})$ と (31.20) の ι に対して，$\tilde{X}$ が X の完備化となることを示そう．まず，次の定理 31.4 より，定義 31.1 (2) の条件がなりたつ．

定理 31.4（重要）

ι は等長写像である．

証明 問 31.2 とする． ◇

次に，定義 31.1 (3) の条件を示す．

定理 31.5（重要）

$\iota(X)$ は $\tilde{X}$ において稠密である．

証明 $[\{x_n\}_{n=1}^{\infty}] \in \tilde{X}$ とする．$\{x_n\}_{n=1}^{\infty}$ は X のコーシー列なので，任意の $\varepsilon > 0$ に対して，ある $N \in \mathbf{N}$ が存在し，$m, n \geq N$ $(m, n \in \mathbf{N})$ ならば，$d(x_m, x_n) < \frac{\varepsilon}{2}$ となる．このとき，

$$\tilde{d}(\iota(x_m), [\{x_n\}_{n=1}^{\infty}]) \overset{\because (31.17)}{=} \lim_{n\to\infty} d(x_m, x_n) \leq \frac{\varepsilon}{2} < \varepsilon, \tag{31.21}$$

すなわち，

$$\tilde{d}(\iota(x_m), [\{x_n\}_{n=1}^{\infty}]) < \varepsilon \tag{31.22}$$

である．よって，$[\{x_n\}_{n=1}^{\infty}] \in \overline{\iota(X)}$ である．$[\{x_n\}_{n=1}^{\infty}]$ は任意なので，$\overline{\iota(X)} = \tilde{X}$ となり，$\iota(X)$ は $\tilde{X}$ において稠密である． ◇

さらに，定義 31.1 (1) の条件を示そう．ただし，可算選択公理［⇨ **例 12.1**］

を認める．

定理 31.6（重要）

$\tilde{X}$ は完備である．

証明 $\{\tilde{\xi}_n\}_{n=1}^{\infty}$ を $\tilde{X}$ のコーシー列とする．まず，定理 31.5 および可算選択公理［⇨ **例 12.1**］より，各 $n \in \mathbf{N}$ に対して，

$$\tilde{d}(\tilde{\xi}_n, \iota(x_n)) < \frac{1}{n} \tag{31.23}$$

となる $x_n \in X$ を選んでおく．$m, n \in \mathbf{N}$ とすると，

$$d(x_m, x_n) \overset{\because\ \text{定理 31.4}}{=} \tilde{d}(\iota(x_m), \iota(x_n)) \overset{\because\ \text{三角不等式}}{\leq} \tilde{d}(\iota(x_m), \tilde{\xi}_m) + \tilde{d}(\tilde{\xi}_m, \tilde{\xi}_n)$$
$$+\tilde{d}(\tilde{\xi}_n, \iota(x_n)) \overset{\because\ (31.23)}{<} \frac{1}{m} + \tilde{d}(\tilde{\xi}_m, \tilde{\xi}_n) + \frac{1}{n} \tag{31.24}$$

である．さらに，$\{\tilde{\xi}_n\}_{n=1}^{\infty}$ は $\tilde{X}$ のコーシー列なので，$\{x_n\}_{n=1}^{\infty}$ は X のコーシー列となる．よって，$[\{x_n\}_{n=1}^{\infty}] \in \tilde{X}$ である．ここで，

$$\tilde{d}(\tilde{\xi}_n, [\{x_m\}_{m=1}^{\infty}]) \overset{\because\ \text{三角不等式}}{\leq} \tilde{d}(\tilde{\xi}_n, \iota(x_n)) + \tilde{d}(\iota(x_n), [\{x_m\}_{m=1}^{\infty}]) \tag{31.25}$$

である．したがって，(31.22), (31.23) より，$\{\tilde{\xi}_n\}_{n=1}^{\infty}$ は $[\{x_m\}_{m=1}^{\infty}]$ に収束する．すなわち，$\tilde{X}$ は完備である．◇

なお，このようにして得られた完備化（**図 31.1**）は，次の意味で一意的であ

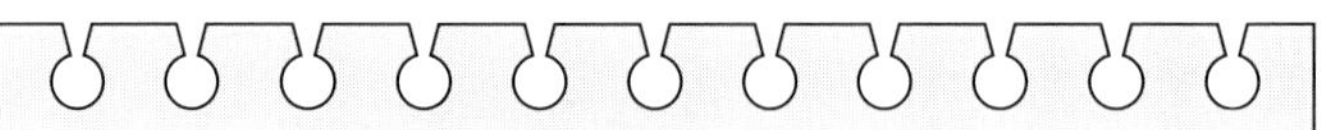

(X, d)：距離空間

⇨ X のコーシー列全体 C_X を考える

⇨ C_X に同値関係 $\sim$ を定める

⇨ 商集合 $\tilde{X} = C_X/\sim$ に距離 $\tilde{d}$ を定める

⇨ X の**完備化** $(\tilde{X}, \iota)$ が得られる

図 31.1　距離空間の完備化

る[1].

定理 31.7

X を距離空間，$(\tilde{X}, \iota)$ および $(\tilde{X}', \iota')$ を X の完備化とすると，全単射等長写像 $f : \tilde{X} \to \tilde{X}'$ が存在し，$f \circ \iota = \iota'$ となる（**図 31.2**）．

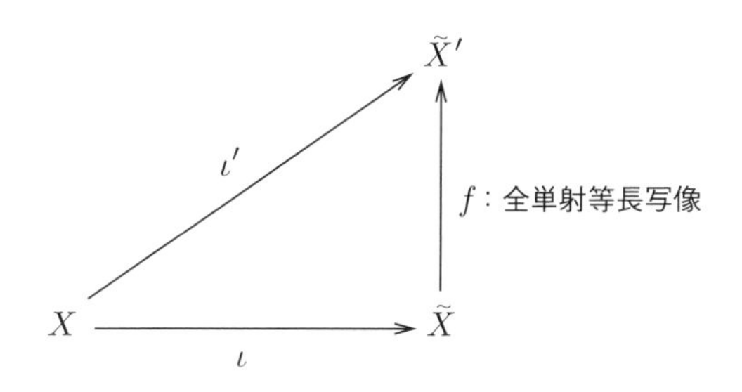

図 31.2　完備化の一意性

§31 の問題

確認問題

問 31.1　pp. 244–245 で定めた C_X 上の二項関係 $\sim$ は推移律をみたすことを示せ．

□□□ [⇨ **31・2**]

基本問題

問 31.2　(31.20) により定めた写像 $\iota : X \to \tilde{X}$ は等長写像であることを示せ．

□□□ [⇨ **31・3**]

---

1) 例えば，[内田] p. 150 定理 28.1 を見よ．等長的な距離空間は同一視 [⇨ p. 92 脚注 1)] することが多い．よって，定理 31.7 において，$\tilde{X}$ と $\tilde{X}'$ は同じ距離空間とみなせるという意味で X の完備化は一意的である．

第8章のまとめ

完備距離空間

(X, d)：距離空間，$\{a_n\}_{n=1}^{\infty}$：X の点列

$\{a_n\}_{n=1}^{\infty}$：**コーシー列**

$\Updownarrow$ def.

$$^{\forall}\varepsilon > 0,\ ^{\exists}N \in \mathbf{N} \text{ s.t. } m, n \geq N\ (m, n \in \mathbf{N}) \implies d(a_m, a_n) < \varepsilon$$

- **完備**：任意のコーシー列が収束する
- **縮小写像の原理**：完備距離空間の**縮小写像**は**不動点**を一意的にもつ
- **ベールのカテゴリー定理**：完備距離空間の稠密開集合からなる集合族の共通部分は稠密

全有界距離空間

- **全有界**：任意の $\varepsilon > 0$ に対して ε 近傍からなる有限被覆が存在する距離空間
- 第二可算公理をみたす
- 任意の点列はコーシー列を部分列にもつ

コンパクト距離空間

距離空間について次の3つは互いに同値

- コンパクトである
- **点列コンパクト**である：任意の点列が収束部分列をもつ
- 全有界かつ完備

距離空間の完備化

距離空間から像が稠密となる完備距離空間への等長写像を構成することができる

分離公理とコンパクト性の一般化

§ 32 ハウスドルフ空間

§ 32 のポイント

- 任意の異なる 2 個の点が開集合により**分離される**位相空間は**ハウスドルフ**であるという.
- ハウスドルフ空間の収束する点列の極限は一意的である.
- ハウスドルフ空間の 1 個の点からなる部分集合は閉集合である.
- ハウスドルフ空間のコンパクト部分集合は閉集合である.

32・1 ハウスドルフ空間の定義

距離空間の点列の極限は一意的であった [⇨**定理 16.1**]. しかし, 一般の位相空間についてはそうであるとは限らない [⇨ 注意 20.2]. 位相空間の点列の極限が一意的となるようにするには, 次の定義 32.1 (1) のような条件を考えるとよい.

定義 32.1

X を位相空間とする.

(1) $x, y \in X$ を異なる2個の点とする．X のある開集合 O_x, O_y が存在し，

$$x \in O_x, \quad y \in O_y, \quad O_x \cap O_y = \emptyset \tag{32.1}$$

となるとき，x と y は開集合により**分離される**という（**図 32.1**[1]）．

(2) X の任意の異なる2個の点が開集合により分離されるとき，X は**ハウスドルフ**であるという．このとき，X は**ハウスドルフの分離公理**または**第二分離公理**をみたすという．ハウスドルフな位相空間を**ハウスドルフ空間**または $\boldsymbol{T_2}$ **空間**[2]という．

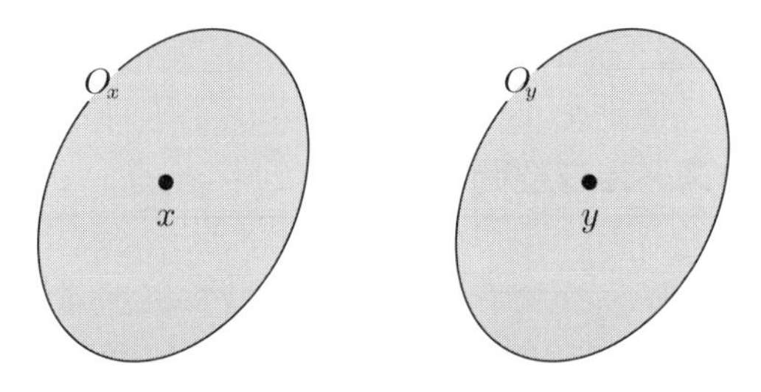

図 32.1　異なる2個の点の開集合による分離

注意 32.1　定義 32.1 より，ハウスドルフ性は位相的性質となる．

また，定義 32.1 では開集合を用いて2個の点を分離することを考えたが，開集合の代わりに近傍を用いてもよい（✍）．

32・1 の最初に述べたことを示しておこう．

定理 32.1（重要）

ハウスドルフ空間の点列が収束する $\Longrightarrow$ その極限は一意的

---

1) ユークリッド空間の開集合は破線で囲まれた領域として表すことがあるが，一般の位相空間の開集合に対してはこのような表し方は正しいとは言えないことと，図が早く描けることを重視し，図 32.1 のように表すことにする．

2) "T" は「分離公理」を意味するドイツ語 "Trennungsaxiom"（トレヌングスアクシオム）に由来する．また，T_0 空間，T_1 空間とよばれる位相空間もある［⇨ **定義 33.2** およびその脚注］．

証明　背理法により示す．X をハウスドルフ空間，$\{a_n\}_{n=1}^{\infty}$ を X の収束する点列，$a, b \in X$ を $\{a_n\}_{n=1}^{\infty}$ の極限とし，$a \neq b$ であると仮定する．このとき，X のハウスドルフ性より，X のある開集合 O_a, O_b が存在し，

$$a \in O_a, \quad b \in O_b, \quad O_a \cap O_b = \emptyset \tag{32.2}$$

となる．ここで，$\{a_n\}_{n=1}^{\infty}$ は a に収束するので，ある $N_a \in \mathbf{N}$ が存在し，$n \geq N_a$（$n \in \mathbf{N}$）ならば，$a_n \in O_a$ となる．また，$\{a_n\}_{n=1}^{\infty}$ は b にも収束するので，ある $N_b \in \mathbf{N}$ が存在し，$n \geq N_b$（$n \in \mathbf{N}$）ならば，$a_n \in O_b$ となる．よって，$a_{\max\{N_a, N_b\}} \in O_a \cap O_b$ となり，これは (32.2) 第 3 式に矛盾する．したがって，$a = b$ である．すなわち，ハウスドルフ空間の点列が収束するならば，その極限は一意的である．◇

32・2　ハウスドルフ空間の例

ハウスドルフ空間の例について考えよう．

例 32.1　距離空間はハウスドルフである．実際，距離空間 (X, d) の異なる 2 個の点 $x, y \in X$ に対して，$\varepsilon = d(x, y)$ とおくと，距離の正値性（定義 16.1 (1)）より，$\varepsilon > 0$ であり，このとき，

$$x \in B\left(x; \frac{\varepsilon}{2}\right), \quad y \in B\left(y; \frac{\varepsilon}{2}\right), \quad B\left(x; \frac{\varepsilon}{2}\right) \cap B\left(y; \frac{\varepsilon}{2}\right) = \emptyset \tag{32.3}$$

となり，x と y は開集合により分離される．◆

例 32.2　注意 20.2，定理 32.1 より，2 個以上の点を含む密着空間はハウスドルフではない．◆

例題 32.1　離散空間はハウスドルフであることを示せ．

解　X を離散空間，$x, y \in X$ を異なる2個の点とする．このとき，$\{x\}$, $\{y\}$ は X の開集合であり，

$$x \in \{x\}, \quad y \in \{y\}, \quad \{x\} \cap \{y\} = \emptyset \tag{32.4}$$

である．よって，x と y は開集合により分離される．したがって，定義 32.1 より離散空間はハウスドルフである．◇

例 32.3　X を空でない集合とし，X の余有限位相［⇨**注意 22.2**］を考える．

X が有限集合のとき，X はハウスドルフである［⇨**問 32.1**］．

X が無限集合のとき，X はハウスドルフではないことを背理法により示す．X がハウスドルフであると仮定する．X は無限集合なので，異なる2個の点 $x, y \in X$ が存在する．このとき，(32.1) をみたす X のある開集合 O_x, O_y が存在する．余有限位相の定義より，$X \setminus O_x$ は有限集合である．さらに，(32.1) 第3式より，$O_y \subset X \setminus O_x$ である．よって，O_y は有限集合である．ここで，余有限位相の定義より，$X \setminus O_y$ は有限集合であり，

$$X = O_y \cup (X \setminus O_y) \tag{32.5}$$

である．したがって，X は有限集合となり，矛盾である．以上より，X はハウスドルフではない．◆

32・3　ハウスドルフ空間の性質

ハウスドルフ空間について，次の定理 32.2 がなりたつ．

定理 32.2（重要）

ハウスドルフ空間の1個の点からなる部分集合は閉集合である．

証明 X をハウスドルフ空間とし，$x \in X$ とする．

$X = \{x\}$ のとき，$\{x\}$ は明らかに X の閉集合である．

$X \neq \{x\}$ のとき，$y \in X \setminus \{x\}$ とする．$x \neq y$ であることと X のハウスドルフ性より，(32.1) をみたす X のある開集合 O_x, O_y が存在する．このとき，$O_y \subset X \setminus \{x\}$ なので，y は $X \setminus \{x\}$ の内点である．y は任意なので，$X \setminus \{x\}$ は X の開集合である．よって，$\{x\}$ は X の閉集合である．

したがって，ハウスドルフ空間の 1 個の点からなる部分集合は閉集合である．

ハウスドルフ性は次の定理 32.3 のように特徴付けることができる．

定理 32.3（重要）

X を位相空間とすると，次の (1)〜(3) は互いに同値である．

(1) X はハウスドルフである．

(2) 積空間 $X \times X$ ［⇨**例 24.2**］の部分集合

$$\{(x, x) \mid x \in X\} \tag{32.6}$$

は閉集合である．

(3) 任意の $x \in X$ に対して，x の閉近傍［⇨**定義 19.1** (2)］全体の共通部分は $\{x\}$ である．

証明 (32.6) の集合を Δ とおき[3)]，(1) ⇒ (2)，(2) ⇒ (3)，(3) ⇒ (1) の順に示す．

(1) ⇒ (2) $(x, y) \in (X \times X) \setminus \Delta$ とする．このとき，$x \neq y$ なので，(1) より，(32.1) をみたす X のある開集合 O_x, O_y が存在する．ここで，(32.1) は

$$(x, y) \in O_x \times O_y, \quad O_x \times O_y \subset (X \times X) \setminus \Delta \tag{32.7}$$

と同値である（✍）．よって，定理 24.1 より，(x, y) は $(X \times X) \setminus \Delta$ の内点で

---

3) Δ を**対角線集合**という．

ある．(x, y) は任意なので，$(X \times X) \setminus \Delta$ は $X \times X$ の開集合となる．したがって，(2) がなりたつ．

(2) ⇒ (3)　$y \in X, x \neq y$ とする．このとき，$(x, y) \in (X \times X) \setminus \Delta$ である．(2) より，$(X \times X) \setminus \Delta$ は $X \times X$ の開集合となるので，(32.7)，すなわち，(32.1) をみたす X のある開集合 O_x, O_y が存在する．ここで，(32.1) 第3式より，$O_y \subset X \setminus O_x$ である．よって，

$$X \setminus \overline{O_x} \overset{\because (20.7)}{=} (X \setminus O_x)^i \supset {O_y}^i = O_y, \tag{32.8}$$

すなわち，$O_y \subset X \setminus \overline{O_x}$ となるので，$\overline{O_x} \cap O_y = \emptyset$ である．したがって，$\overline{O_x}$ は y を含まない x の閉近傍である．y は任意なので，(3) がなりたつ．

(3) ⇒ (1)　$x, y \in X$，$x \neq y$ とする．(3) より，x のある閉近傍 U が存在し，$y \notin U$ となる．ここで，$O_x = U^i$，$O_y = X \setminus U$ とおく．このとき，O_x, O_y は X の開集合であり，(32.1) をみたす．よって，(1) がなりたつ．◇

32・4　ハウスドルフ性とコンパクト性

コンパクト性に関連するハウスドルフ空間の性質を述べておこう．

定理 32.4（重要）

ハウスドルフ空間のコンパクト部分集合は閉集合である．

証明　X をハウスドルフ空間，A を X のコンパクト部分集合とする．$x \in X \setminus A$ とすると，X のハウスドルフ性より，任意の $a \in A$ に対して，X のある開集合 $O_{x,a}$, $O'_{x,a}$ が存在し，

$$x \in O_{x,a}, \quad a \in O'_{x,a}, \quad O_{x,a} \cap O'_{x,a} = \emptyset \tag{32.9}$$

となる．このとき，$(O'_{x,a} \cap A)_{a \in A}$ は X の部分空間 A の開被覆である．ここで，A はコンパクトなので，$(O'_{x,a} \cap A)_{a \in A}$ の有限部分被覆 $(O'_{x,a_i} \cap A)_{i=1}^n$ が存在する．よって，$O = \bigcap_{j=1}^n O_{x,a_j}$ とおくと，$i = 1, 2, \cdots, n$ のとき，

$$O \cap O'_{x,a_i} = \left(\bigcap_{j=1}^{n} O_{x,a_j} \right) \cap O'_{x,a_i} \subset O_{x,a_i} \cap O'_{x,a_i} = \emptyset, \tag{32.10}$$

すなわち，$O \cap O'_{x,a_i} = \emptyset$ となるので，

$$O \cap A \subset O \cap \left(\bigcup_{i=1}^{n} O'_{x,a_i} \right) = \bigcup_{i=1}^{n} (O \cap O'_{x,a_i}) = \emptyset, \tag{32.11}$$

すなわち, $O \subset X \setminus A$ となる．したがって, x は $X \setminus A$ の内点となるので, $X \setminus A$ は X の開集合，すなわち，A は X の閉集合である．以上より，ハウスドルフ空間のコンパクト部分集合は閉集合である．◇

定理 32.4 より，次の定理 32.5 を示すことができる．

定理 32.5

コンパクト空間からハウスドルフ空間への全単射連続写像は同相写像［⇨ **定義 18.2** (1)］である．

証明　X をコンパクト空間，Y をハウスドルフ空間，$f: X \to Y$ を全単射連続写像とする．f^{-1} が連続であることを示せばよい．A を X の閉集合とする．$A = \emptyset$ のとき，$(f^{-1})^{-1}(A) = \emptyset$ となり，これは Y の閉集合である．$A \neq \emptyset$ のとき，X はコンパクトなので，問 27.4 より，A はコンパクトである．さらに，f は連続なので，定理 27.3 より，$f(A)$ はコンパクトである．Y はハウスドルフなので，定理 32.4 より，$f(A)$，すなわち，$(f^{-1})^{-1}(A)$ は Y の閉集合である．したがって，定理 21.2 の (1) ⇔ (3) より，f^{-1} は連続である．◇

§32の問題

確認問題

問 32.1　余有限位相をもつ有限集合はハウスドルフであることを示せ．

□□□［⇨ **32・2**］

基本問題

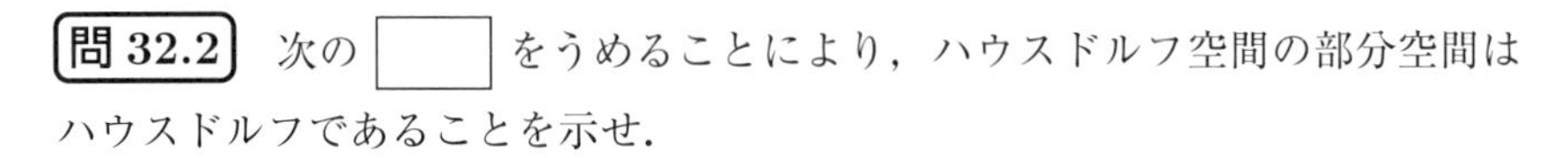

問 32.2　次の □ をうめることにより，ハウスドルフ空間の部分空間はハウスドルフであることを示せ．

X をハウスドルフ空間，A を X の部分空間，$x, y \in A$ を異なる 2 個の点とする．X はハウスドルフなので，X のある開集合 O, O' が存在し，

$$x \in O, \quad y \in O', \quad O \cap O' = \boxed{\text{①}}$$

となる．このとき，$O \cap A$，$O' \cap A$ は $\boxed{\text{②}}$ の開集合であり，

$$x \in O \cap A, \quad y \in O' \cap A, \quad (O \cap A) \cap (O' \cap A) = \boxed{\text{①}}$$

である．よって，A の任意の異なる 2 個の点は開集合により $\boxed{\text{③}}$ され，定義 32.1 より，A はハウスドルフである．したがって，ハウスドルフ空間の部分空間はハウスドルフである．

□□□ [⇨ **32・3**]

問 32.3　次の問に答えよ．

(1) 2 つの位相空間の積空間に関して，基本開集合の定義を書け．

(2) 2 つのハウスドルフ空間の積空間はハウスドルフであることを示せ．

□□□ [⇨ **32・3**]

問 32.4　X を位相空間，Y をハウスドルフ空間，$f, g : X \to Y$ を連続写像とし，$A \subset X$ を

$$A = \{x \in X \mid f(x) = g(x)\}$$

により定める．A は X の閉集合であることを示せ．　□□□ [⇨ **32・3**]

問 32.5　X を空でない集合，$\mathfrak{O}_1, \mathfrak{O}_2$ を X の位相とする．$(X, \mathfrak{O}_1)$ がコンパクト，$(X, \mathfrak{O}_2)$ がハウスドルフであり，$\mathfrak{O}_1 \supset \mathfrak{O}_2$ ならば，$\mathfrak{O}_1 = \mathfrak{O}_2$ であることを示せ．

□□□ [⇨ **32・4**]

§33　正則空間と正規空間 **

§33 のポイント

- **T_1 空間**は**第一分離公理**をみたし，1 個の点からなる部分集合は閉集合である．
- **T_3 空間**は 1 個の点と閉集合を分離することができる（**第三分離公理**）．
- **正則空間**は第一分離公理と第三分離公理をみたす．
- **T_4 空間**は 2 つの閉集合を分離することができる（**第四分離公理**）．
- **正規空間**は第一分離公理と第四分離公理をみたす．

33・1　第三分離公理

§33 ではハウスドルフ性よりも強い分離公理について考えていこう．

定義 33.1

X を位相空間とする．

(1) $x \in X$ とし，A を x を含まない X の閉集合とする．X のある開集合 O, O' が存在し，

$$x \in O, \quad A \subset O', \quad O \cap O' = \emptyset \tag{33.1}$$

となるとき，x と A は開集合により**分離される**という（**図 33.1**）．

(2) X の任意の点とその点を含まない任意の閉集合が開集合により分離されるとき，X は**第三分離公理**（または**ビートリスの分離公理**）をみたすという．第三分離公理をみたす位相空間を **T_3 空間**（または**ビートリス空間**）という．

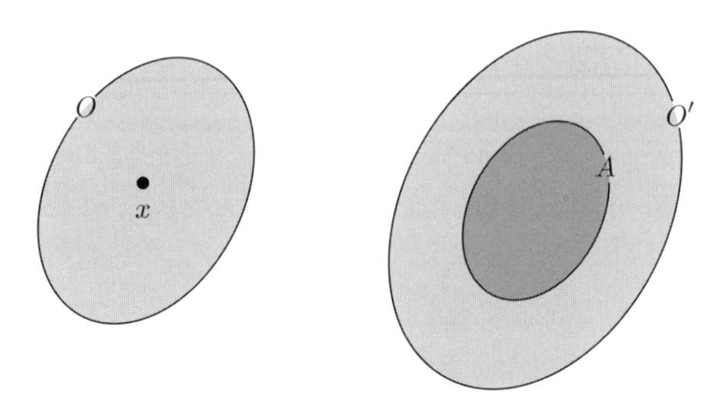

図 33.1　交わらない1個の点と閉集合の開集合による分離

注意 33.1　定義 33.1 より，第三分離公理をみたすという性質は位相的性質となる．

位相空間の1個の点からなる部分集合は閉集合であるとは限らないため，第三分離公理から第二分離公理，すなわち，ハウスドルフ性が導かれるわけではない［⇨**定理 32.2**］．

例 33.1　X を3個の元 p, q, r からなる集合，すなわち，$X = \{p, q, r\}$ とし，X の部分集合系 $\mathfrak{O}$ を

$$\mathfrak{O} = \{\emptyset, \{p\}, \{q, r\}, X\} \tag{33.2}$$

により定める．このとき，$\mathfrak{O}$ は X の位相となり，X の閉集合系は $\mathfrak{O}$ に一致する（✍）．$\{q, r\}$ は p を含まない X の閉集合である．$\{p\}$ および $\{q, r\}$ は X の開集合なので，p と $\{q, r\}$ は開集合により分離される．その他の場合も同様に考えると，X は第三分離公理をみたす（✍）．しかし，q と r は開集合により分離されないので，X は第二分離公理をみたさない．◆

33・2　第一分離公理

そこで，次の定義 33.2 のように第一分離公理というものを考える．

定義 33.2

X を位相空間とする．任意の異なる $x, y \in X$ に対して，X のある開集合 O, O' が存在し，$x \in O$，$y \notin O$，$x \notin O'$，$y \in O'$ となるとき，X は**第一分離公理**（または**フレシェの分離公理**）をみたすという．第一分離公理をみたす位相空間を $\boldsymbol{T_1}$ **空間**（または**フレシェ空間**）という[1]（**図 33.2**）．

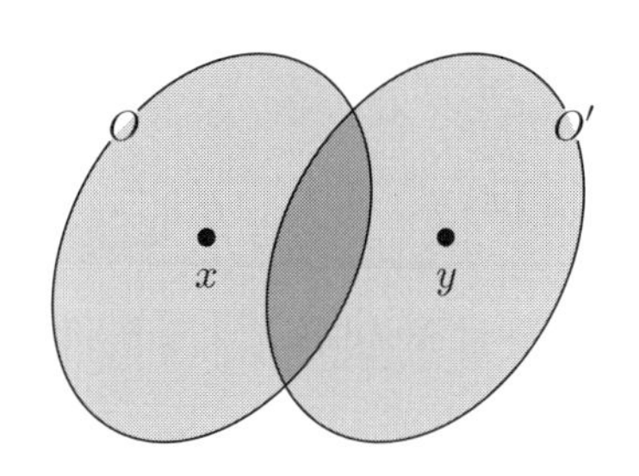

図 33.2　第一分離公理

注意 33.2　定義 33.2 より，第一分離公理をみたすという性質は位相的性質となる．また，**ハウスドルフ空間は** $\boldsymbol{T_1}$ **空間**である（✍）．

T_1 空間は次の定理 33.1 のように特徴付けることができる［⇨ **例題 33.1**，**問 33.1**］．

定理 33.1（重要）

X を位相空間とすると，次の (1), (2) は同値である．

(1) X は T_1 空間である．

(2) X の 1 個の点からなる任意の部分集合は閉集合である．

---

[1] 任意の異なる $x, y \in X$ に対して，X のある開集合 O が存在し，「$x \in O$，$y \notin O$」または「$x \notin O$，$y \in O$」となるとき，X は**コルモゴロフの分離公理**をみたすという．コルモゴロフの分離公理をみたす位相空間を $\boldsymbol{T_0}$ **空間**（または**コルモゴロフ空間**）という．コルモゴロフの分離公理をみたすという性質は位相的性質であり，T_1 空間は T_0 空間である．

例題 33.1　定理 33.1 において，(1) ⇒ (2) を示せ．□□□

解　X が 1 個の点からなるとき，明らかに (2) がなりたつ．

X が 2 個以上の点を含むとき，$x \in X$ とする．X は T_1 空間なので，$x \neq y$ となる各 $y \in X$ に対して，X のある開集合 O_y が存在し，$x \notin O_y$，$y \in O_y$ となる．よって，

$$X \setminus \{x\} = \bigcup_{y \in X \setminus \{x\}} O_y \tag{33.3}$$

となる．したがって，$X \setminus \{x\}$ は X の開集合となり，$\{x\}$ は X の閉集合である．

◇

33・3　正則空間

そして，次の定義 33.3 のように定める．

定義 33.3

第一分離公理および第三分離公理をみたす位相空間は**正則**であるという．正則な位相空間を**正則空間**という[2]．

注意 33.3　注意 33.1 および注意 33.2 より，正則性は位相的性質である．また，**正則空間はハウスドルフ**である（✍）．

第三分離公理は次の定理 33.2 のように特徴付けることができる [⇨ **問 33.5**]．

定理 33.2（重要）

X を位相空間とすると，次の (1), (2) は同値である．

(1) X は T_3 空間である．

[2] 文献によっては，第一分離公理を仮定しないものもある．

(2) 任意の $x \in X$ に対して，x の閉近傍全体の集合は x の基本近傍系となる．

証明 (1) ⇒ (2) U を x の近傍とする．$x \in U^i$ なので，$X \setminus U^i$ は x を含まない X の閉集合である．よって，(1) より，X のある開集合 O, O' が存在し，

$$x \in O, \quad X \setminus U^i \subset O', \quad O \cap O' = \emptyset \tag{33.4}$$

となる．このとき，$\overline{O}$ は x の閉近傍である．また，

$$X \setminus \overline{O} \overset{\because (20.7)}{=} (X \setminus O)^i \supset O', \tag{33.5}$$

すなわち，$O' \subset X \setminus \overline{O}$ となるので，

$$\overline{O} \subset X \setminus O' \subset U^i \subset U, \tag{33.6}$$

すなわち，$\overline{O} \subset U$ となる．したがって，(2) がなりたつ．

(2) ⇒ (1) $x \in X$ とし，A を x を含まない X の閉集合とする．このとき，$X \setminus A$ は x の近傍である．(2) より，x のある閉近傍 U^* が存在し，$U^* \subset X \setminus A$ となる．よって，$(U^*)^i, X \setminus U^*$ は X の開集合であり，

$$x \in (U^*)^i, \quad A \subset X \setminus U^*, \quad (U^*)^i \cap (X \setminus U^*) = \emptyset \tag{33.7}$$

となる．したがって，x と A は開集合により分離されるので，定義 33.1 より，(1) がなりたつ． ◇

33・4 第四分離公理と正規空間

分離公理に関して，さらに次の定義 33.4 を考える．

定義 33.4

X を位相空間とする．

(1) A, B を互いに素な X の閉集合とする．X のある開集合 O, O' が存在し，

$$A \subset O, \quad B \subset O', \quad O \cap O' = \emptyset \tag{33.8}$$

となるとき，A と B は開集合により**分離される**という．

(2) X の互いに素な任意の 2 つの閉集合が開集合により分離されるとき，X は**第四分離公理**（または**ティーツェの分離公理**）をみたすという．第四分離公理をみたす位相空間を $\boldsymbol{T_4}$ **空間**（または**ティーツェ空間**）という．

(3) 第一分離公理および第四分離公理をみたす位相空間は**正規**であるという．正規な位相空間を**正規空間**という[3]．

注意 33.4　注意 33.2 および定義 33.4 より，第四分離公理をみたすという性質や正規性は位相的性質である．また，**正規空間は正則空間**である（✍）．

正規空間の典型的な例を，次の定理 33.3 として挙げておこう[4]．

定理 33.3（重要）

距離空間は正規である．

注意 33.5　定理 33.3 の証明では，距離空間 X の互いに素な閉集合 A, B に対して，次の (1)〜(3) をみたすような実数値連続関数 $f : X \to \mathbf{R}$ を構成する．

(1) 任意の $x \in X$ に対して，$0 \leq f(x) \leq 1$.

(2) $x \in A$ のとき，$f(x) = 0$.

(3) $x \in B$ のとき，$f(x) = 1$.

このような関数の存在は T_4 空間に対して示すことができる．この事実を**ウリゾーンの補題**という[5]．

---

[3] 文献によっては，第一分離公理を仮定しないものもある．

[4] 詳しくは，例えば，[内田] p. 100 問 21.2 を見よ．

[5] 詳しくは，例えば，[内田] p. 103 定理 21.4 を見よ．

§33 の問題

確認問題

問 33.1　定理 33.1 において，(2) $\Rightarrow$ (1) を示せ．　□□□ [⇨ 33・2]

問 33.2　位相空間が正則であることの定義を書け．　□□□ [⇨ 33・3]

問 33.3　位相空間が正規であることの定義を書け．　□□□ [⇨ 33・4]

基本問題

問 33.4　T_1 空間の部分空間は T_1 空間であることを示せ．

□□□ [⇨ 33・2]

チャレンジ問題

問 33.5　$\mathbf{R}$ の部分集合 K を

$$K = \left\{ \frac{1}{n} \,\middle|\, n \in \mathbf{N} \right\}$$

により定め，$\mathbf{R}$ の部分集合系 $\mathfrak{B}$ を

$$\mathfrak{B} = \{ I \mid I \text{ は開区間 } \} \cup \{ I \setminus K \mid I \text{ は開区間 } \}$$

により定める．このとき，定理 23.4 より，$\mathfrak{B}$ は $\mathbf{R}$ のある位相 $\mathfrak{O}_K$ の基底となり，また，$(\mathbf{R}, \mathfrak{O}_K)$ はハウスドルフとなる．$(\mathbf{R}, \mathfrak{O}_K)$ が第三分離公理をみたすと仮定し，矛盾を導くことにより，$(\mathbf{R}, \mathfrak{O}_K)$ は**正則ではない**ことを示せ．

□□□ [⇨ 33・3]

§ 34 局所コンパクト空間 **

§ 34 のポイント

- 任意の点がコンパクトな近傍をもつ位相空間は**局所コンパクト**であるという．
- 局所コンパクトハウスドルフ空間は正則である．
- 局所コンパクトハウスドルフ空間の開集合，局所コンパクト空間の閉集合は局所コンパクトである．

34・1 局所コンパクト性とはなにか——定義と例

§ 34 ではコンパクト空間［⇨ § 27］の一般化である局所コンパクト空間について述べよう．

定義 34.1

X を位相空間とする．任意の $x \in X$ に対して，x のコンパクトな近傍が存在するとき，X は**局所コンパクト**であるという．局所コンパクトな位相空間を**局所コンパクト空間**という．

注意 34.1 定義 34.1 より，局所コンパクト性は位相的性質となる．

局所コンパクト空間の例について考えよう．

例 34.1 コンパクト空間は局所コンパクトである．実際，コンパクト空間 X の任意の点 x に対して，X は x のコンパクトな近傍である． ◆

例 34.2 X を離散空間とする．X がコンパクトとなるのは X が有限集合のときに限る［⇨ 問 27.1 (2)］．一方，X は局所コンパクトである．実際，任意の $x \in X$ に対して，$\{x\}$ は x のコンパクトな近傍である． ◆

例 34.3　n 次元ユークリッド空間 $\mathbf{R}^n$ のコンパクト部分集合は有界閉集合に限る [⇨**定理 27.4**, **問 28.2** (2), **問 30.3**]. ここで, $\mathbf{R}^n$ は有界ではないので, コンパクトではない. 一方, $\mathbf{R}^n$ は局所コンパクトである. 実際, 任意の $\boldsymbol{x} \in \mathbf{R}^n$ に対して, $\overline{B(\boldsymbol{x};1)}$ は $\mathbf{R}^n$ の有界閉集合なので, $\boldsymbol{x}$ のコンパクトな近傍となる. ◆

例題 34.1　1 次元ユークリッド空間 $\mathbf{R}$ の部分空間 $\mathbf{Q}$ は局所コンパクトではないことを示せ.

解　背理法により示す.

$\mathbf{Q}$ が局所コンパクトであると仮定する. このとき, $0 \in \mathbf{Q}$ のコンパクトな近傍 U が存在する. $\mathbf{Q}$ は $\mathbf{R}$ の部分空間であり, U は 0 の近傍なので, ある開区間 I が存在し,

$$0 \in I \cap \mathbf{Q} \subset U \tag{34.1}$$

となる. I は無理数を含むので, U の点に収束しない, U のあるコーシー列が存在する. U はコンパクトなので, 定理 30.2 より, これは矛盾である. よって, $\mathbf{Q}$ は局所コンパクトではない. ◇

34・2　ハウスドルフ空間に関する準備

局所コンパクトハウスドルフ空間が正則であることを示すために, まず, ハウスドルフ空間やコンパクトハウスドルフ空間に関する準備をしておこう.

定理 34.1

X をハウスドルフ空間とする. $x \in X$ とし, A を x を含まない X のコンパクト部分集合とする. このとき, x と A は開集合により分離される, すなわち, X のある開集合 U, V が存在し,

$$x \in U, \quad A \subset V, \quad U \cap V = \emptyset \tag{34.2}$$

となる．

証明　$a \in A$ とする．X はハウスドルフなので，X のある開集合 O, O_a が存在し，

$$x \in O, \quad a \in O_a, \quad O \cap O_a = \emptyset \tag{34.3}$$

となる．このとき，

$$X \setminus \overline{O_a} \overset{\because (20.7)}{=} (X \setminus O_a)^i \supset O \tag{34.4}$$

となるので，$x \notin \overline{O_a}$ である．また，$(O_a \cap A)_{a \in A}$ は X の部分空間 A の開被覆である．A はコンパクトなので，$(O_a \cap A)_{a \in A}$ の有限部分被覆 $(O_{a_i} \cap A)_{i=1}^n$ が存在する．このとき，X の開集合 V を $V = \bigcup_{i=1}^n O_{a_i}$ により定めると，$\overline{V} = \bigcup_{i=1}^n \overline{O_{a_i}}$ となるので[1]，$x \notin \overline{V}$ である．よって，$U = X \setminus \overline{V}$ とおくと，U は X の開集合であり，(34.2) がなりたつ．したがって，x と A は開集合により分離される．

定理 34.2（重要）

コンパクトハウスドルフ空間は正規である．

証明　X をコンパクトハウスドルフ空間，A, B を互いに素な X の空でない閉集合とする．X はコンパクトなので，A, B はコンパクトである [⇨ **問 27.4**]．$b \in B$ とすると，定理 34.1 より，X のある開集合 O_b，O_A が存在し，

$$b \in O_b, \quad A \subset O_A, \quad O_b \cap O_A = \emptyset \tag{34.5}$$

となる．このとき，

$$X \setminus \overline{O_b} \overset{\because (20.7)}{=} (X \setminus O_b)^i \supset O_A \tag{34.6}$$

となるので，$\overline{O_b} \cap O_A = \emptyset$ であり，$(O_b \cap B)_{b \in B}$ は X の部分空間 B の開被覆で

[1] 問 19.4 (1), (2) は一般の位相空間に対してもなりたつことに注意しよう．

ある．B はコンパクトなので，$(O_b \cap B)_{b \in B}$ の有限部分被覆 $(O_{b_i} \cap B)_{i=1}^n$ が存在する．このとき，X の開集合 V を $V = \bigcup_{i=1}^n O_{b_i}$ により定めると，$\overline{V} = \bigcup_{i=1}^n \overline{O_{b_i}}$ となるので，$A \cap \overline{V} = \emptyset$ である．よって，$U = X \setminus \overline{V}$ とおくと，U は X の開集合であり，

$$A \subset U, \quad B \subset V, \quad U \cap V = \emptyset \tag{34.7}$$

となる．したがって，A と B は開集合により分離され，X は正規である．すなわち，コンパクトハウスドルフ空間は正規である． ◇

34・3 局所コンパクトハウスドルフ空間の正則性

それでは，次の定理 34.3 を示そう．

定理 34.3（重要）

局所コンパクトハウスドルフ空間は正則である．

証明 X を局所コンパクトハウスドルフ空間とする．X はハウスドルフなので，X が T_3 空間であることを示せばよい［⇨ **注意 33.2**］．

$x \in X$ とし，U を x の近傍とする．X は局所コンパクトなので，x のあるコンパクトな近傍 V が存在する．問 32.2 より，X の部分空間 V はコンパクトハウスドルフ空間となるので，定理 34.2 より，V は正規である．特に，V は正則である［⇨ **注意 33.4**］（**図 34.1**）．さらに，$U \cap V$ は V における x の近傍となるので，定理 33.2 より，V における x のある閉近傍 W が存在し，

$$x \in W \subset U \cap V \tag{34.8}$$

となる．ここで，V はコンパクトなので，V は X の閉集合である［⇨ **定理 32.4**］．よって，W は X の閉集合となる．また，V は X における x の近傍，W は V における x の近傍なので，W は X における x の近傍となる．したがって，W は

$$x \in W \subset U \tag{34.9}$$

となる X における x の閉近傍となるので，定理 33.2 より，X は T_3 空間である．

◇

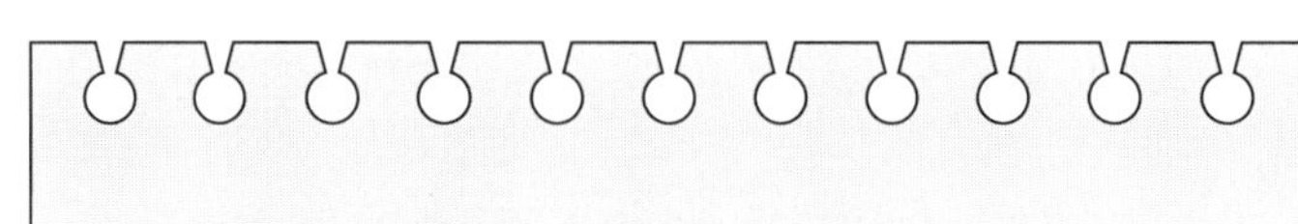

図 34.1　分離公理のまとめ

定理 34.3 の証明より，次の定理 34.4 がなりたつ．

定理 34.4（重要）

X を局所コンパクトハウスドルフ空間とすると，任意の $x \in X$ に対して，x のコンパクトな近傍全体の集合は x の基本近傍系となる．

さらに，次の定理 34.5 がなりたつ．

定理 34.5（重要）

X を局所コンパクト空間とし，A を X の部分空間とする．

「X がハウスドルフかつ A が X の開集合」

または A が X の閉集合 $\Longrightarrow$ A は局所コンパクト

証明　$x \in A$ とする．

X がハウスドルフかつ A が X の開集合のとき，A は X における x の近傍なので，定理 34.4 より，X における x のあるコンパクトな近傍 U が存在し，

$$x \in U \subset A \tag{34.10}$$

となる．このとき，U は A における x のコンパクトな近傍でもあるので，A は局所コンパクトである．

A が X の閉集合のとき，X は局所コンパクトなので，X における x のあるコンパクトな近傍 U が存在する．さらに，A は X の閉集合なので，$U \cap A$ は X のコンパクト部分集合である［⇨ **問 27.4**］．よって，$U \cap A$ は A における

x のコンパクトな近傍である．したがって，A は局所コンパクトである．◇

§34 の問題

確認問題

問 34.1 ヒルベルト空間 l^2［⇨ 問 30.4］は**局所コンパクトではない**ことを示せ．

□□□［⇨ 34・1］

基本問題

問 34.2 2 個の局所コンパクト空間の積空間は局所コンパクトであることを示せ．

□□□［⇨ 34・1］

問 34.3 X を局所コンパクトハウスドルフ空間，O を X の開集合，A を X の閉集合とし，$O \cap A \neq \emptyset$ であるとする．次の □ をうめることにより，X の部分空間 $O \cap A$ は局所コンパクトであることを示せ．

$x \in O \cap A$ とする．O は X の開集合であり，X は局所コンパクトハウスドルフなので，定理 34.4 より，X における x の ① な近傍 U が存在し，

$$x \in U \subset O$$

となる．このとき，

$$V = U \cap \left(\boxed{\quad ② \quad} \right)$$

とおくと，V は $O \cap A$ における x の近傍である．また，$U \subset O$ より，

$$V = U \cap A$$

であり，A は X の閉集合なので，V はコンパクト空間 U の ③ 集合である．よって，V は ④ である．したがって，$O \cap A$ は局所コンパクトである．

□□□［⇨ 34・3］

§35 パラコンパクト空間 **

§35 のポイント

- 任意の開被覆に対して，その**細分**となる**局所有限**な開被覆が存在する位相空間は**パラコンパクト**であるという．
- パラコンパクトハウスドルフ空間は正規である．
- パラコンパクトハウスドルフ空間の任意の開被覆に対して，それに**従属する 1 の分割**が存在する．

35・1 局所有限性

§34に続いて，§35ではコンパクト空間のもう一つの一般化であるパラコンパクト空間について述べよう．

まず，局所有限性について，次の定義 35.1 のように定める．

定義 35.1

X を位相空間，$(U_\lambda)_{\lambda\in\Lambda}$ を X の部分集合族とする．任意の $x \in X$ に対して，x のある近傍 U が存在し，$U \cap U_\lambda \neq \emptyset$ となる $\lambda \in \Lambda$ の個数が有限となるとき，$(U_\lambda)_{\lambda\in\Lambda}$ は**局所有限**であるという（**図 35.1**）．

例題 35.1　$n \in \mathbf{N}$ に対して，$I_n = \left(0, \frac{1}{n}\right)$ とおく．$(I_n)_{n\in\mathbf{N}}$ を 1 次元ユークリッド空間 $\mathbf{R}$ の部分空間 $(0,1)$ の部分集合族とみなすとき，$(I_n)_{n\in\mathbf{N}}$ は局所有限であることを示せ．

解　$x \in (0,1)$ とすると，ある $N \in \mathbf{N}$ が存在し，

$$\frac{1}{N+1} \leq x < \frac{1}{N} \tag{35.1}$$

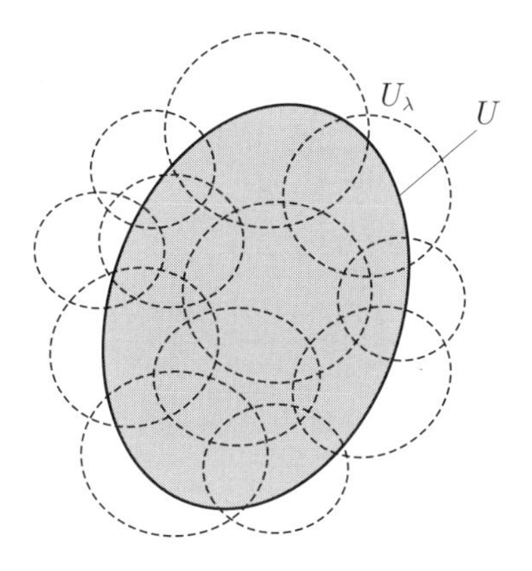

図 35.1 局所有限性

となる．よって，$\left(\frac{1}{N+2}, \frac{1}{N}\right)$ は $(0,1)$ における x の近傍であり，$n \geq N+2$ $(n \in \mathbf{N})$ ならば，I_n の定義より，

$$\left(\frac{1}{N+2}, \frac{1}{N}\right) \cap I_n = \emptyset \tag{35.2}$$

となる．したがって，$(0,1)$ の部分集合族 $(I_n)_{n\in\mathbf{N}}$ は局所有限である． ◇

例 35.1 X を位相空間，$(U_\lambda)_{\lambda\in\Lambda}$ を局所有限な X の部分集合族とする．このとき，

$$\overline{\bigcup_{\lambda\in\Lambda} U_\lambda} = \bigcup_{\lambda\in\Lambda} \overline{U_\lambda} \tag{35.3}$$

がなりたつことを示そう[1]．

まず，$U = \bigcup_{\lambda\in\Lambda} U_\lambda$ とおき，$x \in \overline{U}$ とする．$(U_\lambda)_{\lambda\in\Lambda}$ は局所有限なので，x のある近傍 V が存在し，$V \cap U_\lambda \neq \emptyset$ となる $\lambda \in \Lambda$ の個数は有限である．このような λ に対する U_λ を $U_1, U_2, \cdots, U_n$ と表す．ここで，任意の $i = 1, 2, \cdots, n$ に対して，$x \notin \overline{U_i}$ であると仮定する．このとき，

---

1) 局所有限性を仮定しないと，(35.3) はなりたつとは限らない [⇨ **問 35.2**]．

$$W = V \setminus \left(\bigcup_{i=1}^{n} \overline{U_i} \right) \tag{35.4}$$

とおくと，W は x の近傍であり，$U_1, U_2, \cdots, U_n$ の定義より，任意の $\lambda \in \Lambda$ に対して，$W \cap U_\lambda = \emptyset$ となる．よって，

$$W \cap U = W \cap \bigcup_{\lambda \in \Lambda} U_\lambda = \bigcup_{\lambda \in \Lambda} (W \cap U_\lambda) = \emptyset, \tag{35.5}$$

すなわち，$W \cap U = \emptyset$ となり，x は U の外点となる．これは $x \in \overline{U}$ であることに矛盾する．したがって，ある $i = 1, 2, \cdots, n$ に対して，$x \in \overline{U_i}$ となるので，$\overline{U} \subset \bigcup_{\lambda \in \Lambda} \overline{U_\lambda}$ である．

次に，各 $\lambda \in \Lambda$ に対して，$U_\lambda \subset U$ である．よって，$\overline{U_\lambda} \subset \overline{U}$ となるので，$\bigcup_{\lambda \in \Lambda} \overline{U_\lambda} \subset \overline{U}$ である．

以上および定理 1.1 (2) より，(35.3) がなりたつ．◆

35・2　パラコンパクト空間の定義

それでは，パラコンパクト空間を定めよう[2]．

定義 35.2

X を位相空間とする．

(1) $(U_\lambda)_{\lambda \in \Lambda}$，$(V_\mu)_{\mu \in \mathrm{M}}$ を X の被覆とする．任意の $\mu \in \mathrm{M}$ に対して，ある $\lambda \in \Lambda$ が存在し，$V_\mu \subset U_\lambda$ となるとき，$(V_\mu)_{\mu \in \mathrm{M}}$ を $(U_\lambda)_{\lambda \in \Lambda}$ の**細分**という（図 **35.2**）．

(2) X の任意の開被覆に対して，その細分となる局所有限な開被覆が存在するとき，X は**パラコンパクト**であるという．パラコンパクトな位相空間を**パラコンパクト空間**という[3]．

---

[2] 接頭辞「パラ」は「…に関係がある，準…」という意味を表す．

[3] 文献によっては，ハウスドルフ性を仮定するものもある．

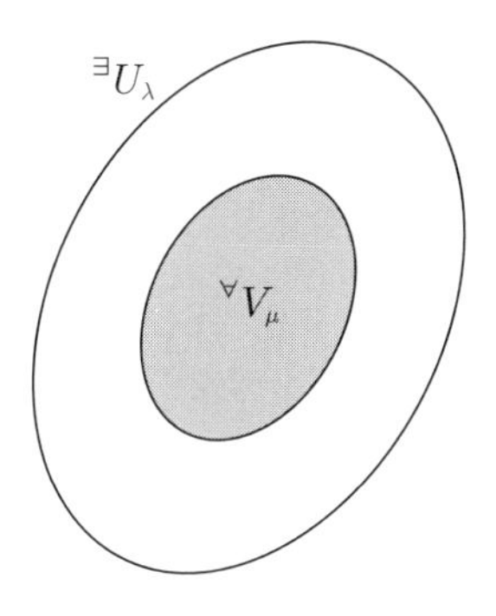

図 35.2 細分

注意 35.1 定義 35.2 より，パラコンパクト性は位相的性質となる．

例 35.2 コンパクト空間はパラコンパクトである．実際，コンパクト空間の任意の開被覆は有限部分被覆をもつが，それは局所有限な細分でもある． ◆

例 35.3（ストーンの定理） 距離空間はパラコンパクトであることが知られている．この事実を**ストーンの定理**という[4]． ◆

パラコンパクトハウスドルフ空間について，次の定理 35.1 がなりたつ．

定理 35.1（重要）

パラコンパクトハウスドルフ空間は正規である．

証明 X をパラコンパクトハウスドルフ空間とする．

まず，X が正則であることを示す．$x \in X$ とし，A を x を含まない X の閉集合とする．$a \in A$ とすると，X はハウスドルフなので，X のある開集合 O, O_a が存在し，

$$x \in O, \quad a \in O_a, \quad O \cap O_a = \emptyset \tag{35.6}$$

となる．このとき，$(O_a)_{a \in A}$ に $X \setminus A$ を加えたものは X の開被覆である．ここ

---

[4] 例えば，［森田（紀）］p. 233 定理 29.11 を見よ．

で，X はパラコンパクトなので，この開被覆の細分となる局所有限な X の開被覆 $(V_\mu)_{\mu\in\mathrm{M}}$ が存在する．$X\setminus A$ には含まれない $(V_\mu)_{\mu\in\mathrm{M}}$ の元，すなわち，ある O_a に含まれるもの全体からなる集合族を $(W_\nu)_{\nu\in\mathrm{N}}$ とし，$W=\bigcup_{\nu\in\mathrm{N}} W_\nu$ とおく．このとき，細分と $(W_\nu)_{\nu\in\mathrm{N}}$ の定義より，$A\subset W$ である．また，局所有限性の定義（定義 35.1）より，x のある近傍 U が存在し，U と交わる $(W_\nu)_{\nu\in\mathrm{N}}$ の元の個数は有限である．これらを $(W_i)_{i=1}^n$ とする．さらに，各 W_i に対応する $(V_\mu)_{\mu\in\mathrm{M}}$ の元を V_i とし，$V_i\subset O_a$ となる O_a に対応する始めの O を O_i とする．ここで，

$$U'=U\cap\bigcap_{i=1}^{n} O_i \tag{35.7}$$

とおくと，U' は x の近傍であり，(35.6) 第3式より，

$$O_i\cap V_i=\emptyset \qquad (i=1,2,\cdots,n) \tag{35.8}$$

となるので，$U'\cap W=\emptyset$ となる．よって，x と A は開集合により分離される．したがって，定義 33.3 より X は正則である．

次に，X が正規であることを示す．A, B を互いに素な X の閉集合とする．$b\in B$ とすると，上の議論より，X のある開集合 O_b, O' が存在し，

$$b\in O_b,\quad A\subset O',\quad O_b\cap O'=\emptyset \tag{35.9}$$

となる．このとき，$(O_b)_{b\in B}$ に $X\setminus B$ を加えたものは X の開被覆である．よって，上と同様の議論により，A と B は開集合により分離される．したがって，X は正規である．

以上より，パラコンパクトハウスドルフ空間は正規である．◇

35・3　1の分割

パラコンパクト性は1の分割とよばれる概念と関係が深い[5]．

---

5) 例えば，多様体論においては，1の分割は微分形式の積分を定義する際に用いられる [藤岡 3]．

定義 35.3

X を位相空間とする．

(1) $f: X \to \mathbf{R}$ を X で定義された実数値連続関数とする．このとき，

$$\mathrm{supp}\,(f) = \overline{\{x \in X \mid f(x) \neq 0\}} \tag{35.10}$$

により定められる X の閉集合 $\mathrm{supp}\,(f)$ を f の**台**という[6]．

(2) $(f_\lambda)_{\lambda \in \Lambda}$ を X で定義された実数値連続関数の族とする．次の (a)〜(c) がなりたつとき，$(f_\lambda)_{\lambda \in \Lambda}$ を X における**1 の分割**（**1 の分解**，**単位の分割**または**単位の分解**）という．

(a) 任意の $\lambda \in \Lambda$ および任意の $x \in X$ に対して，$0 \leq f_\lambda(x) \leq 1$．

(b) $(\mathrm{supp}\,(f_\lambda))_{\lambda \in \Lambda}$ は X の局所有限な被覆である．

(c) 任意の $x \in X$ に対して，$\displaystyle\sum_{\lambda \in \Lambda} f_\lambda(x) = 1$．

(3) $(U_\lambda)_{\lambda \in \Lambda}$ を X の開被覆，$(f_\mu)_{\mu \in \mathrm{M}}$ を X における 1 の分割とする．$(\mathrm{supp}\,(f_\mu))_{\mu \in \mathrm{M}}$ が $(U_\lambda)_{\lambda \in \Lambda}$ の細分となるとき，$(f_\mu)_{\mu \in \mathrm{M}}$ は $(U_\lambda)_{\lambda \in \Lambda}$ に**従属する**という．

注意 35.2　定義 35.3 (2) の 1 の分割の定義において，(b) より，各 $x \in X$ に対して，$f_\lambda(x)$ は有限個の $\lambda \in \Lambda$ を除いて 0 である．よって，(c) の和は実質的には有限和である．

定理 35.1 より，パラコンパクトハウスドルフ空間に対してはウリゾーンの補題［⇨ 注意 33.5］がなりたつ．そして，次の定理 35.2 を示すことができる[7]．

定理 35.2（重要）

パラコンパクトハウスドルフ空間の任意の開被覆に対して，それに従属す

[6] "supp" は「台」を意味する英単語 "support"（サポート）に由来する．上限を意味する「sup」とは異なることに注意しよう．

[7] 例えば，［矢野］p. 152 定理 4.19 を見よ．

る1の分割が存在する.

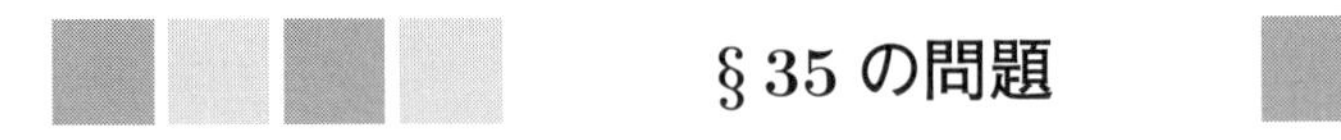

§35の問題

確認問題

問35.1　次の問に答えよ.

(1) X を位相空間, $(U_\lambda)_{\lambda\in\Lambda}$ を X の部分集合族とする. $(U_\lambda)_{\lambda\in\Lambda}$ が局所有限であることの定義を書け.

(2) $n\in\mathbf{N}$ に対して, $I_n=\left(0,\frac{1}{n}\right)$ とおく. $(I_n)_{n\in\mathbf{N}}$ を1次元ユークリッド空間 $\mathbf{R}$ の部分集合族とみなすとき, $(I_n)_{n\in\mathbf{N}}$ は**局所有限ではない**ことを示せ.

□□□ [⇨ 35・1]

基本問題

問35.2　$n\in\mathbf{N}$ に対して, 1次元ユークリッド空間 $\mathbf{R}$ の部分集合 U_n を

$$U_n=\left[-1+\frac{1}{n},1-\frac{1}{n}\right]$$

により定める. このとき, $\displaystyle\bigcup_{n\in\mathbf{N}}U_n$ および $\displaystyle\bigcup_{n\in\mathbf{N}}\overline{U_n}$ を区間の記号を用いて表せ.

問35.3　次の問に答えよ.

(1) 位相空間がパラコンパクトであることの定義を書け.

(2) X をパラコンパクト空間, A を X の部分空間とする. A が X の閉集合ならば, A はパラコンパクトであることを示せ.

□□□ [⇨ 35・2]

§36 位相空間のコンパクト化**

§36のポイント

- コンパクトではない位相空間に1個の点を加えて，コンパクト空間へ埋め込むことができる（**一点コンパクト化**）.
- 一点コンパクト化がハウスドルフであることと元の位相空間が局所コンパクトであることは同値である.

36・1 コンパクト化の定義

§36では位相空間をコンパクト空間へ埋め込むことについて述べよう.

定義 36.1

$X, \hat{X}$ を位相空間，$\iota : X \to \hat{X}$ を写像とする[1]．次の (1)〜(3) がなりたつとき，組 $(\hat{X}, \iota)$ または $\hat{X}$ を X の**コンパクト化**という.

(1) $\hat{X}$ はコンパクトである.

(2) ι は埋め込みである．すなわち，ι の値域を X の部分空間 $\iota(X)$ へ制限して得られる X から $\iota(X)$ への写像は同相写像となる［⇨ 注意 31.1］.

(3) $\iota(X)$ は $\hat{X}$ において稠密である.

例 36.1 $a, b \in \mathbf{R}$，$a < b$ とし，1次元ユークリッド空間 $\mathbf{R}$ の部分空間 (a, b) および $[a, b]$ を考える．写像 $\iota : (a, b) \to [a, b]$ を

$$\iota(x) = x \qquad (x \in (a, b)) \tag{36.1}$$

により定めると，$([a, b], \iota)$ は (a, b) のコンパクト化である[2]. ◆

---

1) 「ˆ」は「ハット」と読む.

2) ここまでまなんだことをもとに定義 36.1 の3つの条件を確かめよう（✍）.

36・2 一点コンパクト化

コンパクト化にはさまざまなものが考えられるが，以下では，一点コンパクト化とよばれる，1個の点を加えることにより得られるコンパクト化について述べよう．

$(X, \mathfrak{O})$ を位相空間とし，X の元ではない点「∞」を X に加えて得られる集合を $\hat{X}$ とする．すなわち，

$$\hat{X} = X \cup \{\infty\} \tag{36.2}$$

である．∞ を**無限遠点**という．ここで，$\hat{X}$ の部分集合系

$$\{O \mid \infty \in O \text{ であり，} \hat{X} \setminus O \text{ は } X \text{ のコンパクト閉集合}\} \cup \{\hat{X}\} \tag{36.3}$$

を $\mathfrak{O}$ に加えて得られる $\hat{X}$ の部分集合系を $\hat{\mathfrak{O}}$ とおく．このとき，次の定理 36.1 がなりたつ．

定理 36.1

$\hat{\mathfrak{O}}$ は $\hat{X}$ の位相となる．

証明 $\hat{\mathfrak{O}}$ が定義 20.1 (1)〜(3) の位相の条件をみたすことを確かめる．

位相の条件 (1) $\emptyset \in \mathfrak{O}$ なので，$\emptyset \in \hat{\mathfrak{O}}$ である．また，$\hat{\mathfrak{O}}$ の定義より，$\hat{X} \in \hat{\mathfrak{O}}$ である．よって，$\hat{\mathfrak{O}}$ は定義 20.1 (1) の条件をみたす．

位相の条件 (2), (3) それぞれ例題 36.1，問 36.1 とする．◇

例題 36.1 定理 36.1 において，$\hat{\mathfrak{O}}$ が定義 20.1 (2) の位相の条件をみたすことを示せ．□□□

解 $O_1, O_2 \in \hat{\mathfrak{O}}$ とする．$\infty \in O_1 \cap O_2$ のとき，「$O_1 = \hat{X}$ または $O_2 = \hat{X}$」または「$\hat{X} \setminus O_1$，$\hat{X} \setminus O_2$ は X のコンパクト閉集合」である．$O_1 = \hat{X}$ または $O_2 = \hat{X}$ のとき，$O_1 \cap O_2 = O_1, O_2 \in \hat{\mathfrak{O}}$ である．$\hat{X} \setminus O_1$，$\hat{X} \setminus O_2$ が X のコン

パクト閉集合のとき，

$$\hat{X} \setminus (O_1 \cap O_2) = (\hat{X} \setminus O_1) \cup (\hat{X} \setminus O_2) \tag{36.4}$$

なので，$\hat{X} \setminus (O_1 \cap O_2)$ は X のコンパクト閉集合となる．よって，$O_1 \cap O_2 \in \hat{\mathfrak{O}}$ である．また，$\infty \notin O_1 \cap O_2$ のとき，

$$O_1 \cap O_2 = (O_1 \cap X) \cap (O_2 \cap X) \tag{36.5}$$

である．ここで，$A \subset \hat{X}$ に対して，

$$A \cap X = X \setminus (X \setminus A) \tag{36.6}$$

がなりたつので，$O_1 \cap O_2 \in \mathfrak{O}$ となる．よって，$O_1 \cap O_2 \in \hat{\mathfrak{O}}$ である．したがって，$\hat{\mathfrak{O}}$ は定義 20.1 (2) の位相の条件をみたす． ◇

位相空間 $(\hat{X}, \hat{\mathfrak{O}})$ は定義 36.1 (1) の条件をみたす．すなわち，次の定理 36.2 がなりたつ．

定理 36.2（重要）

$(\hat{X}, \hat{\mathfrak{O}})$ はコンパクトである．

証明 $(O_\lambda)_{\lambda \in \Lambda}$ を $\hat{X}$ の開被覆とする．このとき，ある $\lambda_0 \in \Lambda$ が存在し，$\infty \in O_{\lambda_0}$ となる．よって，$O_{\lambda_0} = \hat{X}$ であるか，または $\hat{X} \setminus O_{\lambda_0}$ は X のコンパクト閉集合である．$O_{\lambda_0} = \hat{X}$ のとき，(O_{λ_0}) は $(O_\lambda)_{\lambda \in \Lambda}$ の有限部分被覆である．$\hat{X} \setminus O_{\lambda_0}$ が X のコンパクト閉集合のとき，$(O_\lambda \cap (\hat{X} \setminus O_{\lambda_0}))_{\lambda \in \Lambda}$ は $\hat{X} \setminus O_{\lambda_0}$ の開被覆となるので，$(O_\lambda \cap (\hat{X} \setminus O_{\lambda_0}))_{\lambda \in \Lambda}$ の有限部分被覆 $(O_{\lambda_i} \cap (\hat{X} \setminus O_{\lambda_0}))_{i=1}^n$ が存在する．したがって，

$$\hat{X} \setminus O_{\lambda_0} \subset \bigcup_{i=1}^{n} (O_{\lambda_i} \cap X) \tag{36.7}$$

となる．以上より，$(O_{\lambda_i})_{i=0}^n$ は $(O_\lambda)_{\lambda \in \Lambda}$ の有限部分被覆となるので，$\hat{X}$ はコンパクトである． ◇

次に，定義 36.1 (2) の条件について考えよう．写像 $\iota : X \to \hat{X}$ を

$$\iota(x) = x \qquad (x \in X) \tag{36.8}$$

により定める．X は自然に $\hat{X}$ の部分集合とみなすことができるので，ι は X から $\hat{X}$ への包含写像に他ならない．このとき，次の定理 36.3 がなりたつ．

定理 36.3（重要）

包含写像 ι は埋め込みである．

証明　まず，ι の定義式 (36.8) より，ι は X から $\iota(X)$ への全単射を定めることに注意する．次に，$O \in \hat{\mathfrak{O}}$ とすると，

$$\iota^{-1}(O \cap X) = O \cap X \in \mathfrak{O}, \tag{36.9}$$

すなわち，$\iota^{-1}(O \cap X) \in \mathfrak{O}$ である．よって，ι は X から $\iota(X)$ への連続写像を定める．さらに，$O \in \mathfrak{O}$ とすると，$O \in \hat{\mathfrak{O}}$ であり，

$$\iota(O) = O \cap X \tag{36.10}$$

である．よって，$\iota(O)$ は $\iota(X)$ の開集合である．したがって，ι の値域を $\iota(X)$ へ制限して得られる X から $\iota(X)$ への写像の逆写像は連続である．以上より，ι は埋め込みである．◇

定義 36.1 (3) の条件については，次の定理 36.4 がなりたつ．

定理 36.4（重要）

次の (1), (2) は同値である．

(1) $\iota(X)$ は $\hat{X}$ において稠密である．

(2) X はコンパクトではない．

証明　まず，$\{\infty\} \notin \hat{\mathfrak{O}}$ のとき，

$$\hat{X} \setminus \overline{\iota(X)} = (\hat{X} \setminus \iota(X))^i = \{\infty\}^i = \emptyset \tag{36.11}$$

である．また，$\{\infty\} \in \hat{\mathfrak{O}}$ のとき，

$$\hat{X} \setminus \overline{\iota(X)} = \{\infty\} \tag{36.12}$$

である．よって，$\iota(X)$ が $\hat{X}$ において稠密となるのは，$\hat{X} \setminus \overline{\iota(X)} = \emptyset$ より，$\{\infty\} \notin \hat{\mathfrak{O}}$ のときである．ここで，(36.2) より，$\hat{X} \setminus \{\infty\} = X$ である．したがって，$\hat{\mathfrak{O}}$ が $\hat{X}$ の部分集合系 (36.3) を $\mathfrak{O}$ に加えたものであることより，(1) と (2) は同値となる． ◇

以上より，次の定義 36.2 のように定める．

定義 36.2

X をコンパクトではない位相空間とし，$\hat{X}$ を上のようにして得られる位相空間とする．このとき，$\hat{X}$ を X の**一点コンパクト化**（または**アレクサンドロフのコンパクト化**）という．

例 36.2（単位球面と立体射影） $n \in \mathbf{N}$ とし，$(n+1)$ 次元ユークリッド空間 $\mathbf{R}^{n+1}$ の部分空間 S^n を

$$S^n = \{\boldsymbol{y} \in \mathbf{R}^{n+1} \mid \|\boldsymbol{y}\| = 1\} \tag{36.13}$$

により定める．S^n を n 次元**単位球面**という．特に，$n=1$ のときは S^1 は単位円，すなわち，原点中心，半径 1 の円である．(36.13) より，S^n は $\mathbf{R}^{n+1}$ の有界閉集合となるので，S^n はコンパクトである［⇨ **問 28.2** (2)，**問 30.3**］．

$\boldsymbol{x} \in \mathbf{R}^n$ に対して，$\mathbf{R}^{n+1}$ の 2 個の点 $(\boldsymbol{x}, 0)$ と $(\mathbf{0}, 1)$ を通る直線が S^n と交わる点を $f(\boldsymbol{x})$ とおく．$f(\boldsymbol{x})$ は写像 $f: \mathbf{R}^n \to S^n$ を定める．このとき，

$$f(\mathbf{R}^n) = S^n \setminus \{(\mathbf{0}, 1)\} \tag{36.14}$$

であり，S^n は $\mathbf{R}^n$ の一点コンパクト化と同相となる（✍）．特に，無限遠点 ∞ は $(\mathbf{0}, 1)$ に対応する．$(\mathbf{0}, 1)$ を北極，f の値域を $S^n \setminus \{(\mathbf{0}, 1)\}$ へ制限して得られる $\mathbf{R}^n$ から $S^n \setminus \{(\mathbf{0}, 1)\}$ への写像の逆写像を，北極を中心とする**立体射影**という（**図 36.1**）． ◆

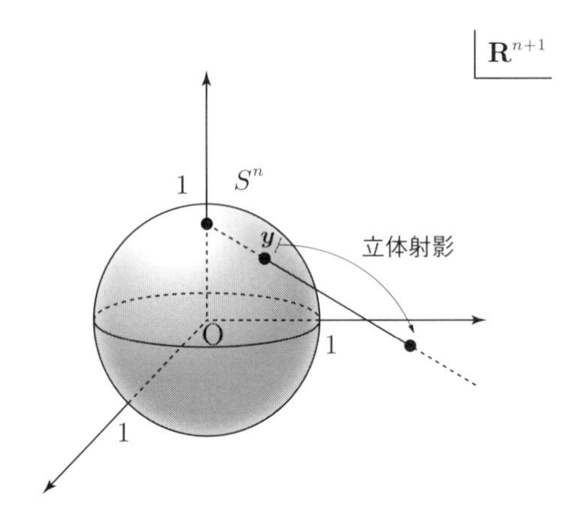

図 36.1　n 次元単位球面 S^n と立体射影

36・3　ハウスドルフとなるための条件

さらに，$\hat{X}$ がハウスドルフとなるための条件について述べよう．

定理 36.5

次の (1), (2) は同値である．

(1) X は局所コンパクトハウスドルフである．

(2) $\hat{X}$ はハウスドルフである．

証明　(1) ⇒ (2)　X はハウスドルフなので，$x \in X$ と ∞ が開集合により分離されることを示せばよい．X は局所コンパクトなので，X における x のコンパクトな近傍 U が存在する．このとき，$x \in U^i$ である．一方，X はハウスドルフなので，U は X の閉集合である [⇨**定理 32.4**]．よって，$\hat{\mathfrak{O}}$ の定義より，$(X \setminus U) \cup \{\infty\}$ は $\{\infty\}$ を含む $\hat{X}$ の開集合である．さらに，

$$U^i \cap ((X \setminus U) \cup \{\infty\}) = \emptyset \tag{36.15}$$

である．したがって，$x \in X$ と ∞ は開集合により分離される．

(2) ⇒ (1)　$\hat{X}$ はコンパクトハウスドルフなので，$\hat{X}$ は局所コンパクトハウスドルフである [⇨**例 34.1**]．さらに，X は $\hat{X}$ の開集合なので，定理 34.5 よ

り，(1) がなりたつ．◇

§36 の問題

確認問題

問 36.1 定理 36.1 において，$\hat{\mathfrak{O}}$ が定義 20.1 (3) の位相の条件をみたすことを示せ．

□□□ [⇨ 36・2]

基本問題

問 36.2 連結空間のコンパクト化は連結であることを示せ．

□□□ [⇨ 36・1]

問 36.3 例 36.2 における写像 $f : \mathbf{R}^n \to S^n$ について，次の問に答えよ．

(1) $\boldsymbol{x} \in \mathbf{R}^n$ に対して，$f(\boldsymbol{x})$ を $\boldsymbol{x}$ の式で表せ．

(2) p を北極を中心とする立体射影とする．$\boldsymbol{y} \in S^n \setminus \{(\mathbf{0}, 1)\}$ を

$$\boldsymbol{y} = (y_1, y_2, \cdots, y_{n+1})$$

と表すとき，$p(\boldsymbol{y})$ を $y_1, y_2, \cdots, y_{n+1}$ の式で表せ．□□□ [⇨ 36・2]

チャレンジ問題

問 36.4 X, Y をコンパクトではない位相空間，$\hat{X}, \hat{Y}$ をそれぞれ X, Y の一点コンパクト化，$f : X \to Y$ を同相写像とする．このとき，写像 $\hat{f} : \hat{X} \to \hat{Y}$ を

$$\hat{f}(x) = \begin{cases} f(x) & (x \in X), \\ \infty_Y & (x = \infty_X) \end{cases}$$

により定める．ただし，∞_X, ∞_Y はそれぞれ $\hat{X}, \hat{Y}$ の無限遠点である．$\hat{f}$ は同相写像であることを示せ．

□□□ [⇨ 36・2]

第9章のまとめ

分離公理

正規 $\Longrightarrow$ 正則 $\Longrightarrow$ ハウスドルフ $\Longrightarrow T_1 \Longrightarrow T_0$

- ◦ **T_1 空間**：**第一分離公理**をみたす
  - 1個の点からなる部分集合は閉集合
- ◦ **T_2 空間（ハウスドルフ空間）**：**第二分離公理**をみたす
  - 異なる2個の点を開集合により分離することができる
- ◦ **T_3 空間**：**第三分離公理**をみたす
  - 交わらない1個の点と閉集合を開集合により分離することができる
- ◦ **T_4 空間**：**第四分離公理**をみたす
  - 互いに素な2つの閉集合を開集合により分離することができる
- ◦ **正則空間**：T_1 空間かつ T_3 空間
- ◦ **正規空間**：T_1 空間かつ T_4 空間

コンパクト空間の一般化

- ◦ **局所コンパクト空間**：任意の点がコンパクトな近傍をもつ
  - 局所コンパクトハウスドルフ空間は正則
- ◦ **パラコンパクト空間**：任意の開被覆に対して，その**細分**となる**局所有限**な開被覆が存在する
  - 任意の開被覆に対して，それに**従属する1の分割**が存在する

コンパクト化

- ◦ **一点コンパクト化**：コンパクトではない位相空間に1個の点を加えて，コンパクト空間へ埋め込むことができる
  - 一点コンパクト化がハウスドルフ
    $\Longleftrightarrow$ 元の位相空間が局所コンパクト

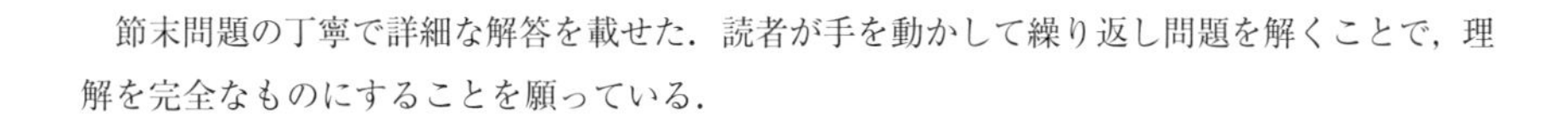

問題の詳細解答

節末問題の丁寧で詳細な解答を載せた．読者が手を動かして繰り返し問題を解くことで，理解を完全なものにすることを願っている．

§1 の問題解答

解 1.1 (1) 10 以下の素数は 2, 3, 5, 7 である．よって，題意の集合を外延的記法を用いて表すと，$\{2,3,5,7\}$ である．

(2) pq^2 の約数は ±1, $\pm p$, $\pm q$, $\pm pq$, $\pm q^2$, $\pm pq^2$ である．よって，題意の集合を外延的記法を用いて表すと，$\{\pm1, \pm p, \pm q, \pm pq, \pm q^2, \pm pq^2\}$ である．

解 1.2 (1) 不等式 $2x+3>5$ より，$2x>2$，すなわち，$x>1$ である．よって，題意の集合は無限開区間 $(1,+\infty)$ である．

(2) 不等式 $x^2-3x+2 \leq 0$ より，$(x-1)(x-2) \leq 0$，すなわち，$1 \leq x \leq 2$ である．よって，題意の集合は有界閉区間 $[1,2]$ である．

解 1.3 (1) A の部分集合全体からなる集合のこと．

(2) $\{1,2\}$ の部分集合は $\emptyset$, $\{1\}$, $\{2\}$, $\{1,2\}$ である．よって，$A=\{1,2\}$ のべき集合は 2^A $(=\mathfrak{P}(A))=\{\emptyset,\{1\},\{2\},\{1,2\}\}$ である．

解 1.4 $k=0,1,2,\cdots,n$ とすると，n 個のものから k 個のものを選ぶ組み合わせは ${}_n\mathrm{C}_k$ 通りである．よって，A のべき集合の元の個数は二項定理 $(a+b)^n=\displaystyle\sum_{k=0}^{n} {}_n\mathrm{C}_k a^{n-k}b^k$ より，$\displaystyle\sum_{k=0}^{n} {}_n\mathrm{C}_k=(1+1)^n=2^n$ である．

§2 の問題解答

解 2.1 (1) $A\cup B=\{x\,|\,x\in A$ または $x\in B\}$，$A\cap B=\{x\,|\,x\in A$ かつ $x\in B\}$，$A\setminus B=\{x\,|\,x\in A$ かつ $x\notin B\}$ である．

(2) (1) より，$A\cup B=\{1,2,3,4\}$，$A\cap B=\{1,2\}$，$A\setminus B=\{3\}$，$B\setminus A=\{4\}$ である．

解 2.2 差の定義 (2.3) より，$(A\setminus B)\setminus C=\{1\}\setminus\{3,4,5\}=\{1\}$，$A\setminus(B\setminus C)=\{1,2,3\}\setminus\{2\}=\{1,3\}$ である．

解 2.3 (1) 転置行列の性質より，${}^t\left\{\frac{1}{2}(X+{}^tX)\right\}=\frac{1}{2}{}^t(X+{}^tX)=\frac{1}{2}({}^tX+{}^{tt}X)$ $=\frac{1}{2}({}^tX+X)=\frac{1}{2}(X+{}^tX)$，すなわち，${}^t\left\{\frac{1}{2}(X+{}^tX)\right\}=\frac{1}{2}(X+{}^tX)$ である．よって，対

称行列の定義より，$\frac{1}{2}(X+{}^tX)\in \mathrm{Sym}\,(n)$ である．また，${}^t\left\{\frac{1}{2}(X-{}^tX)\right\}=\frac{1}{2}{}^t(X-{}^tX)$ $=\frac{1}{2}({}^tX-{}^{tt}X)=\frac{1}{2}({}^tX-X)=-\frac{1}{2}(X-{}^tX)$，すなわち，${}^t\left\{\frac{1}{2}(X-{}^tX)\right\}=-\frac{1}{2}(X-{}^tX)$ である．よって，交代行列の定義より，$\frac{1}{2}(X-{}^tX)\in \mathrm{Skew}\,(n)$ である．

(2) まず，$\mathrm{Sym}\,(n)+\mathrm{Skew}\,(n)$ の定義より，$\mathrm{Sym}\,(n)+\mathrm{Skew}\,(n)\subset M_n(\mathbf{R})$ である．次に，$X\in M_n(\mathbf{R})$ とすると，(1) より，$X=\frac{1}{2}(X+{}^tX)+\frac{1}{2}(X-{}^tX)\in \mathrm{Sym}\,(n)+\mathrm{Skew}\,(n)$，すなわち，$X\in \mathrm{Sym}\,(n)+\mathrm{Skew}\,(n)$ である．よって，$M_n(\mathbf{R})\subset \mathrm{Sym}\,(n)+\mathrm{Skew}\,(n)$ である．したがって，定理 1.1 (2) より，あたえられた等式がなりたつ．

(3) $X\in \mathrm{Sym}\,(n)\cap \mathrm{Skew}\,(n)$ とすると，$X\in \mathrm{Sym}\,(n)$ かつ $X\in \mathrm{Skew}\,(n)$ なので，対称行列および交代行列の定義より，$X={}^tX=-X$，すなわち，$X=-X$ である．よって，$X=O$ となる．ただし，O は零行列である．したがって，$\mathrm{Sym}\,(n)\cap \mathrm{Skew}\,(n)=\{O\}$ である．

§3の問題解答

解 3.1　① 共通部分の交換律，② 分配律，③ 共通部分の交換律

解 3.2　(1) $A\ominus X \overset{\because\,\text{対称差の定義}}{=} (A\setminus X)\cup(X\setminus A) \overset{\because\,\text{補集合の定義 (3.2)}}{=} \emptyset\cup A^c=A^c$ である．よって，(1) がなりたつ．

(2) $A\ominus A^c \overset{\because\,\text{対称差の定義}}{=} (A\setminus A^c)\cup(A^c\setminus A) \overset{\because\,(3.9)}{=} \{A\cap(A^c)^c\}\cup(A^c\cap A^c)$ $\overset{\because\,\text{定理 3.1 (3)}}{=} (A\cap A)\cup A^c=A\cup A^c \overset{\because\,\text{定理 3.1 (1)}}{=} X$ である．よって，(2) がなりたつ．

(3) $(A\cup B)\setminus(A\cap B) \overset{\because\,(3.9)}{=} (A\cup B)\cap(A\cap B)^c=(A\cup B)\cap(A^c\cup B^c)$ （$\because$ ド・モルガンの法則（定理 3.3 (2)）） $\overset{\because\,\text{分配律}}{=} \{A\cap(A^c\cup B^c)\}\cup\{B\cap(A^c\cup B^c)\}$ $\overset{\because\,\text{共通部分の交換律}}{=} \{(A^c\cup B^c)\cap A\}\cup\{(A^c\cup B^c)\cap B\} \overset{\because\,\text{分配律}}{=} (A^c\cap A)\cup(B^c\cap A)\cup$ $(A^c\cap B)\cup(B^c\cap B) \overset{\because\,\text{共通部分の交換律}}{=} \emptyset\cup(A\cap B^c)\cup(B\cap A^c)\cup\emptyset \overset{\because\,(3.9)}{=} (A\setminus B)\cup$ $(B\setminus A) \overset{\because\,\text{対称差の定義}}{=} A\ominus B$ である．よって，(3) がなりたつ．

§4の問題解答

解 4.1　(1) $f(A)=\{f(x)\,|\,x\in A\}$ である．ただし，$f(\emptyset)=\emptyset$ とする．

(2) $f^{-1}(B)=\{x\in X\,|\,f(x)\in B\}$ である．ただし，$f^{-1}(\emptyset)=\emptyset$ とする．

解 4.2　(1) 像の定義 (4.13) より，$f(\{1\}\cap\{2\})=f(\{\ \})=\{\ \}$ [⇨p. 4]，$f(\{1\})\cap f(\{2\})=$ $\{3\}\cap\{3\}=\{3\}$ である．

(2) 像の定義 (4.13) より，$f(\{1\}\setminus\{2\})=f(\{1\})=\{3\}$，$f(\{1\})\setminus f(\{2\})=\{3\}\setminus\{3\}=\{\ \}$

である．

(3) まず，像の定義 (4.13) より，$f(\{1\}) = \{3\}$ である．ここで，$f(x) \in \{3\}$ とすると，$x = 1, 2$ である．よって，逆像の定義 (4.14) より，$f^{-1}(f(\{1\})) = f^{-1}(\{3\}) = \{1, 2\}$ である．

(4) まず，$f(x) \in \{3, 4\}$ とすると，$x = 1, 2$ である．よって，逆像の定義 (4.14) より，$f^{-1}(\{3, 4\}) = \{1, 2\}$ である．したがって，像の定義 (4.13) より，$f(f^{-1}(\{3, 4\})) = f(\{1, 2\}) = \{3\}$ である．

解 4.3　(1) $f(A_1) \setminus f(A_2) = \{y \in Y \mid y \in f(A_1)$ かつ $y \notin f(A_2)\}$
$\overset{\because\ \text{像の定義 (4.13)}}{=} \{y \in Y \mid$ ある $x \in A_1$ が存在し $y = f(x)$，かつ，$y \notin f(A_2)\}$
$\subset \{y \in Y \mid$ ある $x \in A_1 \setminus A_2$ が存在し $y = f(x)\} \overset{\because\ \text{像の定義 (4.13)}}{=} f(A_1 \setminus A_2)$ である．よって，(1) がなりたつ．

(2) $x \in f^{-1}(B_1)$ とする．このとき，逆像の定義 (4.14) より，$f(x) \in B_1$ である．ここで，$B_1 \subset B_2$ より，$f(x) \in B_2$ である．よって，逆像の定義 (4.14) より，$x \in f^{-1}(B_2)$ である．したがって，$x \in f^{-1}(B_1)$ ならば $x \in f^{-1}(B_2)$，すなわち，$f^{-1}(B_1) \subset f^{-1}(B_2)$ である．

(3) $f^{-1}(B_1 \cup B_2) \overset{\because\ \text{逆像の定義 (4.14)}}{=} \{x \in X \mid f(x) \in B_1 \cup B_2\}$
$= \{x \in X \mid f(x) \in B_1$ または $f(x) \in B_2\}$
$\overset{\because\ \text{逆像の定義 (4.14)}}{=} \{x \in X \mid x \in f^{-1}(B_1)$ または $x \in f^{-1}(B_2)\} = f^{-1}(B_1) \cup f^{-1}(B_2)$ である．よって，(3) がなりたつ．

(4) $f^{-1}(B_1 \cap B_2) \overset{\because\ \text{逆像の定義 (4.14)}}{=} \{x \in X \mid f(x) \in B_1 \cap B_2\}$
$= \{x \in X \mid f(x) \in B_1$ かつ $f(x) \in B_2\} \overset{\because\ \text{逆像の定義 (4.14)}}{=} f^{-1}(B_1) \cap f^{-1}(B_2)$ である．よって，(4) がなりたつ．

(5) $f^{-1}(B_1 \setminus B_2) \overset{\because\ \text{逆像の定義 (4.14)}}{=} \{x \in X \mid f(x) \in B_1 \setminus B_2\}$
$= \{x \in X \mid f(x) \in B_1$ かつ $f(x) \notin B_2\}$
$\overset{\because\ \text{逆像の定義 (4.14)}}{=} \{x \in X \mid x \in f^{-1}(B_1)$ かつ $x \notin f^{-1}(B_2)\} = f^{-1}(B_1) \setminus f^{-1}(B_2)$ である．よって，(5) がなりたつ．

(6) $x \in A$ とする．このとき，像の定義 (4.13) より，$f(x) \in f(A)$ である．よって，逆像の定義 (4.14) より，$x \in f^{-1}(f(A))$ である．したがって，$x \in A$ ならば $x \in f^{-1}(f(A))$，すなわち，$f^{-1}(f(A)) \supset A$ である．

(7) $y \in f(f^{-1}(B))$ とする．像の定義 (4.13) より，ある $x \in f^{-1}(B)$ が存在し，$y = f(x)$ となる．このとき，逆像の定義 (4.14) より，$f(x) \in B$ である．よって，$y \in B$ である．したがって，$y \in f(f^{-1}(B))$ ならば $y \in B$，すなわち，$f(f^{-1}(B)) \subset B$ である．

§5 の問題解答

解 5.1 (1) 任意の $y \in Y$ に対して，ある $x \in X$ が存在し，$y = f(x)$ となるとき，f を全射という．

(2) f が「$x_1, x_2 \in X,\ x_1 \neq x_2 \Longrightarrow f(x_1) \neq f(x_2)$」をみたすとき，$f$ を単射という．

解 5.2 $(g \circ f)(-1) = g(f(-1)) = g(2) = 4$，$(f \circ g)(-1) = f(g(-1)) = f(1) = 0$ である．

解 5.3 (1) Z の元は 5 のみなので，$(g \circ f)(1) = 5$，$(g \circ f)(2) = 5$ である．よって，$(g \circ f)(X) = Z$ がなりたつので，$g \circ f$ は全射である．

(2) $(g \circ f)(1) = g(f(1)) = g(3) = 6$, $(g \circ f)(2) = g(f(2)) = g(4) = 7$, すなわち, $(g \circ f)(1) = 6$，$(g \circ f)(2) = 7$ である．よって，(5.1) の条件がなりたつので，$g \circ f$ は単射である．

解 5.4 (1) 定理 5.3 より，$g \circ f : X \to Z$ は全単射である．よって，$g \circ f$ の逆写像 $(g \circ f)^{-1} : Z \to X$ を定義することができる．

(2) まず，$(g \circ f)^{-1}$ は Z から X への写像である．一方，g^{-1}, f^{-1} はそれぞれ Z から Y，Y から X への写像なので，$f^{-1} \circ g^{-1}$ は Z から X への写像である．よって，$(g \circ f)^{-1}$ と $f^{-1} \circ g^{-1}$ の定義域，値域はそれぞれ等しい．次に，$z \in Z$ とし，$y = g^{-1}(z)$，$x = f^{-1}(y)$ とおく．このとき，$(f^{-1} \circ g^{-1})(z) = f^{-1}(g^{-1}(z)) = f^{-1}(y) = x$，すなわち，$(f^{-1} \circ g^{-1})(z) = x$ である．一方，逆写像の定義より，$g(y) = z$，$f(x) = y$ なので，$(g \circ f)(x) = g(f(x)) = g(y) = z$，すなわち，$(g \circ f)(x) = z$ である．よって，$(g \circ f)^{-1}(z) = x$ である．したがって，任意の $z \in Z$ に対して，$(g \circ f)^{-1}(z) = (f^{-1} \circ g^{-1})(z)$ である．以上と定義 4.2 より，題意の等式がなりたつ．

§6 の問題解答

解 6.1 $\bigcup \mathfrak{A} = \{x \mid$ ある $A \in \mathfrak{A}$ が存在し，$x \in A\}$，$\bigcap \mathfrak{A} = \{x \mid$ 任意の $A \in \mathfrak{A}$ に対して，$x \in A\}$ である．

解 6.2 $\limsup_{n \to \infty} A_n = \{x \mid$ 任意の $k \in \mathbf{N}$ に対して，$l \geq k$ となる $l \in \mathbf{N}$ が存在し，$x \in A_l\}$，$\liminf_{n \to \infty} A_n = \{x \mid$ ある $k \in \mathbf{N}$ が存在し，$l \geq k$（$l \in \mathbf{N}$）ならば，$x \in A_l\}$ である．

解 6.3 $\liminf_{n \to \infty} A_n \overset{\because (6.8)\ \text{第 2 式}}{=} \bigcup_{k=1}^{\infty} \bigcap_{n=k}^{\infty} A_n \overset{\because A_n\ \text{の定義}}{=} \bigcup_{k=1}^{\infty} (A \cap B) = A \cap B$ である．

解 6.4 (1) $\bigcup_{n=1}^{\infty} I_n = \bigcup_{n=1}^{\infty} \left[-2 + \frac{1}{n}, 2 - \frac{1}{n}\right] = (-2, 2)$，$\bigcap_{n=1}^{\infty} I_n = \bigcap_{n=1}^{\infty} \left[-2 + \frac{1}{n}, 2 - \frac{1}{n}\right] = [-1, 1]$ である．

(2) $\bigcup_{n=1}^{\infty} I_n = \bigcup_{n=1}^{\infty} \left(a, b + \frac{1}{n}\right) = (a, b+1)$，$\bigcap_{n=1}^{\infty} I_n = \bigcap_{n=1}^{\infty} \left(a, b + \frac{1}{n}\right) = (a, b]$ である．

解 6.5 (1) まず，$\limsup_{n\to\infty} A_n \overset{\because (6.8)\,\text{第1式}}{=} \bigcap_{k=1}^{\infty}\bigcup_{n=k}^{\infty} A_n \subset \bigcup_{n=1}^{\infty} A_n$ である．また，任意の $n\in\mathbf{N}$ に対して，$A_n \subset A_{n+1}$ なので，$\liminf_{n\to\infty} A_n \overset{\because (6.8)\,\text{第2式}}{=} \bigcup_{k=1}^{\infty}\bigcap_{n=k}^{\infty} A_n = \bigcup_{k=1}^{\infty} A_k = \bigcup_{n=1}^{\infty} A_n$ である．よって，$\limsup_{n\to\infty} A_n \subset \liminf_{n\to\infty} A_n$ である．したがって，(6.9) と合わせると，定理 1.1 (2) より，あたえられた等式がなりたつ．

(2) まず，任意の $n\in\mathbf{N}$ に対して，$A_n \supset A_{n+1}$ なので，$\limsup_{n\to\infty} A_n \overset{\because (6.8)\,\text{第1式}}{=} \bigcap_{k=1}^{\infty}\bigcup_{n=k}^{\infty} A_n = \bigcap_{k=1}^{\infty} A_k = \bigcap_{n=1}^{\infty} A_n$ である．また，$\liminf_{n\to\infty} A_n \overset{\because (6.8)\,\text{第2式}}{=} \bigcup_{k=1}^{\infty}\bigcap_{n=k}^{\infty} A_n \supset \bigcap_{n=1}^{\infty} A_n$ である．よって，$\limsup_{n\to\infty} A_n \subset \liminf_{n\to\infty} A_n$ である．したがって，(6.9) と合わせると，定理 1.1 (2) より，あたえられた等式がなりたつ．

§7 の問題解答

解 7.1 ① $l-m$，② 推移

解 7.2 反射律，反対称律，推移律［⇨**定義 7.2**］の 3 つである．

解 7.3 まず，$(m,n)\in X$ とする．このとき，$mn=nm$ なので，$\sim$ の定義より，$(m,n)\sim(m,n)$ である．よって，$\sim$ は反射律をみたす．次に，$(m,n),(m',n')\in X$，$(m,n)\sim(m',n')$ とする．このとき，$\sim$ の定義より，$mn'=nm'$ である．よって，$m'n=n'm$ となり，$\sim$ の定義より，$(m',n')\sim(m,n)$ である．したがって，$\sim$ は対称律をみたす．さらに，$(m,n),(m',n')$，$(m'',n'')\in X$，$(m,n)\sim(m',n')$，$(m',n')\sim(m'',n'')$ とする．このとき，$\sim$ の定義より，$mn'=nm'$，$m'n''=n'm''$ である．この 2 式を掛けると，$mn'm'n''=nm'n'm''$ である．ここで，$n'\neq 0$ なので，$mm'n''=nm'm''$ である．$m'\neq 0$ のとき，$mn''=nm''$ である．また，$m'=0$ のとき，$mn'=nm'$，$m'n''=n'm''$，$n'\neq 0$ より，$m=m''=0$ となるので，$mn''=nm''$ である．よって，$\sim$ の定義より，$(m,n)\sim(m'',n'')$ である．したがって，$\sim$ は推移律をみたす．以上より，$\sim$ は X 上の同値関係である．

解 7.4 まず，$\boldsymbol{x}\in V$ とする．W は V の部分空間なので，$\boldsymbol{x}-\boldsymbol{x}=\boldsymbol{0}\in W$，すなわち，$\boldsymbol{x}-\boldsymbol{x}\in W$ である．よって，$\sim$ の定義より，$\boldsymbol{x}\sim\boldsymbol{x}$ である．したがって，$\sim$ は反射律をみたす．次に，$\boldsymbol{x},\boldsymbol{y}\in V$，$\boldsymbol{x}\sim\boldsymbol{y}$ とする．このとき，$\sim$ の定義より，$\boldsymbol{x}-\boldsymbol{y}\in W$ であり，W は V の部分空間なので，$\boldsymbol{y}-\boldsymbol{x}=-(\boldsymbol{x}-\boldsymbol{y})\in W$，すなわち，$\boldsymbol{y}-\boldsymbol{x}\in W$ である．よって，$\sim$ の定義より，$\boldsymbol{y}\sim\boldsymbol{x}$ である．したがって，$\sim$ は対称律をみたす．さらに，$\boldsymbol{x},\boldsymbol{y},\boldsymbol{z}\in V$，$\boldsymbol{x}\sim\boldsymbol{y}$，$\boldsymbol{y}\sim\boldsymbol{z}$ とする．このとき，$\sim$ の定義より，$\boldsymbol{x}-\boldsymbol{y},\boldsymbol{y}-\boldsymbol{z}\in W$ であり，W は V の部分空間な

ので，$\boldsymbol{x}-\boldsymbol{z}=(\boldsymbol{x}-\boldsymbol{y})+(\boldsymbol{y}-\boldsymbol{z})\in W$，すなわち，$\boldsymbol{x}-\boldsymbol{z}\in W$ である．よって，$\sim$ の定義より，$\boldsymbol{x}\sim\boldsymbol{z}$ である．したがって，$\sim$ は推移律をみたす．以上より，$\sim$ は V 上の同値関係である．

解 7.5　① $\emptyset$，② A，③ A，④ A_0，⑤ $\mathfrak{A}$

§ 8 の問題解答

解 8.1　(1) 反射律，対称律，推移律［⇨**定義 7.2**］の 3 つである．

(2) $C(a)=\{x\in X\,|\,a\sim x\}$ である．

解 8.2　① n，② $l-q$，③ $\sim$，④ p

解 8.3　(1) $\sim$ による同値類全体の集合のこと．

(2) $\pi(x)=C(x)$（$x\in X$）により定められる写像のこと．

(3) $X/\sim\,=\{\{x\}\,|\,x\in X\}$ であり，$\pi: X\to X/\sim$ は $\pi(x)=\{x\}$（$x\in X$）により定められる．特に，$X/\sim$ は π によって X 自身とみなすことができる．

解 8.4　(1) $\boldsymbol{x},\boldsymbol{y},\boldsymbol{x}',\boldsymbol{y}'\in V$，$\boldsymbol{x}\sim\boldsymbol{x}'$，$\boldsymbol{y}\sim\boldsymbol{y}'$ とする．このとき，$\sim$ の定義より，$\boldsymbol{x}-\boldsymbol{x}',\boldsymbol{y}-\boldsymbol{y}'\in W$ である．さらに，W は V の部分空間なので，$(\boldsymbol{x}+\boldsymbol{y})-(\boldsymbol{x}'+\boldsymbol{y}')=(\boldsymbol{x}-\boldsymbol{x}')+(\boldsymbol{y}-\boldsymbol{y}')\in W$，すなわち，$(\boldsymbol{x}+\boldsymbol{y})-(\boldsymbol{x}'+\boldsymbol{y}')\in W$ である．よって，$\sim$ の定義より，$\boldsymbol{x}+\boldsymbol{y}\sim\boldsymbol{x}'+\boldsymbol{y}'$ である．したがって，和の定義は代表の選び方に依存せず，well-defined である．

(2) $\boldsymbol{x},\boldsymbol{x}'\in V$，$\boldsymbol{x}\sim\boldsymbol{x}'$，$c\in\mathbf{R}$ とする．このとき，$\sim$ の定義より，$\boldsymbol{x}-\boldsymbol{x}'\in W$ である．さらに，W は V の部分空間なので，$c\boldsymbol{x}-c\boldsymbol{x}'=c(\boldsymbol{x}-\boldsymbol{x}')\in W$，すなわち，$c\boldsymbol{x}-c\boldsymbol{x}'\in W$ である．よって，$\sim$ の定義より，$c\boldsymbol{x}\sim c\boldsymbol{x}'$ である．したがって，スカラー倍の定義は代表の選び方に依存せず，well-defined である．

§ 9 の問題解答

解 9.1　$\mathbf{N}$ と濃度が等しい集合は可算であるという．

解 9.2　$3=2.999\cdots$，$-1=-0.999\cdots$ である．

解 9.3　g は全射なので，ある $x\in X$ が存在し，$g(x)=B$ となる．$x\notin B$ とすると，B の定義および $g(x)=B$ より，$x\in g(x)=B$ である．よって，$x\in B$ である．これは矛盾である．$x\in B$ とすると，B の定義および $g(x)=B$ より，$x\notin g(x)=B$ である．よって，$x\notin B$ である．これも矛盾である．

解 9.4　(1) X，Y は可算なので，全単射 $f:\mathbf{N}\to X$，$g:\mathbf{N}\to Y$ が存在する．このとき，$\mathbf{N}$ から $X\cup Y$ への写像 $h:\mathbf{N}\to X\cup Y$ を $h(2n-1)=f(n)$，$h(2n)=g(n)$（$n\in\mathbf{N}$）により

定める．$X \cap Y = \emptyset$ であり，f，g は全単射なので，h は全単射となる．よって，$\mathbf{N} \sim X \cup Y$，すなわち，$X \cup Y$ は可算である．

(2) $Y = \emptyset$ のとき，$X \cup Y = X$ となり，これは可算である．$Y \neq \emptyset$ のとき，$Y = \{y_1, y_2, \cdots, y_m\}$ とする．また，X は可算なので，全単射 $f : \mathbf{N} \to X$ が存在する．このとき，$\mathbf{N}$ から $X \cup Y$ への写像 $g : \mathbf{N} \to X \cup Y$ を $g(n) = y_n$ $(n = 1, 2, \cdots, m)$，$g(n) = f(n-m)$ $(n = m+1, m+2, \cdots)$ により定める．$X \cap Y = \emptyset$ であり，f は全単射なので，g は全単射となる．よって，$\mathbf{N} \sim X \cup Y$，すなわち，$X \cup Y$ は可算である．

(3) $X \cup Y = X \cup (Y \setminus X)$，$X \cap (Y \setminus X) = \emptyset$ であることに注意する．ここで，Y は可算なので，$Y \setminus X$ は高々可算となる．よって，(1), (2) より，$X \cup Y$ は可算である．

§10 の問題解答

解 10.1　$0.\overline{01}\,\overline{002}\,\overline{3}\,\overline{004}$ である．

解 10.2　(1) X, Y を空でない集合とする．X から Y および Y から X への単射が存在するならば，$X \sim Y$ である．

(2) $X \subset Y \subset Z$ より，包含写像 $\iota_X : X \to Y$，$\iota_Y : Y \to Z$ を考えることができる．$X \sim Z$ より，全単射 $f : Z \to X$ が存在する．まず，例 5.3 より，ι_X は単射である．また，定理 5.3 (2) より，$f \circ \iota_Y : Y \to X$ は単射である．よって，ベルンシュタインの定理より，$X \sim Y$ である．次に，ι_Y は単射である．また，定理 5.3 (2) より，$\iota_X \circ f : Z \to Y$ は単射である．よって，ベルンシュタインの定理より，$Y \sim Z$ である．

解 10.3　$x + iy \in \mathbf{C}$ $(x, y \in \mathbf{R})$ に対して，$(x, y) \in \mathbf{R}^2$ を対応させると，これは $\mathbf{C}$ から $\mathbf{R}^2$ への全単射を定める．よって，$\mathbf{C} \sim \mathbf{R}^2$ である．ここで，例 10.2 より，$\mathbf{R}^2 \sim \mathbf{R}$ である．よって，定理 9.1 (3) より，$\mathbf{C} \sim \mathbf{R}$ である．

解 10.4　① 単射，② 可算，③ $<$，④ 素，⑤ 可算，⑥ 無理

§11 の問題解答

解 11.1　$W\langle a \rangle = \{x \in W \mid x < a\}$ である．

解 11.2　① $W\langle a \rangle \simeq W'$，② $\subset$，③ $W\langle a \rangle$，④ 順序を保つ単射

解 11.3　整列集合の比較定理（定理 11.5）において，(2) がなりたつ，すなわち，ある $a' \in W'$ が存在し，$W \simeq W'\langle a' \rangle$ となると仮定する．このとき，$W \simeq W'\langle a' \rangle \subset W' \subset W$ である．よって，$f(a') < a'$ となる順序を保つ単射 $f : W \to W$ が存在する．定理 11.2 より，これは矛盾である．したがって，整列集合の比較定理（定理 11.5）において，(1) または (3) がなりたつ．

すなわち，W' は W または W のある切片と順序同型である．

§12 の問題解答

解 12.1　$(X_\lambda)_{\lambda\in\Lambda}$ を集合族とする．任意の $\lambda\in\Lambda$ に対して，$X_\lambda\neq\emptyset$ ならば，$\prod_{\lambda\in\Lambda} X_\lambda\neq\emptyset$ である．

解 12.2　$y\in Y$ とする．$f\circ s=1_Y$ より，$(f\circ s)(y)=1_Y(y)$，すなわち，$f(s(y))=y$ である．よって，f は全射である．

解 12.3　(1) 任意の全順序部分集合が上界をもつ順序集合のこと．

(2) 帰納的順序集合は極大元をもつ．

(3) 任意の空でない部分集合が最小元をもつ順序集合のこと．

(4) 任意の空でない集合に順序関係を定めて整列集合にすることができる．

解 12.4　① 可算，② 真，③ x_{2n}，④ 全単射

解 12.5　整列定理（定理 12.4）を用いて，X, Y を整列集合にしておく．このとき，整列集合の比較定理（定理 11.5）より，次の (a)〜(c) のいずれか 1 つのみがなりたつ．(a) $X\simeq Y$．(b) ある $b\in Y$ が存在し，$X\simeq Y\langle b\rangle$．(c) ある $a\in X$ が存在し，$X\langle a\rangle\simeq Y$．(a) のとき，$X\sim Y$ である．よって，(1) がなりたつ．(b) のとき，X から Y への単射が存在する．よって，(1) または (2) がなりたつ．同様に，(c) のとき，(1) または (3) がなりたつ．さらに，ベルンシュタインの定理（定理 10.1）より，(1)〜(3) のいずれか 1 つのみがなりたつ．

§13 の問題解答

解 13.1　まず，$\|\boldsymbol{x}+\boldsymbol{y}\|^2 \overset{\because (13.5)}{=} \langle \boldsymbol{x}+\boldsymbol{y}, \boldsymbol{x}+\boldsymbol{y}\rangle = \|\boldsymbol{x}\|^2+2\langle\boldsymbol{x},\boldsymbol{y}\rangle+\|\boldsymbol{y}\|^2$　（$\because$ 定理 13.1 (1),(2)，(13.5)）$\leq \|\boldsymbol{x}\|^2+2\|\boldsymbol{x}\|\|\boldsymbol{y}\|+\|\boldsymbol{y}\|^2$　（$\because$ コーシー－シュワルツの不等式）$=(\|\boldsymbol{x}\|+\|\boldsymbol{y}\|)^2$，すなわち，$\|\boldsymbol{x}+\boldsymbol{y}\|^2\leq(\|\boldsymbol{x}\|+\|\boldsymbol{y}\|)^2$ である．よって，ノルムの正値性より，三角不等式がなりたつ．

解 13.2　$\{\boldsymbol{a}_k\}_{k=1}^\infty$ を $\boldsymbol{a}\in\mathbf{R}^n$ に収束する $\mathbf{R}^n$ の点列とし，$\varepsilon>0$ とする．$\mathbf{R}^n$ の点列の収束の定義（定義 13.1）より，ある $K\in\mathbf{N}$ が存在し，$k\geq K$（$k\in\mathbf{N}$）ならば，$d(\boldsymbol{a}_k,\boldsymbol{a})<\varepsilon$ である．さらに，$\|\boldsymbol{a}_k\|=\|(\boldsymbol{a}_k-\boldsymbol{a})+\boldsymbol{a}\| \overset{\because \text{三角不等式}}{\leq} \|\boldsymbol{a}_k-\boldsymbol{a}\|+\|\boldsymbol{a}\| \overset{\because (13.11)}{=} d(\boldsymbol{a}_k,\boldsymbol{a})+\|\boldsymbol{a}\|<\varepsilon+\|\boldsymbol{a}\|$ である．よって，$M>0$ を $M=\max\{\|\boldsymbol{a}_1\|,\|\boldsymbol{a}_2\|,\cdots,\|\boldsymbol{a}_{K-1}\|,\varepsilon+\|\boldsymbol{a}\|\}$ により定めると，任意の $k\in\mathbf{N}$ に対して，$\|\boldsymbol{a}_k\|\leq M$ である．すなわち，$\mathbf{R}^n$ の収束する点列は有界である．

§ 14 の問題解答

解 14.1 (1) $B(\boldsymbol{a};\varepsilon) = \{\boldsymbol{x} \in \mathbf{R}^n \mid d(\boldsymbol{x},\boldsymbol{a}) < \varepsilon\}$ である．
(2) $O \subset \mathbf{R}^n$ とする．任意の $\boldsymbol{a} \in O$ に対して，ある $\varepsilon > 0$ が存在し，$B(\boldsymbol{a};\varepsilon) \subset O$ となるとき，O を $\mathbf{R}^n$ の開集合という．

解 14.2 $b \in (a, +\infty)$ とする．このとき，$b > a$ なので，$b - a > 0$ であり，$B(b; b-a) \subset (a, +\infty)$ である．よって，開集合の定義（定義 14.1）より，$(a, +\infty)$ は $\mathbf{R}$ の開集合である．

解 14.3 ① $B(\boldsymbol{a}_1;\varepsilon_1)$，② $B(\boldsymbol{a}_2;\varepsilon_2)$，③ ε，④ $O_1 \times O_2$

§ 15 の問題解答

解 15.1 $A \subset \mathbf{R}^n$ とする．$\mathbf{R}^n \setminus A$ が $\mathbf{R}^n$ の開集合のとき，A を $\mathbf{R}^n$ の閉集合という．

解 15.2 まず，$b \in (a, b]$ であり，b を中心とするどのような開球体 $B(b;\varepsilon)$ に対しても，$B(b;\varepsilon) \not\subset (a, b]$ である．よって，$(a, b]$ は開集合の定義（定義 14.1）をみたさないので，$\mathbf{R}$ の開集合ではない．次に，$\mathbf{R} \setminus (a, b] = (-\infty, a] \cup (b, +\infty)$ である．ここで，$a \in \mathbf{R} \setminus (a, b]$ であり，a を中心とするどのような開球体 $B(a;\varepsilon)$ に対しても，$B(a;\varepsilon) \not\subset (-\infty, a] \cup (b, +\infty)$ である．よって，$\mathbf{R} \setminus (a, b]$ は開集合の定義（定義 14.1）をみたさないので，$\mathbf{R}$ の開集合ではない．したがって，$(a, b]$ は閉集合の定義（定義 15.1）をみたさないので，$\mathbf{R}$ の閉集合ではない．

解 15.3 (1) $(X \times Y) \setminus (A \times B) = \{(x, y) \in X \times Y \mid (x, y) \notin A \times B\}$
$= \{(x, y) \in X \times Y \mid x \notin A$ または $y \notin B\} = \{(x, y) \in X \times Y \mid x \in X \setminus A$ または $y \in Y \setminus B\}$
$= \{(x, y) \in X \times Y \mid (x, y) \in (X \setminus A) \times Y$ または $(x, y) \in X \times (Y \setminus B)\}$
$= ((X \setminus A) \times Y) \cup (X \times (Y \setminus B))$ である．
(2) ① $\mathbf{R}^m \setminus A_1$，② $\mathbf{R}^n \setminus A_2$，③ 開，④ $\mathbf{R}^{m+n} \setminus (A_1 \times A_2)$

解 15.4 まず，任意の $k \in \mathbf{N}$ に対して，$\boldsymbol{a} \in B\left(\boldsymbol{a}; \frac{1}{k}\right)$ なので，$\boldsymbol{a} \in \bigcap_{k=1}^{\infty} B\left(\boldsymbol{a}; \frac{1}{k}\right)$ である．次に，ある $\boldsymbol{b} \in \bigcap_{k=1}^{\infty} B\left(\boldsymbol{a}; \frac{1}{k}\right)$ が存在し，$\boldsymbol{b} \neq \boldsymbol{a}$ となると仮定する．このとき，ユークリッド距離 d の正値性（定理 13.3 (1)）より，$d(\boldsymbol{b}, \boldsymbol{a}) > 0$ である．よって，ある $k_0 \in \mathbf{N}$ が存在し，$\frac{1}{k_0} < d(\boldsymbol{b}, \boldsymbol{a})$ となる．一方，仮定より，$\boldsymbol{b} \in B\left(\boldsymbol{a}; \frac{1}{k_0}\right)$，すなわち，$d(\boldsymbol{b}, \boldsymbol{a}) < \frac{1}{k_0}$ である．これは矛盾である．したがって，$\bigcap_{k=1}^{\infty} B\left(\boldsymbol{a}; \frac{1}{k}\right) = \{\boldsymbol{a}\}$ である．

§16の問題解答

解 16.1 (1) 定数関数は $B(X)$ の元なので，$B(X) \neq \emptyset$ である．

(2) $B(X)$ の定義より，ある $M_1, M_2 > 0$ が存在し，任意の $x \in X$ に対して，$|f(x)| \leq M_1$，$|g(x)| \leq M_2$ となる．よって，$|f(x) - g(x)| \overset{\because \text{三角不等式}}{\leq} |f(x)| + |-g(x)| = |f(x)| + |g(x)| \leq M_1 + M_2$ である．すなわち，$\mathbf{R}$ の部分集合 $\{|f(x) - g(x)| \mid x \in X\}$ は上界 $M_1 + M_2$ をもつ．したがって，ワイエルシュトラスの定理（定理 7.1）より，$d(f, g)$ は 0 以上の実数である．

解 16.2 ある $M > 0$ が存在し，任意の $m, n \in \mathbf{N}$ に対して，$d(a_m, a_n) < M$ となるとき，$\{a_n\}_{n=1}^{\infty}$ は有界であるという．

解 16.3 ① (a, b)，② a，③ b，④ a，⑤ b，⑥ (a, b)

§17の問題解答

解 17.1 (1) $B(a; \varepsilon) = \{x \in X \mid d(x, a) < \varepsilon\}$ である．

(2) $O \subset X$ とする．任意の $a \in O$ に対して，ある $\varepsilon > 0$ が存在し，$B(a; \varepsilon) \subset O$ となるとき，O を X の開集合という．

解 17.2 X を距離空間とし，$A \subset X$ とする．$X \setminus A$ が X の開集合のとき，A を X の閉集合という．

解 17.3 例 17.1 より，X は X の開集合である．また，$X \setminus X = \emptyset$ であり，注意 17.1 より，$\emptyset$ は X の開集合である．よって，閉集合の定義（定義 17.2）より，X は X の閉集合である．

解 17.4 (1) $x, y, z \in X$ とする．$d'(x, y), d'(y, z) < 1$ のとき，d' の定義より，$d'(x, y) = d(x, y)$, $d'(y, z) = d(y, z)$ である．さらに，$d'(x, z) = \min\{1, d(x, z)\} \leq d(x, z) \overset{\because \text{三角不等式}}{\leq} d(x, y) + d(y, z) = d'(x, y) + d'(y, z)$, すなわち, $d'(x, z) \leq d'(x, y) + d'(y, z)$ である．$d'(x, y) = 1$ のとき，d' の正値性（定義 16.1 (1)）より，$d'(y, z) \geq 0$ である．よって，$d'(x, z) = \min\{1, d(x, z)\} \leq 1 \leq 1 + d'(y, z) = d'(x, y) + d'(y, z)$，すなわち，$d'(x, z) \leq d'(x, y) + d'(y, z)$ である．$d'(y, z) = 1$ のときも同様に，上の式がなりたつ．したがって，d' は三角不等式をみたす．

(2) ① d，② $\leq$，③ $<$，④ d'，⑤ d'，⑥ d

§ 18 の問題解答

解 18.1 (1) 任意の $\varepsilon>0$ に対して，ある $\delta>0$ が存在し，$d_X(x,a)<\delta$ $(x\in X)$ ならば，$d_Y(f(x),f(a))<\varepsilon$ となるとき，f は a で連続であるという．
(2) f が任意の $a\in X$ で連続なとき，f は連続であるという．

解 18.2 $\varepsilon>0$ とする．まず，g は $f(a)$ で連続なので，連続性の定義（定義 18.1 (1)）より，ある $\delta>0$ が存在し，$d_Y(y,f(a))<\delta$ $(y\in Y)$ ならば，$d_Z(g(y),g(f(a)))<\varepsilon$，すなわち，$d_Z(g(y),(g\circ f)(a))<\varepsilon$ となる．次に，f は a で連続なので，連続性の定義（定義 18.1 (1)）より，ある $\rho>0$ が存在し，$d_X(x,a)<\rho$ $(x\in X)$ ならば，$d_Y(f(x),f(a))<\delta$ となる．よって，$d_X(x,a)<\rho$ $(x\in X)$ ならば，$d_Z((g\circ f)(x),(g\circ f)(a))<\varepsilon$ となり，連続性の定義（定義 18.1 (1)）より，$g\circ f$ は a で連続である．

解 18.3 (1) f が全単射であり，f および f^{-1} が連続なとき，f を同相写像という．
(2) X から Y への同相写像が存在するとき，X と Y は同相であるという．

解 18.4 (1) $f,g,h\in C[0,1]$ とする．まず，d の定義より，$d(f,g)\geq 0$ であり，$d(f,g)=0$ とすると，任意の $x\in[0,1]$ に対して，$f(x)=g(x)$ となり，$f=g$ である．よって，d は正値性（定義 16.1 (1)）をみたす．次に，$d(f,g)=\int_0^1|f(x)-g(x)|\,dx=\int_0^1|g(x)-f(x)|\,dx=d(g,f)$，すなわち，$d(f,g)=d(g,f)$ である．よって，d は対称性（定義 16.1 (2)）をみたす．さらに，$d(f,h)=\int_0^1|f(x)-h(x)|\,dx=\int_0^1|(f(x)-g(x))-(g(x)-h(x))|\,dx \overset{\because\text{三角不等式}}{\leq}$ $\int_0^1(|f(x)-g(x)|+|g(x)-h(x)|)\,dx=\int_0^1|f(x)-g(x)|\,dx+\int_0^1|g(x)-h(x)|\,dx$ $=d(f,g)+d(g,h)$，すなわち，$d(f,h)\leq d(f,g)+d(g,h)$ である．よって，d は三角不等式（定義 16.1 (3)）をみたす．したがって，d は $C[0,1]$ の距離となる．
(2) まず，$d(f_n,0)=\int_0^1|x^n-0|\,dx=\int_0^1 x^n\,dx=\left[\frac{1}{n+1}x^{n+1}\right]_0^1=\frac{1}{n+1}\to 0$ $(n\to\infty)$ である．よって，$\{f_n\}_{n=1}^{\infty}$ は 0 に収束する．ここで，$\Phi(0)=0$ であり，$n\in\mathbf{N}$ とすると，$\Phi(f_n)=1^n=1$ である．よって，$\{\Phi(f_n)\}_{n=1}^{\infty}$ は 1 に収束し，$\Phi(0)$ には収束しない．したがって，Φ は 0 で連続ではない．特に，Φ は連続ではない．

解 18.5 (1) $\boldsymbol{z}=(z_1,z_2,\cdots,z_n),\boldsymbol{w}=(w_1,w_2,\cdots,w_n),\boldsymbol{v}=(v_1,v_2,\cdots,v_n)\in\mathbf{C}^n$ とする．まず，$\langle\boldsymbol{z},\boldsymbol{w}\rangle=z_1\bar{w}_1+z_2\bar{w}_2+\cdots+z_n\bar{w}_n=\bar{w}_1z_1+\bar{w}_2z_2+\cdots+\bar{w}_nz_n$ $=\overline{w_1\bar{z}_1+w_2\bar{z}_2+\cdots+w_n\bar{z}_n}=\overline{\langle\boldsymbol{w},\boldsymbol{z}\rangle}$，すなわち，$\langle\boldsymbol{z},\boldsymbol{w}\rangle=\overline{\langle\boldsymbol{w},\boldsymbol{z}\rangle}$ である．よって，$\langle\ ,\ \rangle$ は共役対称性をみたす．また，$\langle\boldsymbol{z}+\boldsymbol{w},\boldsymbol{v}\rangle=(z_1+w_1)\bar{v}_1+(z_2+w_2)\bar{v}_2+\cdots+(z_n+w_n)\bar{v}_n=$ $(z_1\bar{v}_1+w_1\bar{v}_1)+(z_2\bar{v}_2+w_2\bar{v}_2)+\cdots+(z_n\bar{v}_n+w_n\bar{v}_n)=(z_1\bar{v}_1+z_2\bar{v}_2+\cdots+z_n\bar{v}_n)+$ $(w_1\bar{v}_1+w_2\bar{v}_2+\cdots+w_n\bar{v}_n)=\langle\boldsymbol{z},\boldsymbol{v}\rangle+\langle\boldsymbol{w},\boldsymbol{v}\rangle$，すなわち，$\langle\boldsymbol{z}+\boldsymbol{w},\boldsymbol{v}\rangle=\langle\boldsymbol{z},\boldsymbol{v}\rangle+\langle\boldsymbol{w},\boldsymbol{v}\rangle$

である．次に，$\langle c\boldsymbol{z}, \boldsymbol{w}\rangle = (cz_1)\bar{w}_1 + (cz_2)\bar{w}_2 + \cdots + (cz_n)\bar{w}_n = c(z_1\bar{w}_1 + z_2\bar{w}_2 + \cdots + z_n\bar{w}_n) = c\langle \boldsymbol{z}, \boldsymbol{w}\rangle$，すなわち，$\langle c\boldsymbol{z}, \boldsymbol{w}\rangle = c\langle \boldsymbol{z}, \boldsymbol{w}\rangle$ である．よって，$\langle\ ,\ \rangle$ は半線形性をみたす．さらに，$\langle \boldsymbol{z}, \boldsymbol{z}\rangle = z_1\bar{z}_1 + z_2\bar{z}_2 + \cdots + z_n\bar{z}_n = |z_1|^2 + |z_2|^2 + \cdots + |z_n|^2 \geq 0$ であり，$\langle \boldsymbol{z}, \boldsymbol{z}\rangle = 0$ とすると，$|z_1|^2 = |z_2|^2 = \cdots = |z_n|^2 = 0$ より，$z_1 = z_2 = \cdots = z_n = 0$，すなわち，$\boldsymbol{z} = \boldsymbol{0}$ である．よって，$\langle\ ,\ \rangle$ は正値性をみたす．したがって，$\mathbf{C}^n$ は $\langle\ ,\ \rangle$ に関して，複素内積空間となる．

(2) (a) $\langle \boldsymbol{z}, c\boldsymbol{w}\rangle = \overline{\langle c\boldsymbol{w}, \boldsymbol{z}\rangle}$ （∵ エルミート内積の共役対称性）$= \overline{c\langle \boldsymbol{w}, \boldsymbol{z}\rangle}$
（∵ エルミート内積の半線形性）$= \bar{c}\overline{\langle \boldsymbol{w}, \boldsymbol{z}\rangle} = \bar{c}\langle \boldsymbol{z}, \boldsymbol{w}\rangle$ （∵ エルミート内積の共役対称性）である．

(b) $\langle \boldsymbol{z}, \boldsymbol{0}\rangle = \langle \boldsymbol{z}, 0\cdot\boldsymbol{0}\rangle \overset{\because (a)}{=} \bar{0}\langle \boldsymbol{z}, \boldsymbol{0}\rangle = 0\langle \boldsymbol{z}, \boldsymbol{0}\rangle = 0$ である．

(3) $\boldsymbol{z} = (a_1 + b_1 i, \cdots, a_n + b_n i), \boldsymbol{w} = (c_1 + d_1 i, \cdots, c_n + d_n i) \in \mathbf{C}^n$ （$a_1, \cdots, a_n, b_1, \cdots, b_n, c_1, \cdots, c_n, d_1, \cdots, d_n \in \mathbf{R}$）に対して，$f(\boldsymbol{z}) = (a_1, b_1, \cdots, a_n, b_n)$ とおく．このとき，$\mathbf{R}^{2n}$，$\mathbf{C}^n$ の距離の定義より，f は $\mathbf{C}^n$ から $\mathbf{R}^{2n}$ への全単射等長写像を定める．よって，例 18.3 より，$\mathbf{C}^n$ と $\mathbf{R}^{2n}$ は同相である．

§19 の問題解答

解 19.1　X のある開集合 O が存在し，$x \in O \subset U$ となるとき，x を U の内点という．また，x が U の内点のとき，U を x の近傍という．

解 19.2　(1) A の内点全体の集合のこと．
(2) $X \setminus A$ の内部の点のこと．
(3) A の外点全体の集合のこと．

解 19.3　まず，$\mathbf{R} \setminus (a, b) = (-\infty, a] \cup [b, +\infty)$ である．よって，$x \in \mathbf{R} \setminus (a, b)$ とすると，$x < a$ または $x > b$ ならば，x は $\mathbf{R} \setminus (a, b)$ の内点となり，x は (a, b) の外点である．また，$x = a, b$ ならば，x は $\mathbf{R} \setminus (a, b)$ の内点とはならないので，x は (a, b) の外点ではない．したがって，$(a, b)^e = (-\infty, a) \cup (b, +\infty)$ である．次に，$\mathbf{R} \setminus [a, b] = (-\infty, a) \cup (b, +\infty)$ である．右辺は $\mathbf{R}$ の開集合の和なので，開集合の性質（定理 17.4 (3)）より，$\mathbf{R}$ の開集合である．よって，任意の $x \in \mathbf{R} \setminus [a, b]$ は $\mathbf{R} \setminus [a, b]$ の内点となり，x は $[a, b]$ の外点である．したがって，$[a, b]^e = (-\infty, a) \cup (b, +\infty)$ である．以上より，あたえられた等式がなりたつ．

解 19.4　(1) まず，$A \cap B \subset A$ なので，$(A \cap B)^i \subset A^i$ である．また，$A \cap B \subset B$ なので，$(A \cap B)^i \subset B^i$ である．よって，$(A \cap B)^i \subset A^i \cap B^i$ である．次に，$x \in A^i \cap B^i$ とする．$x \in A^i$ なので，内部の定義より，X のある開集合 O_1 が存在し，$x \in O_1 \subset A$ となる．また，$x \in B^i$ なので，X のある開集合 O_2 が存在し，$x \in O_2 \subset B$ となる．このとき，開集合の

性質（定理 17.4 (2)）より，$O_1 \cap O_2$ は X の開集合であり，$x \in O_1 \cap O_2 \subset A \cap B$ である．よって，内部の定義より，$x \in (A \cap B)^i$ となるので，$A^i \cap B^i \subset (A \cap B)^i$ である．以上および定理 1.1 (2) より，(1) がなりたつ．

(2) X を全体集合とすると，$\overline{A \cup B} \overset{\because (19.7)}{=} \left(((A \cup B)^c)^i\right)^c = \left((A^c \cap B^c)^i\right)^c$

（∵ド・モルガンの法則（定理 3.3 (1)））$\overset{\because (1)}{=} \left((A^c)^i \cap (B^c)^i\right)^c = \left((A^c)^i\right)^c \cup \left((B^c)^i\right)^c$

（∵ド・モルガンの法則（定理 3.3 (2)））$\overset{\because (19.7)}{=} \overline{A} \cup \overline{B}$ である．

解 19.5　(1) ① A，② 閉，③ 連続，④ $\overline{A}$

(2) 任意の $A \subset X$ に対して，$f(\overline{A}) \subset \overline{f(A)}$ がなりたつと仮定する．F を Y の閉集合とし，$A = f^{-1}(F)$ とおく．このとき，$f(\overline{A}) \overset{\because 仮定}{\subset} \overline{f(A)} = \overline{f(f^{-1}(F))} \overset{\because 定理 4.1 (10)}{\subset} \overline{F} = F$

(∵ 注意 19.2 および F は Y の閉集合), すなわち, $f(\overline{A}) \subset F$ である．よって, $\overline{A} \overset{\because 定理 4.1 (9)}{\subset}$

$f^{-1}(f(\overline{A})) \overset{\because 定理 4.1 (5)}{\subset} f^{-1}(F) = A$，すなわち，$\overline{A} \subset A$ である．一方，$A \subset \overline{A}$ なので，定理 1.1 (2) より，$\overline{A} = A$ となる．したがって，注意 19.2 より，A は X の閉集合となるので，f による Y の任意の閉集合の逆像は X の閉集合である．すなわち，定理 18.3 の (1) ⇔ (3) より，f は連続である．

§ 20 の問題解答

解 20.1　まず，$X \notin \mathfrak{O}_1$ なので，$\mathfrak{O}_1$ は定義 20.1 (1) の位相の条件をみたさない．よって，$\mathfrak{O}_1$ は X の位相ではない．次に，$\{p, q\}, \{q, r\} \in \mathfrak{O}_2$ であるが，$\{p, q\} \cap \{q, r\} = \{q\} \notin \mathfrak{O}_2$ なので，$\mathfrak{O}_2$ は定義 20.1 (2) の位相の条件をみたさない．よって，$\mathfrak{O}_2$ は X の位相ではない．さらに，$\{p\}, \{q\} \in \mathfrak{O}_3$ であるが，$\{p\} \cup \{q\} = \{p, q\} \notin \mathfrak{O}_3$ なので，$\mathfrak{O}_3$ は定義 20.1 (3) の位相の条件をみたさない．よって，$\mathfrak{O}_3$ は X の位相ではない．

解 20.2　$(O_\lambda)_{\lambda \in \Lambda}$ を $\mathfrak{O}_A$ の元からなる集合族とする．このとき，(20.2) より，各 $\lambda \in \Lambda$ に対して，ある $O'_\lambda \in \mathfrak{O}$ が存在し，$O_\lambda = O'_\lambda \cap A$ となる．よって，$\bigcup_{\lambda \in \Lambda} O_\lambda = \bigcup_{\lambda \in \Lambda} (O'_\lambda \cap A) = \left(\bigcup_{\lambda \in \Lambda} O'_\lambda\right) \cap A$ である．ここで，$O'_\lambda \in \mathfrak{O}$ および定義 20.1 (3) より，$\bigcup_{\lambda \in \Lambda} O'_\lambda \in \mathfrak{O}$ である．したがって，(20.2) より，$\bigcup_{\lambda \in \Lambda} O_\lambda \in \mathfrak{O}_A$ となり，$\mathfrak{O}_A$ は定義 20.1 (3) の位相の条件をみたす．

解 20.3　B の $\mathfrak{O}_A$, $\mathfrak{O}$ に関する相対位相をそれぞれ $\mathfrak{O}_{B \subset A}$, $\mathfrak{O}_{B \subset X}$ と表す．まず，$O \in \mathfrak{O}_{B \subset A}$ とする．このとき，相対位相の定義（定理 20.1 および p. 160）より，ある $O' \in \mathfrak{O}_A$ が存在し，$O = O' \cap B$ となる．さらに，$O'' \in \mathfrak{O}$ が存在し，$O' = O'' \cap A$ となる．これらと $B \subset A$

であることより，$O=(O''\cap A)\cap B=O''\cap(A\cap B)=O''\cap B$，すなわち，$O=O''\cap B$ である．よって，相対位相の定義（定理 20.1 および p. 160）より，$O\in\mathfrak{O}_{B\subset X}$ である．したがって，$\mathfrak{O}_{B\subset A}\subset\mathfrak{O}_{B\subset X}$ である．次に，$O\in\mathfrak{O}_{B\subset X}$ とする．このとき，相対位相の定義（定理 20.1 および p. 160）より，ある $O''\in\mathfrak{O}$ が存在し，$O=O''\cap B$ となる．よって，$O\subset B\subset A$ であることに注意すると，$O=O\cap A=(O''\cap B)\cap A=(O''\cap A)\cap B$，すなわち，$O=(O''\cap A)\cap B$ である．ここで，相対位相の定義（定理 20.1 および p. 160）より，$O''\cap A\in\mathfrak{O}_A$ なので，$O\in\mathfrak{O}_{B\subset A}$ である．したがって，$\mathfrak{O}_{B\subset X}\subset\mathfrak{O}_{B\subset A}$ である．以上および定理 1.1 (2) より，$\mathfrak{O}_{B\subset A}=\mathfrak{O}_{B\subset X}$，すなわち，$B$ の $\mathfrak{O}_A$ に関する相対位相は B の $\mathfrak{O}$ に関する相対位相に一致する．

§ 21 の問題解答

解 21.1　(1) $f(a)\in O$ となる Y の任意の開集合 O に対して，$a\in O'\subset f^{-1}(O)$ となる X の開集合 O' が存在するとき，f は a で連続であるという．

(2) f が任意の $a\in X$ で連続なとき，f は連続であるという．

解 21.2　$(X,\mathfrak{O}_X)$，$(Y,\mathfrak{O}_Y)$ を位相空間とし，$y_0\in Y$ を固定しておく．このとき，定値写像 $f:X\to Y$ を $f(x)=y_0$（$x\in X$）により定める．$O\in\mathfrak{O}_Y$ とする．まず，$y_0\in O$ のとき，$f^{-1}(O)=X\overset{\because\ \text{定義 20.1 (1)}}{\in}\mathfrak{O}_X$ である．また，$y_0\notin O$ のとき，$f^{-1}(O)=\emptyset\overset{\because\ \text{定義 20.1 (1)}}{\in}\mathfrak{O}_X$ である．よって，定理 21.2 の (1) $\Leftrightarrow$ (2) より，f は連続である．

解 21.3　(1) f が全単射であり，f および f^{-1} が連続なとき，f を同相写像という．

(2) X から Y への同相写像が存在するとき，X と Y は同相であるという．

解 21.4　$a\in X$ とし，U を $(f+g)(a)$ の近傍とする．このとき，近傍の定義（定義 20.4 (2)）より，ある $\varepsilon>0$ が存在し，$B((f+g)(a);\varepsilon)\subset U$ となる．さらに，$O_1=f^{-1}\left(B\left(f(a);\frac{\varepsilon}{2}\right)\right)$ とおくと，f は連続なので，定理 21.2 の (1) $\Leftrightarrow$ (2) より，O_1 は a を含む X の開集合である．同様に，$O_2=g^{-1}\left(B\left(g(a);\frac{\varepsilon}{2}\right)\right)$ とおくと，O_2 は a を含む X の開集合である．ここで，$x\in O_1\cap O_2$ とすると，$|(f+g)(x)-(f+g)(a))|=|(f(x)+g(x))-(f(a)+g(a))|$

$=|(f(x)-f(a))+(g(x)-g(a))|\overset{\because\ \text{三角不等式}}{\leq}|f(x)-f(a)|+|g(x)-g(a)|<\frac{\varepsilon}{2}+\frac{\varepsilon}{2}=\varepsilon$，

すなわち，$x\in(f+g)^{-1}(B((f+g)(a);\varepsilon))$ である．よって，$O_1\cap O_2\subset$

$(f+g)^{-1}(B((f+g)(a);\varepsilon))\subset(f+g)^{-1}(U)$，すなわち，$O_1\cap O_2\subset(f+g)^{-1}(U)$ である．$O_1\cap O_2$ は a を含む X の開集合なので，近傍の定義（定義 20.4 (2)）より，$(f+g)^{-1}(U)$ は a の近傍である．a は任意なので，注意 21.1 より，$f+g$ は連続である．したがって，$f+g\in C(X)$ である．

§ 22 の問題解答

解 22.1　(1) x の近傍全体の集合のこと．

(2) $\mathfrak{U}(x)$ を x の近傍系とし，$\mathfrak{U}^*(x) \subset \mathfrak{U}(x)$ とする．任意の $U \in \mathfrak{U}(x)$ に対して，ある $U^* \in \mathfrak{U}^*(x)$ が存在し，$U^* \subset U$ となるとき，$\mathfrak{U}^*(x)$ を x の基本近傍系という．

解 22.2　$(O_\lambda)_{\lambda \in \Lambda}$ を $\mathfrak{O}$ の元からなる集合族とする．任意の $\lambda \in \Lambda$ に対して，$O_\lambda = \emptyset$ のとき，$\bigcup_{\lambda \in \Lambda} O_\lambda = \emptyset$ である．よって，$\bigcup_{\lambda \in \Lambda} O_\lambda \in \mathfrak{O}$ である．ある $\lambda_0 \in \Lambda$ に対して，$O_{\lambda_0} \neq \emptyset$ のとき，$X \setminus \left(\bigcup_{\lambda \in \Lambda} O_\lambda \right) = \bigcap_{\lambda \in \Lambda} (X \setminus O_\lambda)$　($\because$ ド・モルガンの法則（定理 6.2 (1)））$\subset X \setminus O_{\lambda_0}$ である．ここで，$X \setminus O_{\lambda_0}$ は高々可算なので，$X \setminus \left(\bigcup_{\lambda \in \Lambda} O_\lambda \right)$ は高々可算である．よって，$\bigcup_{\lambda \in \Lambda} O_\lambda \in \mathfrak{O}$ である．したがって，$\mathfrak{O}$ は定義 20.1 (3) の位相の条件をみたす．

解 22.3　(1) 可算個の元からなる基本近傍系のこと．

(2) 任意の点が可算基本近傍系をもつこと．

解 22.4　(1) ① 対偶，② $\not\subset$，③ 第一可算公理，④ $\notin$

(2) 対偶を示す．A が X の閉集合ではないと仮定する．このとき，$X \setminus A$ は X の開集合ではない．X は第一可算公理をみたすので，(1) より，ある $a \in X \setminus A$ および a に収束する X の点列 $\{a_n\}_{n=1}^\infty$ が存在し，任意の $k \in \mathbf{N}$ に対して，$n_k \geq k$ となる $n_k \in \mathbf{N}$ で，$a_{n_k} \notin X \setminus A$，すなわち，$a_{n_k} \in A$ となるものが存在する．さらに，n_k を $\{a_{n_k}\}_{k=1}^\infty$ が $\{a_n\}_{n=1}^\infty$ の部分列，すなわち，$k < l$ $(k, l \in \mathbf{N})$ ならば $n_k < n_l$ となるように選んでおくと，$\{a_{n_k}\}_{k=1}^\infty$ は $a \in X \setminus A$ に収束する．

§ 23 の問題解答

解 23.1　$\mathfrak{M}$ を含む X の位相全体の中で最も小さいもののこと．

解 23.2　まず，$\bigcup_{\lambda \in \Lambda} O_\lambda, \bigcup_{\mu \in \mathrm{M}} O'_\mu \in \widetilde{\mathfrak{M}}$ $(O_\lambda, O'_\mu \in \mathfrak{M}_0)$ とすると，定理 6.1 (1) より，$\bigcup_{\lambda \in \Lambda} O_\lambda \cap \bigcup_{\mu \in \mathrm{M}} O'_\mu = \bigcup_{(\lambda,\mu) \in \Lambda \times \mathrm{M}} (O_\lambda \cap O'_\mu)$ である．$O_\lambda, O'_\mu \in \mathfrak{M}_0$ であることと $\mathfrak{M}_0$ の定義より，$O_\lambda \cap O'_\mu \in \mathfrak{M}_0$ である．よって，$\bigcup_{\lambda \in \Lambda} O_\lambda \cap \bigcup_{\mu \in \mathrm{M}} O'_\mu \in \widetilde{\mathfrak{M}}$ である．したがって，$\widetilde{\mathfrak{M}}$ は定義 20.1 (2) の位相の条件をみたす．

解 23.3　任意の $O \in \mathfrak{O}$ が $\mathfrak{B}$ の元からなる部分集合族 $(O_\lambda)_{\lambda \in \Lambda}$ を用いて，$O = \bigcup_{\lambda \in \Lambda} O_\lambda$ と

表されるとき，$\mathfrak{B}$ を $\mathfrak{O}$ の基底という．

解 23.4 高々可算な位相の基底が存在すること．

解 23.5 （$\Rightarrow$）まず，f が連続であると仮定する．このとき，$O \in \mathfrak{M}$ とすると，O は Y の開集合である．よって，定理 21.2 の (1) $\Leftrightarrow$ (2) より，$f^{-1}(O) \in \mathfrak{O}_X$ である．

（$\Leftarrow$）次に，任意の $O \in \mathfrak{M}$ に対して，$f^{-1}(O) \in \mathfrak{O}_X$ であると仮定する．このとき，$\mathfrak{O} = \{A \subset Y \mid f^{-1}(A) \in \mathfrak{O}_X\}$ とおき，$\mathfrak{O}$ が Y の位相となることを示す．まず，$f^{-1}(\emptyset) = \emptyset$ および $f^{-1}(Y) = X$ より，$\emptyset, Y \in \mathfrak{O}$ である．よって，$\mathfrak{O}$ は定義 20.1 (1) の位相の条件をみたす．また，$A_1, A_2 \in \mathfrak{O}$ とすると，$f^{-1}(A_1), f^{-1}(A_2) \in \mathfrak{O}_X$ なので，$f^{-1}(A_1 \cap A_2) \overset{\because \text{定理 4.1 (7)}}{=} f^{-1}(A_1) \cap f^{-1}(A_2) \in \mathfrak{O}_X$，すなわち，$A_1 \cap A_2 \in \mathfrak{O}$ である．よって，$\mathfrak{O}$ は定義 20.1 (2) の位相の条件をみたす．さらに，$(A_\lambda)_{\lambda \in \Lambda}$ を $\mathfrak{O}$ の元からなる集合族とすると，$f^{-1}(A_\lambda) \in \mathfrak{O}_X$ なので，$f^{-1}\left(\bigcup_{\lambda \in \Lambda} A_\lambda\right) \overset{\because \text{定理 6.3 (3)}}{=} \bigcup_{\lambda \in \Lambda} f^{-1}(A_\lambda) \in \mathfrak{O}_X$ である．よって，$\mathfrak{O}$ は定義 20.1 (3) の位相の条件をみたす．したがって，$\mathfrak{O}$ は Y の位相である．ここで，仮定より，$\mathfrak{M} \subset \mathfrak{O}$ なので，$\mathfrak{O}_Y = \mathfrak{O}(\mathfrak{M}) \subset \mathfrak{O}$，すなわち，$\mathfrak{O}_Y \subset \mathfrak{O}$ である．したがって，定理 21.2 の (1) $\Leftrightarrow$ (2) より，f は連続である．

解 23.6 (1) ① 左半開，② 空でない

(2) ① 開，② $(b, b+n]$，③ $(b, +\infty)$，④ 閉

(3) $n \in \mathbf{N}$ とすると，$\left(a, b - \frac{b-a}{2n}\right]$ は $(\mathbf{R}, \mathfrak{O}_u)$ の開集合である．ここで，$(a,b) = \bigcup_{n=1}^{\infty} \left(a, b - \frac{b-a}{2n}\right]$ である．よって，開集合の性質（定義 20.1 (3)）より，(a,b) は $(\mathbf{R}, \mathfrak{O}_u)$ の開集合，すなわち，有界開区間は $(\mathbf{R}, \mathfrak{O}_u)$ の開集合である．

(4) $\mathfrak{O}$ を $\mathfrak{O}_u$ および $\mathfrak{O}_l$ より大きい $\mathbf{R}$ の位相とし，$a, b, c \in \mathbf{R}$，$a < b < c$ とする．(2) より，$(a, b] \in \mathfrak{O}_u$ なので，仮定より，$(a, b] \in \mathfrak{O}$ である．同様に，$[b, c) \in \mathfrak{O}_l$ なので，仮定より，$[b, c) \in \mathfrak{O}$ である．よって，$\{b\} = (a, b] \cap [b, c) \in \mathfrak{O}$ である．したがって，$\mathfrak{O}$ は離散位相である．

§24 の問題解答

解 24.1 X の部分集合系 $\{f_\lambda^{-1}(O_\lambda) \mid \lambda \in \Lambda,\ O_\lambda \in \mathfrak{O}_\lambda\}$ により生成される X の位相のこと．

解 24.2 X の開集合 O_X, Y の開集合 O_Y を用いて，$O_X \times O_Y$ と表される集合のこと．

解 24.3 まず，$(x, y) \in O_X \times O_Y \in \mathfrak{O}_X \times \mathfrak{O}_Y$ とする．このとき，$x \in O_X \in \mathfrak{O}_X$ なので，開集合の定義（定義 17.1 (2)）より，ある $\varepsilon_x > 0$ が存在し，$B_X(x; \varepsilon_x) \subset O_X$ となる．同様に，ある $\varepsilon_y > 0$ が存在し，$y \in B_Y(y; \varepsilon_y) \subset O_Y$ となる．ここで，$\varepsilon > 0$ を $\varepsilon = \min\{\varepsilon_x, \varepsilon_y\}$ により定め，

$(x',y') \in B_{X\times Y}((x,y);\varepsilon)$ とすると，$d_X(x,x') \overset{\because\ 定義16.1(1)}{\leq} d_X(x,x')+d_Y(y,y') \overset{\because\ (16.6)}{=} d'((x,y),(x',y')) < \varepsilon \leq \varepsilon_x$，すなわち，$d_X(x,x') < \varepsilon_x$ となり，$x' \in B(x;\varepsilon_x)$ である．よって，$x' \in O_X$ である．同様に，$y' \in O_Y$ である．したがって，$B_{X\times Y}((x,y);\varepsilon) \subset O_X \times O_Y$ となるので，開集合の定義（定義 17.1 (2)）より，$O_X \times O_Y \in \mathfrak{O}_{d'}$ である．さらに，開集合の性質（定義 20.1 (3)）および定理 24.1 より，$\mathfrak{O}_{X\times Y} \subset \mathfrak{O}_{d'}$ である．

解 24.4　$\{O \subset X \mid 任意の \lambda \in \Lambda に対して，f_\lambda^{-1}(O) \in \mathfrak{O}_\lambda\}$ である．

解 24.5　① 連続，② $p_\lambda \circ f$，③ $\{p_\lambda^{-1}(O_\lambda) \mid \lambda \in \Lambda,\ O_\lambda \in \mathfrak{O}_\lambda\}$

解 24.6　(1) 反射律，対称律，推移律［⇨**定義 7.2**］の 3 つである．

(2) まず，f が連続であると仮定する．商位相の定義（例 24.4）より，π は連続である．よって，定理 21.1 より，$f\circ\pi$ は連続である．次に，$f\circ\pi$ が連続であると仮定する．$O \in \mathfrak{O}_Y$ とすると，仮定および定理 21.2 の (1) ⇔ (2) より，$\pi^{-1}(f^{-1}(O)) = (f\circ\pi)^{-1}(O) \in \mathfrak{O}_X$，すなわち，$\pi^{-1}(f^{-1}(O)) \in \mathfrak{O}_X$ である．よって，商位相の定義（例 24.4）より，$f^{-1}(O)$ は $X/\sim$ の開集合である．したがって，定理 21.2 の (1) ⇔ (2) より，f は連続である．

§ 25 の問題解答

解 25.1　X を 2 個以上の点を含む離散空間とし，$x \in X$ とする．このとき，$\{x\}$ は X の開集合かつ閉集合である．また，X は 2 個以上の点を含むので．$\{x\} \neq X$ である．よって，注意 25.3 より，X は連結ではない．すなわち，2 個以上の点を含む離散空間は連結ではない．

解 25.2　① 背理法，② 定値，③ 部分，④ 制限，⑤ $\emptyset$，⑥ 開，⑦ 外

解 25.3　(1) $f : A \to \{p,q\}$ を連続写像とし，$\lambda_0 \in \Lambda$ および $x_0 \in A_{\lambda_0}$ を固定しておく．$f(x_0) = p$ としてよい［⇨**定理 11.3** の証明の脚注］．まず，例 21.5 より，f の A_{λ_0} への制限 $f|_{A_{\lambda_0}} : A_{\lambda_0} \to \{p,q\}$ は連続である．また，A_{λ_0} は連結なので，定理 25.3 より，$f|_{A_{\lambda_0}}$ は定値写像である．$f(x_0) = p$ なので，$f|_{A_{\lambda_0}}$ は A_{λ_0} 上で p に値をとる．ここで，$\lambda \in \Lambda$ とする．$A_{\lambda_0} \cap A_\lambda \neq \emptyset$ なので，$f(x) = p$ となる $x \in A_\lambda$ が存在する．このとき，上と同様に，$f|_{A_\lambda}$ は A_λ 上で p に値をとる．よって，A の定義より，f は A 上で p に値をとる定値写像である．したがって，定理 25.3 より，A は連結である．

(2) X を弧状連結空間とし，$x_0 \in X$ を固定しておく．$x \in X$ とすると，X は弧状連結なので，定義 25.1 より，x_0 と x を結ぶ X の道 $\gamma_x : [0,1] \to X$ が存在する．γ_x は連続なので，定理 25.2，定理 25.4 より，$\gamma_x([0,1])$ は連結である．さらに，$X = \bigcup_{x\in X} \gamma_x([0,1])$，$x_0 \in \gamma_x([0,1])$ なので，(1) より，X は連結である．よって，弧状連結空間は連結である．

§ 26 の問題解答

解 26.1 $x, y, z \in X$, $x \sim y$, $y \sim z$ とする．このとき，X のある連結部分集合 A, B が存在し，$x, y \in A$, $y, z \in B$ となる．ここで，$y \in A \cap B$ なので，問 25.3 (1) より，$A \cup B$ は連結である．さらに，$x, z \in A \cup B$ である．よって，$x \sim z$ である．したがって，$\sim$ は推移律をみたす．

解 26.2 位相空間の任意の点が連結な近傍からなる基本近傍系をもつこと．

解 26.3 ① 連結成分，② 閉，③ $\bigcup_{i \neq j} C_i$，④ 閉，⑤ 開

解 26.4 $x \in A$ とする．A が x の連結成分であることを背理法により示せばよい．A が x の連結成分ではないと仮定する．A は連結なので，定理 26.1 (1) より，$A \subsetneq B$ となる X の連結部分集合 B が存在する．このとき，$B = A \cup (B \setminus A)$, $A \cap (B \setminus A) = \emptyset$ である．ここで，$A \subsetneq B$ であり，A は X の空でない開集合なので，A は B の空でない開集合である．また，A は X の閉集合でもあるので，$B \setminus A$ は B の空でない開集合である．これは B が連結であることに矛盾する．よって，A は x の連結成分である．

解 26.5 (1) 位相空間のすべての連結部分集合が 1 個の点のみからなること．

(2) 2 個以上の点を含む $\mathbf{Q}$ の連結部分集合は存在しないことを示せばよい．このことを背理法により示す．A を 2 個の点 x, y を含む $\mathbf{Q}$ の連結部分集合とする．$x < y$ としてよい．このとき，$x < a < y$ となる無理数 $a \in \mathbf{R}$ が存在する．よって，$O_1 = \{z \in \mathbf{R} \mid z < a\}$, $O_2 = \{z \in \mathbf{R} \mid z > a\}$ とおくと，O_1, O_2 は $\mathbf{R}$ の開集合であり，$A = (A \cap O_1) \cup (A \cap O_2)$, $(A \cap O_1) \cap (A \cap O_2) = \emptyset$ である．ここで，$x \in A \cap O_1$, $y \in A \cap O_2$ なので，$A \cap O_1$, $A \cap O_2$ は A の空でない開集合である．これは A が連結であることに矛盾する．したがって，2 個以上の点を含む $\mathbf{Q}$ の連結部分集合は存在しない．

§ 27 の問題解答

解 27.1 (1) 位相空間の任意の開被覆が有限部分被覆をもつこと．

(2) X を離散空間とする．X が有限集合のとき，例題 27.1 より，X はコンパクトである．X が無限集合のとき，離散位相の定義 [⇨ **例 20.3**] より，$(\{x\})_{x \in X}$ は X の開被覆である．しかし，X は無限集合なので，$(\{x\})_{x \in X}$ の有限部分被覆は存在しない．よって，X はコンパクトではない．

解 27.2 有界閉区間はコンパクトである．

解 27.3 (1) $\mathfrak{O} = \{O \subset X \mid X \setminus O \text{ は有限集合}\} \cup \{\emptyset\}$ である [⇨ **注意 22.2**]．

(2) ① 開，② $\emptyset$，③ 有限，④ 有限，⑤ 0

解 27.4 X をコンパクト空間，A を X の空でない閉集合，$(U_\lambda)_{\lambda\in\Lambda}$ を A の開被覆とする．このとき，$(U_\lambda)_{\lambda\in\Lambda} \cup \{X \setminus A\}$ は X の開被覆である．ここで，X はコンパクトなので，$(U_\lambda)_{\lambda\in\Lambda} \cup \{X \setminus A\}$ の有限部分被覆が存在する．すなわち，ある $\lambda_1, \lambda_2, \cdots, \lambda_n \in \Lambda$ が存在し，$X = \left(\bigcup_{i=1}^{n} U_{\lambda_i}\right) \cup (X \setminus A)$ となる．よって，$(U_{\lambda_i})_{i=1}^{n}$ は A の開被覆 $(U_\lambda)_{\lambda\in\Lambda}$ の有限部分被覆である．したがって，A はコンパクトである．すなわち，コンパクト空間の空でない閉集合はコンパクトである．

解 27.5 背理法により示す．有界開区間と有界閉区間が同相であると仮定する．有界閉区間を $[a, b]$，有界開区間を (c, d) と表しておくと，同相写像 $f : [a, b] \to (c, d)$ が存在する．特に，f は全射である．一方，f は有界閉区間で定義された実数値連続関数となるので，f の最大値 M および最小値 m が存在する．このとき，$c < m \leq M < d$ である．これは f が全射であることに矛盾する．よって，有界開区間と有界閉区間は同相ではない．

§ 28 の問題解答

解 28.1 $(U_\lambda)_{\lambda\in\Lambda}$ を X の開被覆とする．このとき，$\emptyset = X \setminus X = X \setminus \left(\bigcup_{\lambda\in\Lambda} U_\lambda\right) = \bigcap_{\lambda\in\Lambda} (X \setminus U_\lambda)$ （$\because$ ド・モルガンの法則（定理 6.2 (1))），すなわち，$\bigcap_{\lambda\in\Lambda} (X \setminus U_\lambda) = \emptyset$ である．ここで，各 U_λ は X の開集合なので，$(X \setminus U_\lambda)_{\lambda\in\Lambda}$ は X の閉集合からなる集合族である．よって，(2) の対偶を考えると，$(X \setminus U_\lambda)_{\lambda\in\Lambda}$ は有限交叉性をもたない．すなわち，ある $\lambda_1, \lambda_2, \cdots, \lambda_m \in \Lambda$ が存在し，$\bigcap_{i=1}^{m} (X \setminus U_{\lambda_i}) = \emptyset$ となる．したがって，ド・モルガンの法則（定理 6.2 (1)）を用いて計算すると，$X = \bigcup_{i=1}^{m} U_{\lambda_i}$ となり，(U_{λ_i}) は $(U_\lambda)_{\lambda\in\Lambda}$ の有限部分被覆である．すなわち，X はコンパクトである．

解 28.2 (1) コンパクト空間族の積空間はコンパクトである．

(2) A を $\mathbf{R}^n$ の有界閉集合とする．A は有界なので，ある有界閉区間 $[a_1, b_1]$，$[a_2, b_2]$，$\ldots$，$[a_n, b_n]$ が存在し，$A \subset [a_1, b_1] \times [a_2, b_2] \times \cdots \times [a_n, b_n]$ となる．ハイネ-ボレルの被覆定理（定理 27.2）より，各 $i = 1, 2, \cdots, n$ に対して，$[a_i, b_i]$ はコンパクトである．よって，チコノフの定理より，上の右辺の有界閉区間の n 個の積はコンパクトである．ここで，A は $\mathbf{R}^n$ の閉集合なので，問 27.4 より，A はコンパクトである．すなわち，$\mathbf{R}^n$ の有界閉集合はコンパクトである．

§29 の問題解答

解 29.1　$x \in X$, $n \geq N$ $(n \in \mathbf{N})$ とすると，$|f_n(x) - f(x)| \overset{\because\ 三角不等式}{\leq} |f_n(x) - f_N(x)| + |f_N(x) - f(x)| < \frac{\varepsilon}{3} + \frac{\varepsilon}{3}$　($\because$ (29.5), (29.6)) $= \frac{2}{3}\varepsilon$，すなわち，$|f_n(x) - f(x)| < \frac{2}{3}\varepsilon$ である．よって，$n \geq N$（$n \in \mathbf{N}$）ならば，$d(f_n, f) < \frac{2}{3}\varepsilon$ である．したがって，$\{f_n\}_{n=1}^{\infty}$ は f に収束する．

解 29.2　完備距離空間の縮小写像は不動点を一意的にもつ．

解 29.3　(X, d) を完備距離空間，$(O_n)_{n \in \mathbf{N}}$ を X の稠密な開集合からなる集合族とすると，$\bigcap_{n=1}^{\infty} O_n$ は X において稠密である．

解 29.4　$\varepsilon > 0$ とする．このとき，ある $N \in \mathbf{N}$ が存在し，$\frac{1}{N} < \varepsilon$ となる．$m, n \geq N$（$m, n \in \mathbf{N}$）とすると，三角形の面積を計算することにより，$d(f_m, f_n) = \frac{1}{2}\left|\frac{1}{m+1} - \frac{1}{n+1}\right| \leq \frac{1}{2}\left(\frac{1}{m+1} + \frac{1}{n+1}\right) < \frac{1}{2}\left(\frac{1}{N} + \frac{1}{N}\right) = \frac{1}{N} < \varepsilon$, すなわち, $d(f_m, f_n) < \varepsilon$ である．よって, $\{f_n\}_{n=1}^{\infty}$ はコーシー列である．

解 29.5　d を X の距離とし，$\{a_{n_k}\}_{k=1}^{\infty}$ を a に収束する $\{a_n\}_{n=1}^{\infty}$ の部分列とする．まず，$\varepsilon > 0$ とすると，$\{a_n\}_{n=1}^{\infty}$ がコーシー列であることより，ある $N \in \mathbf{N}$ が存在し，$m, n \geq N$（$m, n \in \mathbf{N}$）ならば，$d(a_m, a_n) < \frac{\varepsilon}{2}$ となる．また，$\{a_{n_k}\}_{k=1}^{\infty}$ は a に収束するので，$n_K \geq N$ となる $K \in \mathbf{N}$ が存在し，$k \geq K$（$k \in \mathbf{N}$）ならば，$d(a_{n_k}, a) < \frac{\varepsilon}{2}$ となる．よって，$n \geq N$（$n \in \mathbf{N}$）とすると，$d(a_n, a) \overset{\because\ 三角不等式}{\leq} d(a_n, a_{n_K}) + d(a_{n_K}, a) < \frac{\varepsilon}{2} + \frac{\varepsilon}{2} = \varepsilon$，すなわち，$d(a_n, a) < \varepsilon$ となる．したがって，$\{a_n\}_{n=1}^{\infty}$ は a に収束する．

§30 の問題解答

解 30.1　① コーシー，② 収束，③ 部分

解 30.2　(1) ① $d(a_j, y)$，② ε_i，③ $\bigcup_{i=1}^{n} A_i$

(2) X は全有界なので，$\varepsilon > 0$ とすると，ある $a_1, a_2, \ldots, a_n \in X$ が存在し，$X = \bigcup_{i=1}^{n} B(a_i; \varepsilon)$ となる．ここで，各 $B(a_i; \varepsilon)$ は有界なので，(1) より，X は有界である．

解 30.3　A を $\mathbf{R}^n$ の有界閉集合，$\{x_n\}_{n=1}^{\infty}$ を A の点列とする．A は有界なので，ある有界閉区間 $[a_1, b_1]$，$[a_2, b_2]$，$\cdots$，$[a_n, b_n]$ が存在し，$A \subset [a_1, b_1] \times [a_2, b_2] \times \cdots \times [a_n, b_n]$ となる．このとき，ハイネ－ボレルの被覆定理（定理 27.2）および定理 30.2 より，$\{x_n\}_{n=1}^{\infty}$ のある部分列 $\left\{x_n^{(1)}\right\}_{n=1}^{\infty}$ が存在し，$\left\{x_n^{(1)}\right\}_{n=1}^{\infty}$ の第 1 成分は収束する．さらに，$\left\{x_n^{(1)}\right\}_{n=1}^{\infty}$

のある部分列 $\left\{x_n^{(2)}\right\}_{n=1}^{\infty}$ が存在し，$\left\{x_n^{(2)}\right\}_{n=1}^{\infty}$ の第 2 成分は収束する．以下同様に，この操作を繰り返すと，$\{x_n\}_{n=1}^{\infty}$ の収束する部分列が存在する．ここで，A は閉集合なので，この部分列の極限は A の元となる [⇨**定理 17.5**]．よって，A は点列コンパクトである．したがって，定理 30.2 の (1) ⇔ (2) より，A はコンパクトである．すなわち，$\mathbf{R}^n$ の有界閉集合はコンパクトである．

解 30.4　$A \subset l^2$ を $A = \{\boldsymbol{x} \in l^2 \mid \|\boldsymbol{x}\| = 1\}$ により定める．このとき，A は l^2 の有界閉集合となる．ここで，A の点列 $\{\boldsymbol{a}_k\}_{k=1}^{\infty}$ を $\boldsymbol{a}_k = \left\{x_n^{(k)}\right\}_{n=1}^{\infty}$，$x_k^{(k)} = 1$，$x_n^{(k)} = 0$ $(n \neq k)$ により定める．$k, l \in \mathbf{N}$，$k \neq l$ とすると，$d(\boldsymbol{a}_k, \boldsymbol{a}_l) = \sqrt{1^2 + 1^2} = \sqrt{2}$，すなわち，$d(\boldsymbol{a}_k, \boldsymbol{a}_l) = \sqrt{2}$ である．よって，$\{\boldsymbol{a}_k\}_{k=1}^{\infty}$ は収束する部分列をもたないので，A は点列コンパクトではない．したがって，定理 30.2 の (1) ⇔ (2) より，A はコンパクトではない．以上より，(l^2, d) の有界閉集合はコンパクトであるとは限らない．

§ 31 の問題解答

解 31.1　$\{x_n\}_{n=1}^{\infty}, \{y_n\}_{n=1}^{\infty}, \{z_n\}_{n=1}^{\infty} \in C_X, \{x_n\}_{n=1}^{\infty} \sim \{y_n\}_{n=1}^{\infty}, \{y_n\}_{n=1}^{\infty} \sim \{z_n\}_{n=1}^{\infty}$ とする．このとき，$\lim_{n\to\infty} d(x_n, y_n) = 0$，$\lim_{n\to\infty} d(y_n, z_n) = 0$ である．よって，$0 \overset{\because\ 定義 16.1 (1)}{\leq} d(x_n, z_n) \overset{\because\ 三角不等式}{\leq} d(x_n, y_n) + d(y_n, z_n) \to 0 \quad (n \to \infty)$，すなわち，$\lim_{n\to\infty} d(x_n, z_n) = 0$ である．よって，$\{x_n\}_{n=1}^{\infty} \sim \{z_n\}_{n=1}^{\infty}$ である．したがって，$\sim$ は推移律をみたす．

解 31.2　$x, y \in X$ とすると，$\tilde{d}(\iota(x), \iota(y)) \overset{\because\ (31.17),(31.19)}{=} \lim_{n\to\infty} d(x, y) = d(x, y)$，すなわち，$\tilde{d}(\iota(x), \iota(y)) = d(x, y)$ である．よって，ι は等長写像である．

§ 32 の問題解答

解 32.1　X を余有限位相をもつ有限集合とする．このとき，X は離散空間となる．よって，例題 32.1 より，X はハウスドルフである．すなわち，余有限位相をもつ有限集合はハウスドルフである．

解 32.2　① $\emptyset$，② A，③ 分離

解 32.3　(1) $(X, \mathfrak{O}_X)$，$(Y, \mathfrak{O}_Y)$ を位相空間とし，$X \times Y$ の部分集合系 $\mathfrak{O}_X \times \mathfrak{O}_Y$ を $\mathfrak{O}_X \times \mathfrak{O}_Y = \{O_X \times O_Y \mid O_X \in \mathfrak{O}_X,\ O_Y \in \mathfrak{O}_Y\}$ により定める．$\mathfrak{O}_X \times \mathfrak{O}_Y$ の元を積空間 $X \times Y$ の基本開集合という．

(2) X，Y をハウスドルフ空間とし，$(x, y), (x', y') \in X \times Y$，$(x, y) \neq (x', y')$ とする．この

とき，$x \neq x'$ または $y \neq y'$ である．$x \neq x'$ のとき，X はハウスドルフなので，X のある開集合 O, O' が存在し，$x \in O$, $x' \in O'$, $O \cap O' = \emptyset$ となる．このとき，$O \times Y$, $O' \times Y$ は $X \times Y$ の開集合であり，$(x, y) \in O \times Y$, $(x', y') \in O' \times Y$, $(O \times Y) \cap (O' \times Y) = \emptyset$ である．よって，(x, y) と (x', y') は開集合により分離される．$y \neq y'$ のとき，上と同様に，(x, y) と (x', y') は開集合により分離される．したがって，$X \times Y$ はハウスドルフである．すなわち，2つのハウスドルフ空間の積空間はハウスドルフである．

解 32.4　$x \in X \setminus A$ とする．このとき，A の定義より，$f(x) \neq g(x)$ である．Y はハウスドルフなので，Y のある開集合 U, V が存在し，$f(x) \in U$, $g(x) \in V$, $U \cap V = \emptyset$ となる．ここで，f, g は連続なので，$f^{-1}(U) \cap g^{-1}(V)$ は x を含む X の開集合であり，$f^{-1}(U) \cap g^{-1}(V) \subset X \setminus A$ である．よって，x は $X \setminus A$ の内点である．x は任意なので，$X \setminus A$ は X の開集合である．したがって，A は X の閉集合である．

解 32.5　まず，X 上の恒等写像 1_X は $(X, \mathfrak{O}_1)$ から $(X, \mathfrak{O}_2)$ への全単射を定める．ここで，$O \in \mathfrak{O}_2$ とすると，$\mathfrak{O}_1 \supset \mathfrak{O}_2$ より，${1_X}^{-1}(O) = O \in \mathfrak{O}_2 \subset \mathfrak{O}_1$, すなわち，${1_X}^{-1}(O) \in \mathfrak{O}_1$ である．よって，定理 21.2 の (1) $\Leftrightarrow$ (2) より，1_X は連続である．さらに，$(X, \mathfrak{O}_1)$ はコンパクト，$(X, \mathfrak{O}_2)$ はハウスドルフなので，定理 32.5 より，1_X は同相写像である．したがって，$\mathfrak{O}_1 = \mathfrak{O}_2$ である．

§ 33 の問題解答

解 33.1　$x, y \in X$, $x \neq y$ とする．このとき，$O = X \setminus \{y\}$, $O' = X \setminus \{x\}$ とおくと，(2) より，$\{x\}$, $\{y\}$ は X の閉集合である．よって，O, O' は X の開集合である．また，$x \in O$, $y \notin O$, $x \notin O'$, $y \in O'$ である．したがって，(1) がなりたつ．

解 33.2　第一分離公理および第三分離公理をみたすこと．

解 33.3　第一分離公理および第四分離公理をみたすこと．

解 33.4　X を T_1 空間，A を X の部分空間，$x, y \in A$ を異なる 2 個の点とする．X は T_1 空間なので，X のある開集合 O が存在し，$x \in O$, $y \notin O$ となる．このとき，$O \cap A$ は A の開集合であり，$x \in O \cap A$, $y \notin O \cap A$ である．よって，A は T_1 空間である．したがって，T_1 空間の部分空間は T_1 空間である．

解 33.5　$(\mathbf{R}, \mathfrak{O}_K)$ が第三分離公理をみたすと仮定する．$\mathfrak{O}_K$ の定義より，K は 0 を含まない $(\mathbf{R}, \mathfrak{O}_K)$ の閉集合である．$(\mathbf{R}, \mathfrak{O}_K)$ が第三分離公理をみたすので，$(\mathbf{R}, \mathfrak{O}_K)$ のある開集合 O, O' が存在し，$0 \in O$, $K \subset O'$, $O \cap O' = \emptyset$ となる．ここで，I を 0 を含む有界開区間とすると，$I \cap K \neq \emptyset$ である．よって，$\mathfrak{B}$ が $\mathfrak{O}_K$ の基底であることより，ある有界開区間 (a, b) が存在し，$0 \in (a, b) \setminus K \subset O$ となる．さらに，$\frac{1}{N} \in K$ $(N \in \mathbf{N})$ を $\frac{1}{N} \in (a, b)$ となるよう

に選んでおくと，ある有界開区間 (c,d) が存在し，$\frac{1}{N} \in (c,d) \subset O'$ となる．このとき，$z \in \mathbf{R}$ を $\max\left\{c, \frac{1}{N+1}\right\} < z < \frac{1}{N}$ となるように選んでおくと，$z \in ((a,b) \setminus K) \cap (c,d) \subset O \cap O'$，すなわち，$z \in O \cap O'$ となり，これは矛盾である．

§ 34 の問題解答

解 34.1 背理法により示す．l^2 が局所コンパクトであると仮定する．このとき，$\mathbf{0} \in l^2$ のコンパクトな近傍 U が存在する．U は $\mathbf{0}$ の近傍なので，ある $\varepsilon > 0$ が存在し，$B(\mathbf{0}; \varepsilon) \subset U$ となる．ここで，$B \subset l^2$ を $B = \left\{x \in l^2 \,\middle|\, \|\boldsymbol{x}\| = \frac{1}{2}\varepsilon\right\}$ により定めると，B は U の閉集合となる．さらに，問 30.4 の議論と同様に，B はコンパクトではない．U はコンパクトなので，問 27.4 より，これは矛盾である．よって，l^2 は局所コンパクトではない．

解 34.2 X, Y を局所コンパクト空間とし，$(x,y) \in X \times Y$ とする．X は局所コンパクトなので，x のコンパクトな近傍 U が存在する．また，Y は局所コンパクトなので，y のコンパクトな近傍 V が存在する．よって，定理 24.1 およびチコノフの定理（定理 28.1）より，$U \times V$ は (x,y) のコンパクトな近傍となる．したがって，$X \times Y$ は局所コンパクトである．以上より，2 個の局所コンパクト空間の積空間は局所コンパクトである．

解 34.3 ① コンパクト，② $O \cap A$，③ 閉，④ コンパクト

§ 35 の問題解答

解 35.1 (1) 任意の $x \in X$ に対して，x のある近傍 U が存在し，$U \cap U_\lambda \neq \emptyset$ となる $\lambda \in \Lambda$ の個数が有限となるとき，$(U_\lambda)_{\lambda \in \Lambda}$ は局所有限であるという．

(2) 背理法により示す．$\mathbf{R}$ の部分集合族 $(I_n)_{n \in \mathbf{N}}$ が局所有限であると仮定する．このとき，$0 \in \mathbf{R}$ のある近傍 U が存在し，$U \cap I_n \neq \emptyset$ となる $n \in \mathbf{N}$ の個数は有限となる．ここで，ある $\varepsilon > 0$ が存在し，$(-\varepsilon, \varepsilon) \subset U$ となる．さらに，ある $N \in \mathbf{N}$ が存在し，$\frac{1}{N} < \varepsilon$ となる．よって，$n \geq N$（$n \in \mathbf{N}$）ならば，$\frac{1}{n+1} \in (-\varepsilon, \varepsilon) \cap I_n$ となり，これは矛盾である．したがって，$\mathbf{R}$ の部分集合族 $(I_n)_{n \in \mathbf{N}}$ は局所有限ではない．

解 35.2 まず，$\overline{\bigcup_{n \in \mathbf{N}} U_n} = \overline{\bigcup_{n \in \mathbf{N}} \left[-1+\frac{1}{n}, 1-\frac{1}{n}\right]} = \overline{(-1,1)} = [-1,1]$ である．また，$\bigcup_{n \in \mathbf{N}} \overline{U_n} = \bigcup_{n \in \mathbf{N}} \overline{\left[-1+\frac{1}{n}, 1-\frac{1}{n}\right]} = \bigcup_{n \in \mathbf{N}} \left[-1+\frac{1}{n}, 1-\frac{1}{n}\right] = (-1,1)$ である．

解 35.3 (1) 任意の開被覆に対して，その細分となる局所有限な開被覆が存在すること．

(2) $(U_\lambda)_{\lambda \in \Lambda}$ を A の開被覆とする．このとき，各 $\lambda \in \Lambda$ に対して，U_λ は A の開集合なので，X のある開集合 U'_λ が存在し，$U_\lambda = U'_\lambda \cap A$ となる．また，A は X の閉集合なので，$(U'_\lambda)_{\lambda \in \Lambda}$

に $X \setminus A$ を加えたものは X の開被覆である．ここで，X はパラコンパクトなので，この開被覆の細分となる局所有限な X の開被覆 $(V_\mu)_{\mu\in\mathrm{M}}$ が存在する．このとき，$(V_\mu \cap A)_{\mu\in\mathrm{M}}$ は $(U_\lambda)_{\lambda\in\Lambda}$ の細分となる局所有限な A の開被覆である．よって，A はパラコンパクトである．

§36 の問題解答

解 36.1　$(O_\lambda)_{\lambda\in\Lambda}$ を $\hat{\mathfrak{O}}$ の元からなる集合族とする．$\infty \in \bigcup_{\lambda\in\Lambda} O_\lambda$ のとき，ある $\lambda_0 \in \Lambda$ に対して，$\infty \in O_{\lambda_0}$ である．このとき，$O_{\lambda_0} = \hat{X}$ であるか，または $\hat{X} \setminus O_{\lambda_0}$ は X のコンパクト閉集合である．$O_{\lambda_0} = \hat{X}$ のとき，$\bigcup_{\lambda\in\Lambda} O_\lambda = \hat{X} \in \mathfrak{O}$ である．$\hat{X} \setminus O_{\lambda_0}$ が X のコンパクト閉集合のとき，$\hat{X} \setminus \left(\bigcup_{\lambda\in\Lambda} O_\lambda\right) = \left(\hat{X} \setminus O_{\lambda_0}\right) \cap \left(\bigcap_{\substack{\lambda\in\Lambda \\ \lambda\neq\lambda_0}} \left(\hat{X} \setminus O_\lambda\right)\right)$ となるので，$\hat{X} \setminus \left(\bigcup_{\lambda\in\Lambda} O_\lambda\right)$ は X のコンパクト閉集合となる．よって，$\bigcup_{\lambda\in\Lambda} O_\lambda \in \hat{\mathfrak{O}}$ である．また，$\infty \notin \bigcup_{\lambda\in\Lambda} O_\lambda$ のとき，任意の $\lambda \in \Lambda$ に対して，$O_\lambda \in \mathfrak{O}$ である．よって，$\bigcup_{\lambda\in\Lambda} O_\lambda \in \mathfrak{O}$ となるので，$\bigcup_{\lambda\in\Lambda} O_\lambda \in \hat{\mathfrak{O}}$ である．したがって，$\hat{\mathfrak{O}}$ は定義 20.1 (3) の位相の条件をみたす．

解 36.2　X を連結空間，$(\hat{X}, \iota)$ を X のコンパクト化とする．$\hat{X}$ の開集合 U, V に対して，$\hat{X} = U \cup V$，$U \cap V = \emptyset$ がなりたつとする．相対位相の定義（定理 20.1 および p. 160）より，$U \cap \iota(X)$, $V \cap \iota(X)$ は $\hat{X}$ の部分空間 $\iota(X)$ の開集合であり，$\iota(X) = (U \cap \iota(X)) \cup (V \cap \iota(X))$, $(U \cap \iota(X)) \cap (V \cap \iota(X)) = \emptyset$ である．また，X は連結なので，定理 25.4 および定義 36.1 (2) より，$\iota(X)$ は連結である．よって，定義 25.2 より，$U \cap \iota(X) = \emptyset$ または $V \cap \iota(X) = \emptyset$ である．$U \cap \iota(X) = \emptyset$ であるとしてよい．このとき，$U \neq \emptyset$ であると仮定すると，U の内点が存在する．定義 36.1 (3) より，$\iota(X)$ は X において稠密なので，これは矛盾である．したがって，$U = \emptyset$ となり，定義 25.2 より，$\hat{X}$ は連結である．すなわち，連結空間のコンパクト化は連結である．

解 36.3　(1) $(\boldsymbol{x}, 0)$ と $(\boldsymbol{0}, 1)$ を通る直線の方程式は $\boldsymbol{y} = t((\boldsymbol{x}, 0) - (\boldsymbol{0}, 1)) + (\boldsymbol{0}, 1)$ $(t \in \mathbf{R})$，すなわち，$\boldsymbol{y} = (t\boldsymbol{x}, 1-t)$ と表すことができる．これを (36.13) の S^n を定義する式に代入すると，$\|t\boldsymbol{x}\|^2 + (1-t)^2 = 1$ である．これを解くと，$t = 0, \frac{2}{\|\boldsymbol{x}\|^2+1}$ である．$t = 0$ のとき，$f(\boldsymbol{x}) = (\boldsymbol{0}, 1)$ となるので，$t \neq 0$ である．よって，$t = \frac{2}{\|\boldsymbol{x}\|^2+1}$ である．したがって，$f(\boldsymbol{x}) = \left(\frac{2}{\|\boldsymbol{x}\|^2+1} \cdot \boldsymbol{x}, 1 - \frac{2}{\|\boldsymbol{x}\|^2+1}\right) = \left(\frac{2\boldsymbol{x}}{\|\boldsymbol{x}\|^2+1}, \frac{\|\boldsymbol{x}\|^2-1}{\|\boldsymbol{x}\|^2+1}\right)$ である．

(2) まず，$p(\boldsymbol{y}) = (x_1, x_2, \cdots, x_n)$ とおく．北極を中心とする立体射影の定義と (1) より，$y_i = \frac{2x_i}{\|\boldsymbol{x}\|^2+1}$ $(i = 1, 2, \cdots, n)$，$y_{n+1} = \frac{\|\boldsymbol{x}\|^2-1}{\|\boldsymbol{x}\|^2+1}$ である．よって，$\|\boldsymbol{x}\|^2 = \frac{1+y_{n+1}}{1-y_{n+1}}$ である．さらに，

$x_i = \frac{1}{2}\left(\|\boldsymbol{x}\|^2 + 1\right) y_i = \frac{y_i}{1-y_{n+1}}$ である．したがって，$p(\boldsymbol{y}) = \left(\frac{y_1}{1-y_{n+1}}, \frac{y_2}{1-y_{n+1}}, \cdots, \frac{y_n}{1-y_{n+1}}\right)$ である．

解 36.4　f は全単射なので，$\hat{f}$ の定義より，$\hat{f}$ は全単射である．次に，$\hat{f}$ が連続であることを示す．O を $\hat{Y}$ の開集合とする．$\hat{Y}$ の位相の定義より，O は Y の開集合であるか，または，$\infty_Y \in O$ かつ $\hat{Y} \setminus O$ は Y のコンパクト閉集合であるか，または，$O = \hat{Y}$ である．O が Y の開集合のとき，f は連続なので，$\hat{f}^{-1}(O) = f^{-1}(O)$ は X の開集合である．$\infty_Y \in O$ かつ $\hat{Y} \setminus O$ が Y のコンパクト閉集合であるとき，$\hat{f}^{-1}(O) = \hat{f}^{-1}(\{\infty_Y\} \cup (O \cap Y)) \overset{\because \text{定理 } 4.1\,(6)}{=} \hat{f}^{-1}(\{\infty_Y\}) \cup \hat{f}^{-1}(O \cap Y) = \{\infty_X\} \cup f^{-1}(O \cap Y)$ である．よって，$\infty_X \in \hat{f}^{-1}(O)$ である．さらに，$\hat{X} \setminus \hat{f}^{-1}(O) = X \setminus f^{-1}(O \cap Y) = f^{-1}(Y) \setminus f^{-1}(O \cap Y) \overset{\because \text{定理 } 4.1\,(8)}{=} f^{-1}(Y \setminus (O \cap Y)) = f^{-1}(\hat{Y} \setminus O)$ である．ここで，f は同相写像なので，$f^{-1}(\hat{Y} \setminus O)$ は X のコンパクト閉集合となり，$\hat{f}^{-1}(O)$ は $\hat{X}$ の開集合である．$O = \hat{Y}$ のとき，$\hat{f}^{-1}(O) = \hat{f}^{-1}(\hat{Y}) = \hat{X}$ となり，$\hat{f}^{-1}(O)$ は $\hat{X}$ の開集合である．したがって，$\hat{f}$ は連続である．さらに，f が同相写像であることと $\hat{f}$ の定義より，上と同様に，$\hat{f}^{-1}$ は連続となる．以上より，$\hat{f}$ は同相写像である．

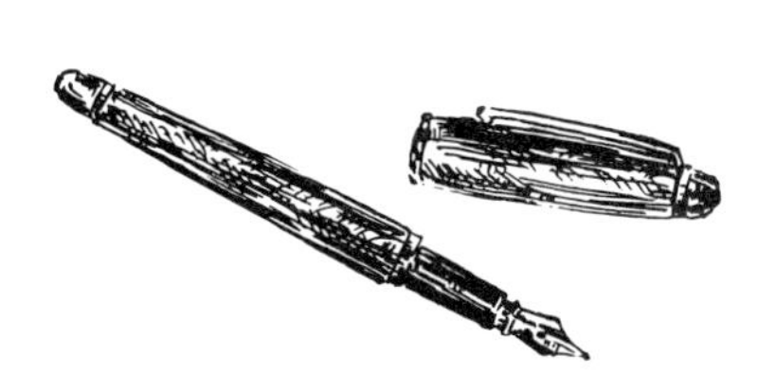

参考文献

微分積分，線形代数：

［杉浦］杉浦光夫，『解析入門 I』，東京大学出版会（1980 年）

［佐武］佐武一郎，『線型代数学』（新装版），裳華房（2015 年）

［藤岡 1］藤岡　敦，『手を動かしてまなぶ 微分積分』，裳華房（2019 年）

［藤岡 2］藤岡　敦，『手を動かしてまなぶ 線形代数』，裳華房（2015 年）

集合，位相，選択公理：

［一樂］一樂重雄，『意味がわかる 位相空間論』，日本評論社（2008 年）

［内田］内田伏一，『集合と位相』（増補新装版），裳華房（2020 年）

［斎藤］斎藤　毅，『集合と位相』，東京大学出版会（2009 年）

［志賀］志賀浩二，『位相への 30 講』，朝倉書店（1988 年）

［庄田］庄田敏宏，『集合・位相に親しむ』，現代数学社（2010 年）

［藤田］藤田博司，『「集合と位相」をなぜ学ぶのか』，技術評論社（2018 年）

［松坂］松坂和夫，『集合・位相入門』，岩波書店（1968 年）

［森田（紀）］森田紀一，『位相空間論』（岩波オンデマンドブックス），岩波書店（2017 年）

［森田（茂）］森田茂之，『集合と位相空間』，朝倉書店（2002 年）

［矢野］矢野公一，『距離空間と位相構造』，共立出版（1997 年）

［田中］田中尚夫，『選択公理と数学 発生と論争，そして確立への道』（増訂版），遊星社（1987 年）

その他：

［藤岡 3］藤岡　敦，『具体例から学ぶ 多様体』，裳華房（2017 年）

索引

と

な

に

の

は

ひ

ふ

著者略歴

藤岡　敦（ふじおか　あつし）

1967年名古屋市生まれ．1990年東京大学理学部数学科卒業，1996年東京大学大学院数理科学研究科博士課程数理科学専攻修了，博士（数理科学）取得．金沢大学理学部助手・講師，一橋大学大学院経済学研究科助教授・准教授を経て，現在，関西大学システム理工学部教授．専門は微分幾何学．主な著書に『手を動かしてまなぶ 微分積分』，『手を動かしてまなぶ ε-δ 論法』，『手を動かしてまなぶ 線形代数』，『手を動かしてまなぶ 続・線形代数』，『手を動かしてまなぶ 曲線と曲面』，『具体例から学ぶ 多様体』（裳華房），『学んで解いて身につける 大学数学 入門教室』，『入門 情報幾何 ―統計的モデルをひもとく微分幾何学―』（共立出版），『Primary 大学ノート よくわかる基礎数学』，『Primary 大学ノート よくわかる微分積分』，『Primary 大学ノート よくわかる線形代数』（共著，実教出版）がある．

手を動かしてまなぶ　**集合と位相**

2020年 8 月 15 日　第1版1刷発行
2024年 6 月 5 日　第6版1刷発行

検印省略

定価はカバーに表示してあります．

著作者	藤　岡　　敦
発行者	吉　野　和　浩
発行所	東京都千代田区四番町 8-1 電　話　03-3262-9166（代） 郵便番号　102-0081 株式会社　裳　華　房
印刷所	三美印刷株式会社
製本所	牧製本印刷株式会社

一般社団法人
自然科学書協会会員

ISBN 978-4-7853-1587-0